Schwingkomfortbewertung in Straßenbahnen mittels Maschinellen Lernens

Ride Comfort Evaluation in Trams Using Machine Learning Methods

Von der Fakultät für Maschinenwesen
der Rheinisch-Westfälischen Technischen Hochschule Aachen
zur Erlangung des akademischen Grades eines
Doktors der Ingenieurwissenschaften
genehmigte Dissertation

vorgelegt von

Tobias Bettinger

Berichter/in:

Univ.-Prof. Dr.-Ing. Christian Schindler
Prof. Dr.-Ing. Sebastian Stichel

Tag der mündlichen Prüfung: 01. Dezember 2022

Schriftenreihe Schienenfahrzeuge
und Transportsysteme

Tobias Bettinger

Schwingkomfortbewertung in Straßenbahnen mittels Maschinellen Lernens

Herausgeber:
Univ.-Prof. Dr.-Ing. C. Schindler

Band 5

Bibliografische Information der Deutschen Nationalbibliothek
Die Deutsche Nationalbibliothek verzeichnet diese Publikation in der Deutschen Nationalbibliografie; detaillierte bibliografische Daten sind im Internet über https://portal.dnb.de abrufbar.

Tobias Bettinger:

Schwingkomfortbewertung in Straßenbahnen mittels Maschinellen Lernens

1. Auflage, 2023

Gedruckt auf holz- und säurefreiem Papier, 100% chlorfrei gebleicht.

Apprimus Verlag, Aachen, 2023
Wissenschaftsverlag des Instituts für Industriekommunikation und Fachmedien an der RWTH Aachen
Steinbachstr. 25, 52074 Aachen
Internet: www.apprimus-verlag.de, E-Mail: info@apprimus-verlag.de

Druck: CPI Druckdienstleistungen GmbH
Ferdinand-Jühlke-Straße 7 | 99095 Erfurt

ISBN 978-3-98555-149-1

D 82 (Diss. RWTH Aachen University, 2022)

Vorwort

Diese Arbeit entstand während meiner Tätigkeit als wissenschaftlicher Mitarbeiter am Lehrstuhl für Konstruktion im Maschinen- und Apparatebau der TU Kaiserslautern und des Instituts für Schienenfahrzeuge und Transportsysteme der RWTH Aachen. In dieser Zeit durfte ich viele bereichernde Erfahrungen machen, weswegen ich mit viel Freude auf diesen Lebensabschnitt zurückblicke. In erster Linie gilt Herrn Dr.-Ing. Martin Schwickert mein Dank für die Betreuung meiner Diplomarbeit, während der die Idee für mein Promotionsthema entstand.

Ganz besonderen Dank gilt Herrn Univ.-Prof. Dr.-Ing. Christian Schindler für die kompetente Betreuung meiner Arbeit und die gemeinsame Zeit in Kaiserslautern und Aachen. Vor allem die frühe Förderung bereits in meiner Studienzeit, bspw. durch die Vermittlung eines Praktikums bei Siemens Transportation in Krefeld, und die lehrreiche Zusammenarbeit werde ich dankbar in Erinnerung behalten.

Selbstverständlich danke ich Herrn Univ.-Prof. Dr.-Ing. Sebastian Stichel von der KTH Stockholm für die Übernahme des Zweitgutachtens und Herrn Univ.-Prof. Dr.-Ing. Dirk Abel für den Vorsitz meiner Doktorprüfung.

Während meiner Zeit in Aachen lernte ich, dass ein positives und kreatives Arbeitsumfeld fast immer durch die Menschen, mit denen man zusammenarbeitet, geschaffen wird. Vor allem danke ich Frau Anna-Kaisa Jennes, die mir und allen Mitarbeitenden zu jeder Zeit mit Rat und Tat zur Seite stand. Vielen Dank für die schöne gemeinsame Zeit. Ferner bedanke mich bei allen Kolleginnen und Kollegen, meinen HiWis, allen Werkstattmitarbeitern sowie den Bachelor- und Masterstudierenden, die durch ihre wissenschaftlichen Arbeiten und die zahlreichen Gespräche meine Forschung unterstützt haben. Besonders werde ich mich immer an die sehr lustigen Kaffeerunden und gemeinsamen Diskussionen mit Jeries Shamshoom, Ashwin Walawalkar, Jagoba Lekue, Paul Schönhuber, Nils Jagodzinski, Fabian Hampel, Michael Kölker und Florian Eßer erinnern. Ohne Euch wäre meine Zeit in Aachen nicht dieselbe gewesen.

Ohne die Unterstützung der Projektpartner vom Verein Deutscher Verkehrsunternehmen sowie von Bombardier, Siemens, Stadler und der Ermöglichung der Messfahrten durch die Rhein-Neckar-, Würzburger-, Frankfurter- und Kölner-Verkehrsbetriebe wäre meine Dissertation in dieser Form nicht zustande gekommen. Vielen Dank für das mir entgegengebrachte Vertrauen.

Mein besonderer Dank gilt meiner Familie, die mich schon mein ganzes Leben lang bedingungslos unterstützt. Besonders meinen Eltern danke ich von Herzen für die Zuwendung während aller Lebensabschnitte, sie haben mir diesen Schritt überhaupt erst ermöglicht. Ein ganz besonderer Dank gilt meiner Partnerin Yasmin Arbelaiz Spetter für die Motivation, die Geduld und dafür, dass sie die ganze Zeit liebevoll und motivierend an meiner Seite ist. Vor allem danke ich meiner Schwester Eva Emanuel, die mich seit jeher unterstützt hat und mich auch in schwierigen Phasen dieser Arbeit immer wieder motivieren konnte.

Abschließend bedanke ich mich bei allen Freunden und Weggefährten, die mich über die Jahre kontinuierlich ermutigt haben. Besonders die Herren Dr.-Ing. Florian Dörner, Philipp Leibner, Dr.-Ing. Andreas Simonis, Dr.-Ing. Ashwin Walawalkar, Dr.-Ing. Jagoba Lekue und Jeries Shamshoom haben erheblich zum Erfolg dieser Arbeit beigetragen. Außerdem haben mich Herr Michael Schäfer und Frau Dr. rer. nat. Ulrike Faltings immer wieder motiviert diese Arbeit fertig zu stellen, wofür ich sehr dankbar bin.

Saarbrücken, im Januar 2023 Tobias Bettinger

– für Leni und Karla –

Inhaltsverzeichnis

Abbildungsverzeichnis

Tabellenverzeichnis

Abkürzungen

AFC	Alternative Forced Choice
AG	Aktiengesellschaft
API	Application Programming Interface (Programmierschnittstelle)
BOStrab	Verordnung über den Bau und Betrieb der Straßenbahnen (auch: Straßenbahn Bau- und Betriebesordnung)
CIR	Circle (Bogen)
CLO	Clothoide (Übergangsbogen)
CNN	Convolutional Neural Network
DACH	Apronym für Deutschland (D), Österreich (A) und die Schweiz (CH), gebildet aus den jeweiligen Nationalitätszeichen
DIN	Deutsches Institut für Normung
EBO	Eisenbahn-Bau- und Betriebesordnung
EN	Europäische Norm
ERRI	European Rail Research Institute
FFT	Fast Fourier Transformation
FRA	Federal Railroad Administration
GFT	Gemeinsame Fahrflächentangente
GPS	Global Positioning System (Globales Positionsbestimmungssystem)
IF	Instationaritätsfaktor
IFS	Institut für Schienenfahrzeuge und Transportsysteme der RWTH Aachen
ISO	International Standards Organization (Internationale Organisation für Normung)
JSON	JavaScript Object Notation
Kfz	Kraftfahrzeug
KI	Künstliche Intelligenz
KVB	Kölner Verkehrsbetriebe AG
LLS	Linear Least Squares (Summe der kleinsten Abweichungsquadrate)
LSTM	Long Short-Term Memory Networks
MAE	Mean Absolute Error (Mittlerer Absolutfehler)
max	Maximal
min	Minimal
ML	Machine Learning
MLR	Multiple Lineare Regression
MSE	Mean Squared Error (Mittlerer quadratischer Fehler)
OCR	Optical Character Recognition (Optische Zeichenerkennung)

ONNX	Open Neural Network Exchange (Offenes Format zum Austausch von Deep-Learning-Modellen)
ORE	Office for Research and Experiments of the International Union of Railways (Forschungs- und Versuchsamt des Internationalen Eisenbahnverbandes)
OSM	Open Street Map
PSD	Power Spectral Density (Spektrale Leistungsdichte)
raw	Engl.: roh (Indikator für Rohdaten)
RCL	Ride Comfort Level
REST	Representational State Transfer
RMS	Root Mean Square (Effektivwert)
RNV	Rhein-Neckar-Verkehr GmbH
SI	Système international D'unités (Internationales Einheitensystem)
SNCF	Société Nationale des Chemins de Fer Français (Nationale Gesellschaft der französischen Eisenbahnen)
SSL	Secure Sockets Layer
STR	Straight (Gerade)
TCN	Temporal Convolutional Networks
TLS	Transport Layer Security
TRStrab	Technische Regeln für Straßenbahnen (Richtlinie)
UIC	International Union of Railways
UID	Unique Identifier (Einzigartige Seriennummer)
USA	United States of America (Vereinigte Staaten von Amerika)
VDI	Verband Deutscher Ingenieure
VDV	Vibration Dose Value
VGF	Frankfurter Verkehrsgesellschaft mbH
WGS 84	World Geodetic System 1984
WVV	Würzburger Versorgungs- und Verkehrs-GmbH
XGBoost	Extreme Gradient Boosting
ZG	Zwischengerade
ÜB	Übergangsbogen

Symbolverzeichnis

Lateinische Buchstaben

A	Fahrwegklasse A (Innenstadt)	$[-]$
A_1	Konstante zur Berechnung von P_{CT} nach EN 12299	$\left[\frac{s^2}{m}\right]$
$\overline{A}$	Mittelwert der Summenhäufigkeit $\sum P$ Fahrwegklasse A (Innenstadt)	$[-]$
B	Fahrwegklasse B (Innenstadt)	$[-]$
B_y	Frequenzgewichtungsfunktion für die Querrichtung nach ORE C166 RP8	$[-]$
B_z	Frequenzgewichtungsfunktion für die vertikale Richtung nach ORE C166 RP8	$[-]$
B_1	Konstante zur Berechnung von P_{CT} nach EN 12299	$\left[\frac{s^3}{m}\right]$
$\overline{B}$	Mittelwert der Summenhäufigkeit $\sum P$ Fahrwegklasse A (Innenstadt)	$[-]$
C	Fahrwegklasse C (Überland)	$[-]$
C_1	Konstante zur Berechnung von P_{CT} nach EN 12299	$[-]$
$C_{Cx}(t)$	Kontinuierlicher Komfort in Längsrichtung nach EN 12299	$\left[\frac{m}{s^2}\right]$
$C_{Cy}(t)$	Kontinuierlicher Komfort in Querrichtung nach EN 12299	$\left[\frac{m}{s^2}\right]$
$C_{Cz}(t)$	Kontinuierlicher Komfort in vertikaler Richtung nach EN 12299	$\left[\frac{m}{s^2}\right]$
$\overline{C}$	Mittelwert der Summenhäufigkeit $\sum P$ Fahrwegklasse C (Überland)	$[-]$
D	Mittleres Subjektivurteil	$[-]$
D	Subjektivurteil hinsichtlich des Schwingkomforts	$[-]$
D_1	Konstante zur Berechnung von P_{CT} nach EN 12299	$\left[\frac{s}{rad}\right]$
$\hat{D}$	Schwingkomfortprognose eines Algorithmus	$[-]$
E	Empfindung	$[-]$
E_1	Konstante zur Berechnung von P_{CT} nach EN 12299	$[-]$
F_ζ	Richtungsabhängiger Bewertungsfaktor	$[-]$
$IF_{\zeta,raw}$	Instationaritätsfaktor Rohdatenbeschleunigung	$[-]$
IF_ζ	Instationaritätsfaktor gefilterte Beschleunigung	$[-]$
L_s	Absolute Fahrweglänge	$[m]$
MAE$(D, \hat{D})$	Mittlerer Absolutfehler der Regression	$[-]$
ME$(D, \hat{D})$	Maximaler Fehler der Regression	$[-]$
MSE$(D, \hat{D})$	Mittlerer quadratischer Fehle der Regression	$[-]$
N_e	Anzahl der Elemente des Elementenvektors	$[-]$
N_{η_e}	Anzahl der Elemente des Klassifikationsvektors	$[-]$
N_{MVx}	Vereinfachter, mittlerer Komfort in Längsrichtung nach EN 12299	$[-]$

N_{MVy}	Vereinfachter, mittlerer Komfort in Querrichtung nach EN 12299	$[-]$
N_{MVz}	Vereinfachter, mittlerer Komfort in vertikaler Richtung nach EN 12299	$[-]$
N_{MV}	Mittlerer Komfort nach dem vereinfachten Verfahren nach EN 12299	$[-]$
N_{VA}	Mittlerer Komfort nach dem vollständigen Verfahren	$[-]$
$\hat{N}$	Streckenabhängige Häufigkeit spezifischer Trassierungskombinationen	$\left[\frac{1}{km}\right]$
P	Prozentsatz	$[\%]$
P_{CT}	Komfort im Übergangsbogen nach EN 12299	$[\%]$
P_{DE}	Komfort bei Diskreten Ereignissen nach EN 12299	$[\%]$
R	Bogenradius	$[m]$
R^2	Bestimmtheitsmaß	$[-]$
R_1	Radius von dem ein Krümmungswechsel auf einen anderen stattfindet	$[m]$
R_2	Radius auf den ein Krümmungswechsel von einem anderen stattfindet	$[m]$
R_a	Ausrundungsradius nach BOStrab-Trassierungsrichtlinie	$[m]$
R_{hh}	Autokorrelationsfunktion	$[-]$
RCL_ζ	Ride Comfort Level	$[-]$
RMS_x	Effektivwert einer Beschleunigung in Längsrichtung	$\left[\frac{m}{s^2}\right]$
RMS_y	Effektivwert einer Beschleunigung in Querrichtung	$\left[\frac{m}{s^2}\right]$
RMS_z	Effektivwert einer Beschleunigung in vertikaler Richtung	$\left[\frac{m}{s^2}\right]$
$RMS_{\zeta,raw}$	Effektivwert Rohdatenbeschleunigung	$\left[\frac{m}{s^2}\right]$
RMS_ζ	Effektivwert gefilterte Beschleunigung	$\left[\frac{m}{s^2}\right]$
S	Spurweite	$[mm]$
S'	Horizontaler Abstand der beiden Schienenkopf-Mittelebenen	$[m]$
$S(s)$	Signal der Spurweitenlage	$[mm]$
S_N	Norm-Spurweitenlage	$[mm]$
$S_{\zeta\zeta,raw}^{max}$	Maximale spektrale Leistungsdichte der Rohdatenbeschleunigung im Frequenzbereich $0 < f \leq 25\ Hz$	$\left[\frac{m/s^2}{Hz}\right]$
$S_{\zeta\zeta}^{max}$	Maximale spektrale Leistungsdichte der gefilterten Beschleunigung im Frequenzbereich $0 < f \leq 25\ Hz$	$\left[\frac{m/s^2}{Hz}\right]$
S_{hh}	Spektrale Leistungsdichte des Längshöhenlagefehlers	$\left[\frac{mm^2}{1/m}\right]$
T	Zeitliche Intervallbreite eines gleitenden Fensters	$[s]$
TE	Ermüdungszeit nach Bewertungsverfahren der SNCF	$[h]$
TE_i	Teilermüdungszeit nach Bewertungsverfahren der SNCF	$[h]$
U	Umfangsgeschwindigkeit eines Rades	$\left[\frac{m}{s}\right]$
$V_{r,l}$	Ride Index (Großbritannien) laterale Schwingungsrichtung (Großbritannien)	$[-]$
$V_{r,v}$	Ride Index (Großbritannien) vertikale Schwingungsrichtung (Großbritannien)	$[-]$

$VDV_{\zeta,raw}$	Vibration Dose Value Rohdatenbeschleunigung	$\left[\frac{m}{s^2}\right]$
VDV_{ζ}	Vibration Dose Value gefilterte Beschleunigung	$\left[\frac{m}{s^2}\right]$
W_c	Frequenzgewichtungsfunktion für Längsschwingungen, sitzende Personen nach EN 12299	$[-]$
W_d	Frequenzgewichtungsfunktion für horizontale Schwingungen, stehende Personen nach EN 12299	$[-]$
W_e	Frequenzgewichtungsfunktion für Drehschwingungen, sitzende Personen nach ISO 2631	$[-]$
W_k	Frequenzgewichtungsfunktion für vertikale Schwingungen, stehende Personen nach ISO 2631	$[-]$
Wz	Wertziffer	$[-]$
$\mathbf{X}$	Merkmalsmatrix $\mathbf{X} \in \mathbb{R}^{n \times m}$	$[-]$
a	Beschleunigung eines Schwingungsvorgangs	$\left[\frac{m}{s^2}\right]$
a_1	Konstante zur Berechnung von P_{DE} nach EN 12299	$\left[\frac{s^2}{m}\right]$
a_q	Quasistatische Querbeschleunigung nach BOStrab-Trassierungsrichtlinie	$\left[\frac{m}{s^2}\right]$
a_u	Unebenheit zur Berechnung der kubischen Hyperbelfunktion Φ	$\left[\frac{mm^2}{m^2}\right]$
$a_{\zeta,i}^{1,4\ Hz}$	Äquivalenzamplitude nach Bewertungsverfahren der SNCF	$[h]$
$a_{\zeta,raw}^{max}$	Maximalwert Rohdatenbeschleunigung	$\left[\frac{m}{s^2}\right]$
$a_{\zeta,ref}$	Referenzbeschleunigung	$[Hz]$
a_{ζ}^{max}	Maximalwert gefilterte Beschleunigung	$\left[\frac{m}{s^2}\right]$
a_{ζ}^{p2p}	Spitze-Spitze gefilterte Beschleunigung	$\left[\frac{m}{s^2}\right]$
$a_{wv,ges}$	Gesamtbeurteilungsgröße nach ISO 2631	$[-]$
a_{wv}	Schwingungsgesamtwert nach ISO 2631	$[-]$
$a_{xj}^{W_i}(t)$	Effektivwert der frequenzgewichteten Beschleunigung in x-Richtung	$\left[\frac{m}{s^2}\right]$
$a_{xP95}^{W_d}$	95tes Perzentil der frequenzgew. RMS-Beschleunigungen in Längsrichtung nach EN 12299	$\left[\frac{m}{s^2}\right]$
$a_{yj}^{W_i}(t)$	Effektivwert der frequenzgewichteten Beschleunigung in y-Richtung	$\left[\frac{m}{s^2}\right]$
$a_{yP95}^{W_d}$	95tes Perzentil der frequenzgew. RMS-Beschleunigungen in Querrichtung nach EN 12299	$\left[\frac{m}{s^2}\right]$
$a_{zj}^{W_i}(t)$	Effektivwert der frequenzgewichteten Beschleunigung in z-Richtung	$\left[\frac{m}{s^2}\right]$
$a_{zP95}^{W_b}$	95tes Perzentil der frequenzgew. RMS-Beschleunigungen in vertikaler Richtung nach EN 12299	$\left[\frac{m}{s^2}\right]$
$\dot{a}_{y,max}$	Maximaler Querruck nach BOStrab-Trassierungsrichtlinie	$\left[\frac{m}{s^3}\right]$
$\dot{a}_{\zeta}^{max}$	Maximalwert Ruck	$\left[\frac{m}{s^3}\right]$
$\dot{a}_{\zeta}^{RMS}$	Effektivwert Ruck	$\left[\frac{m}{s^3}\right]$
$\hat{a}$	Beschleunigungsamplitude	$\left[\frac{m}{s^2}\right]$

b_1	Konstante zur Berechnung von P_{DE} nach EN 12299	$\left[\frac{s^2}{m}\right]$
b_i	i-te Teilunebenheit zur Synthese von Gleislagefehlern	$[mm]$
b_w	Welligkeit zur Berechnung der kubischen Hyperbelfunktion Φ	$\left[\frac{1}{m}\right]$
$2b_0$	Stützweite bzw. Abstand der beiden Radaufstandspunkte eines Radpaares	$[m]$
c_1	Konstante zur Berechnung von P_{DE} nach EN 12299	$[-]$
ds	Wegdifferenz	$[m]$
dt	Zeitdifferenz	$[s]$
d_ψ	Winkeldifferenz (Gierwinkel)	$[rad]$
$e(j)$	Teilelementenvektor zum j-ten Iterationsschritt	$[-]$
e_1	Erstes Trassierungselement einer Dreierfolge	$[-]$
e_2	Zweites Trassierungselement einer Dreierfolge	$[-]$
e_3	Drittes Trassierungselement einer Dreierfolge	$[-]$
e_n^+	Vergleichsvektor zur Trassierungsklassifikation (positive Krümmungsrichtung)	$[-]$
e_n^-	Vergleichsvektor zur Trassierungsklassifikation (negative Krümmungsrichtung)	$[-]$
f	Frequenz	$[Hz]$
f_c	Spektrale Mittenfrequenz	$[Hz]$
f_l	Eckfrequenz des Tiefpassfilters zur Ruckberechnung	$[Hz]$
f_s	Abtastrate eines zeitdiskreten Signals	$[Hz]$
f_{min}	Minimale Grenzfrequenz	$[Hz]$
g	Erdbeschleunigung: $g = 9,81\ \frac{m}{s^2}$	$\left[\frac{m}{s^2}\right]$
g_{RMS}	Auf ein Vielfaches der Erdbeschleunigung bezogene RMS-Werte der Beschleunigung	$\left[\frac{m}{s^2}\right]$
$h(s)$	Signal der Längshöhenlage	$[mm]$
h_N	Norm-Längshöhenlage	$[mm]$
I	Standardreiz einer Umwelteinwirkung	$[-]$
I_0	Absolute Wahrnehmungsschwelle einer Umwelteinwirkung	$[-]$
j	Anzahl der Iterationsschritte der Dreielementsklassifikation	$[-]$
k	Webersche Konstante	$[-]$
k_u	Anzahl der Teilunebenheiten zur Synthese von Gleislagefehlern	$[-]$
k_x	Korrekturfaktor Längsrichtung nach ISO 2631	$[-]$
k_y	Korrekturfaktor Querrichtung nach ISO 2631	$[-]$
k_z	Korrekturfaktor vertikale Richtung nach ISO 2631	$[-]$
$k_{\zeta,raw}$	Scheitelfaktor Rohdatenbeschleunigung	$[-]$
k_ζ	Scheitelfaktor gefilterte Beschleunigung	$[-]$

l_g	Länge einer Verbindungsgeraden nach BOStrab-Trassierungsrichtlinie	$[m]$
l_u	Länge eines Übergangsbogens nach BOStrab-Trassierungsrichtlinie	$[m]$
l_{DZ}	Drehzapfenabstand	$[m]$
m_4	Zentrales Moment vierter Ordnung	$[-]$
n	Anzahl	$[-]$
r_i	Rad-Schiene-Kontakt bezogener Radradius, $i \in \{1, 2\}$	$[m]$
r_x	Rotation um die x-Achse	$[-]$
r_y	Rotation um die y-Achse	$[-]$
r_z	Rotation um die z-Achse	$[-]$
r_{X_1,X_2}	Kreuzkorrelation der Merkmale mit der Zielgröße	$[-]$
s	Fahrweg	$[m]$
s_{ges}	Gesamtstreckenlänge	$[km]$
t	Zeit	$[s]$
$u(s)$	Signal der Richtungslage	$[mm]$
u_h	Gleisüberhöhung	$[m]$
u_N	Norm-Richtungslage	$[mm]$
u_s	Schwingweite	$[cm]$
v	Fahrgeschwindigkeit	$[\frac{m}{s}]$
v_e	Entwurfsgeschwindigkeit nach BOStrab-Trassierungsrichtlinie	$[\frac{m}{s}]$
v_{BE}	Bogeneinlaufgeschwindigkeit	$[\frac{m}{s}]$
v_{zul}	Zulässige Bogeneinlaufgeschwindigkeit nach BOStrab-Trassierungsrichtlinie	$[\frac{m}{s}]$
x_s	Kartesische x-Koordinate Krümmungsverlauf	$[m]$
$\ddot{x}^*_{W_i}$	Frequenzgewichtete Beschleunigung in x-Richtung	$[\frac{m}{s^2}]$
$y_l(s)$	Signal der linken Schienenlage in Querrichtung	$[mm]$
$y_r(s)$	Signal der rechten Schienenlage in Querrichtung	$[mm]$
y_s	Kartesische y-Koordinate Krümmungsverlauf	$[m]$
$\dddot{y}_{1s}$	Querruck zur Berechnung von P_{CT} nach EN 12299	$[\frac{m}{s^3}]$
$\ddot{y}^*_{W_i}$	Frequenzgewichtete Beschleunigung in y-Richtung	$[\frac{m}{s^2}]$
$\ddot{y}_{1s}$	Querbeschleunigung am Bogenanfang zur Berechnung von P_{CT} nach EN 12299	$[\frac{m}{s^2}]$
$\ddot{y}_{PP}(t)$	Maximale Querbeschleunigung (Spitze zu Spitze) nach EN 12299	$[\frac{m}{s^2}]$
$z_l(s)$	Signal der linken Schienenlage in vertikaler Richtung	$[mm]$
$z_r(s)$	Signal der rechten Schienenlage in vertikaler Richtung	$[mm]$
$\ddot{z}^*_{W_i}$	Frequenzgewichtete Beschleunigung in z-Richtung	$[\frac{m}{s^2}]$

Griechische Buchstaben

$\Delta\Omega$	Wegfrequenzbandbreite	$\left[\frac{rad}{m}\right]$
$\Delta\phi(s)$	Fehlersignal der Querhöhenlage	$[rad]$
Δa	Klassenbreite zur Ermittlung des Ermüdungszeitverfahrens der SNCF	$\left[\frac{m}{s^2}\right]$
ΔD	Streuband (± 1) der Schwingkomfortprognosen	$[-]$
$\Delta h(s)$	Fehlersignal der Längshöhenlage	$[mm]$
ΔI	Reizdifferenz einer Umwelteinwirkung	$[-]$
Δk	Krümmungsunterschied zweier Bögen nach BOStrab-Trassierungsrichtlinie	$[m]$
$\Delta S(s)$	Fehlersignal der Spurweitenlage	$[mm]$
$\Delta u(s)$	Fehlersignal der Richtungslage	$[mm]$
Ω	Wegkreisfrequenz	$\left[\frac{rad}{m}\right]$
Φ_h	Spektrale Leistungsdichte des Längshöhenlagefehlers	$\left[\frac{mm^2}{1/m}\right]$
Φ_ϕ	Spektrale Leistungsdichte des Querhöhenlagefehlers	$\left[\frac{rad^2}{1/m}\right]$
Φ_S	Spektrale Leistungsdichte des Spurweitenlagefehlers	$\left[\frac{mm^2}{1/m}\right]$
Φ_u	Spektrale Leistungsdichte des Richtungslagefehlers	$\left[\frac{mm^2}{1/m}\right]$
α_x	Koeffizient der Multiplen Linearen Regression für $RMS_{x,raw}$	$\left[\frac{s^2}{m}\right]$
α_y	Koeffizient der Multiplen Linearen Regression für $RMS_{y,raw}$	$\left[\frac{s^2}{m}\right]$
α_z	Koeffizient der Multiplen Linearen Regression für $RMS_{z,raw}$	$\left[\frac{s^2}{m}\right]$
β_i	Koeffizienten der Multiplen Linearen Regression	$[-]$
β_x	Koeffizient der Multiplen Linearen Regression für a_x^{p2p}	$\left[\frac{s^2}{m}\right]$
β_y	Koeffizient der Multiplen Linearen Regression für a_y^{p2p}	$\left[\frac{s^2}{m}\right]$
χ	Zeitliche Integrationsvariable	$[s]$
δ	Einzelnes subjektives Schwingkomforturteil eines Teilnehmenden	$[-]$
$\dot{\psi}_\kappa$	Gierrate	$\left[\frac{rad}{m}\right]$
ϵ_i	i-ter Zufallswert der Phasenverschiebung zur Synthese von Gleislagefehlern	$[rad]$
η	Exponent des Stevenschen Potenzgesetzes	$[-]$
η_e	Klassifikationsvektor zur Unterscheidung von Trassierungselementen	$[-]$
κ	Horizontale Fahrwegkrümmung	$\left[\frac{1}{m}\right]$
λ	Wellenlänge	$[m]$
ω	Winkelgeschwindigkeit	$\left[\frac{1}{s}\right]$
ϕ	Rollwinkel	$[rad]$
$\phi(s)$	Signal der Querhöhenlage	$[rad]$

ϕ_N	Norm-Querhöhenlage	$[rad]$
ψ	Gierwinkel	$[rad]$
ρ	Koeffizient der Multiplen Linearen Regression	$[-]$
σ	Standardabweichung	$[-]$
σ_{hh}^2	Varianz des stochastischen Zufallsprozesses	$[-]$
τ	Zeitliche Fortschrittsweite eines gleitenden Fensters	$[s]$
$\dot{\phi}_{1s}$	Rollgeschwindigkeit zur Berechnung von P_{CT} nach EN 12299	$\left[\frac{rad}{s}\right]$

Indizes

ζ	Indikator der Schwingungsrichtung; $\zeta \in \{x, y, z\}$	$[-]$
b	Index der Frequenzgewichtungsfunktion für die vertikale Richtung nach EN 12299	$[-]$
c	Index der Frequenzgewichtungsfunktion für die Längsrichtung (Rückenlehne) nach EN 12299	$[-]$
d	Index der Frequenzgewichtungsfunktion für die Quer- und Längsrichtung nach EN 12299	$[-]$
j	Index zur Kennzeichnung der Kontaktfläche der Schwingungseinleitung nach EN 12299	$[-]$
x	Längsrichtung	$[-]$
y	Querrichtung bzw. laterale Richtung	$[-]$
z	vertikale Richtung	$[-]$

Kurzfassung

Während der Fahrt in Straßen- und Stadtbahnen sind die Fahrgäste ständigen Beschleunigungseinwirkungen unterworfen. Im Vergleich zur Vollbahn wird die Größenordnung, Häufigkeit und Charakteristik maßgeblich durch den hoch instationären Betrieb bestimmt. Vor allem in Straßenbahnnetzen finden sich kurze, enge Bögen – oft ohne Übergangsbogen – was zu hohen Beschleunigungsspitzen und Ruckwerten führt, die von den Passagieren als unkomfortabel wahrgenommen werden. Zusätzlich wird die Fahrt häufig durch Anfahr- und Bremsmanöver infolge von Ampeln und Haltestellen unterbrochen, wodurch die Längsdynamik die Schwingkomfortwahrnehmung gleichsam beeinflusst. Im Schienenfahrzeugbereich existieren verschiedene Schwingkomfortbewertungsmethoden, die über die Jahre immer wieder angepasst und erweitert wurden. Diese wurden jedoch vor dem Hintergrund des Vollbahnbetriebes entworfen und weiterentwickelt. Dadurch ergeben sich einige Inkompatibilitäten bei ihrer Anwendung auf BOStrab-Fahrzeuge, woraus sich die Motivation für die vorliegende Arbeit ableitet.

Es wird eine Schwingkomfortbewertungsmethodik entwickelt, die den speziellen Bedingungen des BOStrab-Betriebes Rechnung trägt und zur Bewertung des Schwingkomforts für sitzende und stehende Fahrgäste einsetzbar ist. Je Körperhaltung werden zwei verschiedene Algorithmen, u. a. unter Anwendung von Techniken des Maschinellen Lernens, zur Vorhersage des mittleren Schwingkomforts der Fahrgäste entwickelt. Auf Basis unterschiedlicher Merkmale sind die Algorithmen in der Lage, die Schwingungswahrnehmung von Fahrgästen vorherzusagen. Diese Merkmale werden aus Längs-, Quer- und Vertikalbeschleunigungen abgeleitet, die in Feldmessungen auf dem Fußboden gemessen werden. Die messtechnische Validierung der entwickelten Methoden zeigt eine sehr gute Übereinstimmung mit mittleren Subjektivurteilen, die mittels einer neu entwickelten Smartphone Applikation erhoben werden. Um die Algorithmen in eine Gesamtbewertungsmethodik einzubetten, wird eine umfassende Analyse des BOStrab-Betriebes vor einem fahrdynamischen und betriebestechnischen Hintergrund durchgeführt. Zur vereinheitlichten und vergleichbaren Schwingkomfortbewertung von Neufahrzeugen werden zwei Referenzfahrstrecken für die Mehrkörpersimulation auf Basis einer umfangreichen statistischen Untersuchung entwickelt. Die entsprechenden Versuchsrandbedingungen zur Schwingkomfortbewertung mit den neu entwickelten Algorithmen werden auf Basis von Versuchsfahrten hergeleitet. Somit wird in dieser Arbeit eine Gesamtvorgehensweise zur Bewertung des Schwingkomforts für BOStrab-Fahrzeuge entwickelt, was den Stand der Technik und Forschung der Schwingkomfortbewertung ergänzt und beträchtliche Lücken schließt.

Abstract

During the ride in a light rail vehicle, passengers perceive permanent acceleration exposure. In contrast to the main-line-track the acceleration's magnitude, frequency and characteristic arise from the highly non-stationary driving operation. Especially trams move frequently into curves without transition curves and the curve radii are often small. This leads to big peaks in both acceleration and jerk values. Besides these effects, the passengers experience extensive fluctuations in the longitudinal dynamics due to stop and go events at traffic lights and stations. This forms a subjective ride comfort impression of each passenger. The evaluation of the ride comfort in rail vehicles can be carried out using numerous methodologies, that have been developed within the scope of the main-line-track. Thus, particular incompatibilities arise when these methods should be applied to BOStrab-vehicles that lead to the motivation of this work.

A ride comfort evaluation method will be developed that is specifically tailored for fitting the instationary conditions of the BOStrab-operation. It can be used to predict the ride comfort perception of seated and standing passengers. With the help of machine learning two different algorithms are developed. The resulting models can predict the mean ride comfort perception of the passengers based on different features that are derived from three-dimensional accelerations, measured on the floor assembly of the vehicle. All subjective passenger ratings are collected using a self developed smartphone application that is used in several measurement campaigns. A final examination of the model's exactness based on validation measurement data shows a very good performance and precision. In order to embed the algorithms into an overall evaluation methodology the dynamics and traffic mode of the BOStrab-operation was analyzed statistically. To formulate adequate boundary conditions for the overall ride comfort evaluation methodology, additional information about the operation mode based on further measurement data is used. The new developed ride comfort evaluation method for BOStrab-vehicles closes several gaps of the state of the art and technology in the field of ride comfort evaluation of light rail vehicles.

1 Einleitung

Schienenfahrzeuge sind komplexe Fahrzeugsysteme, die aus zahlreichen Teilsystemen bestehen und sich bspw. anhand ihres betriebstechnischen Einsatzes gruppieren lassen [Schi14]. Eine allgemeine Unterteilung der Schienenfahrzeuge in drei verschiedene Kategorien nimmt die DIN 25033 [DIN25003] vor in: Eisenbahnfahrzeuge (auch Vollbahnfahrzeuge), Straßenbahn- und U-Bahnfahrzeuge und sonstige Schienenfahrzeuge. Alle Fahrzeuge müssen optimal auf ihre Insassen, die Umwelt und die Betriebesweise abgestimmt werden. Bis auf die U-Bahnen sind auch Straßen- und Stadtbahnen der Straßenbahn-Bau- und Betriebesordnung (BOStrab) [BoS87] unterworfen und müssen darüber hinaus zahlreiche Anforderungen aus unterschiedlichen Regelwerken erfüllen. Neben der mechanischen Festigkeitsauslegung, der Überprüfung von Fahrstabilitätskriterien, brandschutztechnischen Anforderungen oder der elektromagnetischen Verträglichkeit kommt der Schwingkomfortbewertung eine besondere Bedeutung zu. Bei den Fahrgästen entsteht ein Schwingkomforteindruck aus der wechselseitigen Beeinflussung von Fahrzeug und Fahrweg, die in Straßen- und Stadtbahnen vorwiegend nicht-stationär ist und ruckartige Änderungen der Bewegungsrichtung zur Folge hat. Die Schwingungen im Fahrgastraum resultieren maßgeblich aus dem konzeptabhängigen Fahrverhalten, der Fahrzeugauslegung, dem Fahrzeugzustand (Wartung), der Trassierung, der Gleislagequalität und sämtlichen Betriebesbedingungen. An Haltestellen oder Ampeln ergeben sich außerdem Anfahr- und Bremsbeschleunigungen, die ebenfalls von den Fahrgästen wahrgenommen werden.

Ab Anfang des 20. Jahrhunderts gewann die Schwingkomfortbewertung in Schienenfahrzeugen als neues Forschungsfeld an Bedeutung. Seitdem wurden in zahlreichen Forschungsarbeiten grundlegende Erkenntnisse hinsichtlich der Schwingungswahrnehmung erarbeitet und in nationale, sowie internationale Normen überführt. Alle im Schienenfahrzeugbereich bekannten Schwingkomfortbewertungsmethoden wurden ausschließlich für die Vollbahn entwickelt. Allerdings unterscheidet sich der Straßen- und Stadtbahnbahnbetrieb maßgeblich vom Vollbahnbetrieb. Im Bereich der Innenstädte ergeben sich aufgrund baulicher Zwänge des begrenzt zur Verfügung stehenden Verkehrsraumes vor allem für Straßenbahnen raue Betriebsbedinungen durch kurze und enge Bögen. Außerdem sind häufige Wechsel der Trassierungselemente, kurze Haltestellenabstände und fehlende Übergangsbögen charakteristisch für den BOStrab-Betrieb. Im Vollbahnbereich hingegen sind vergleichsweise lange quasi-stationäre Fahrzustände vorzufinden und der Bewegungszustand des Fahrzeugs wird, abgesehen von der Gleislagequalität, weitaus weniger von der Streckenführung beeinflusst, als es bei Straßen- und Stadtbahnen der Fall ist. Aus diesem Grund bieten aktuelle Schwingkomfortbewertungsverfahren hauptsächlich die Möglichkeit, quasi-stationäre Fahrzustände zu bewerten. Darüber hinaus existieren Methoden zur Bewertung von diskreten Ereignissen oder der Fahrt in einen Übergangsbogen, allerdings ist eine Anwendung nur in wenigen Fällen im BOStrab-Bereich sinvoll. Beide Verfahren sind lediglich zur Bewertung singulärer Ereignisse geeignet und Übergangsbögen kommen im Bereich der Innenstädte nur vereinzelt vor. Vor allem eine Fahrt in einer Straßenbahn kann im Vergleich zur Vollbahn als eine Reihe kurzer, aufeinanderfolgender, diskreter Ereignisse angesehen werden. Die Aussagekraft im BOStrab-Bereich ist sowohl für das weit verbreitete Wertzifferverfahren [Hel41] als auch für die EN 12299 [EN09] bis heute nicht wissenschaftlich untersucht und durch Feldversuche belegt worden.

Die vorliegende Arbeit verfolgt das Ziel, eine Schwingkomfortbewertungsmethode speziell für den BOStrab-Bereich zu entwickeln und die aktuell bestehende Forschungslücke zu schließen. Zunächst wird in Kap. 2 der Stand der Technik und Forschung sowohl im Bereich der Schwingkomfortbewertung, als auch angrenzender Forschungsgebiete zur Schwingungswahrnehmung und Psychophysik, zusammengefasst.

In Kap. 3 werden die im Stand der Technik und Forschung zusammengetragenen Erkenntnisse zum Wissensstand kritisch hinterfragt, die Forschungsfrage abgeleitet und ein geeigneter Lösungsansatz hergeleitet. Die charakteristischen Betriebsbedingungen für Straßen- und Stadtbahnen werden in Kap. 4 anhand repräsentativer Feldversuche analysiert. Außerdem werden exemplarische Trassierungsverläufe und Geschwindigkeitsprofile für simulative Auslegungsrechnungen in Form von Referenzstrecken erarbeitet. Zur Entwicklung einer Bewertungsmethodik für den Schwingkomfort werden aussagekräftige Beschleunigungsmessungen benötigt, die zeitgleich mit einer Fahrgastbefragung durchgeführt werden müssen. Hierzu befasst sich Kap. 5 mit der auf einer Smartphone App und Beschleunigungssensorik basierenden Vorgehensweise zur Datenerhebung- und Vorverarbeitung. Nachdem eine repräsentative Datengrundlage vorliegt, werden verschiedene Algorithmen, u. a. des Maschinellen Lernens, in Kap. 6 implementiert, trainiert und hinsichtlich ihrer Anwendbarkeit im BOStrab-Betrieb anhand repräsentativer Validierungsdaten überprüft. Abschließend erfolgt in Kap. 7 die Synthese der gewonnenen Erkenntnisse zu einer Gesamtvorgehensweise zur Schwingkomfortbewertung im BOStrab-Betrieb. Diese umschließt die entwickelten Algorithmen mit Vorschlägen geeigneter Versuchsrandbedingungen für eine aussagekräftige Anwendung der entwickelten Modelle in zukünftigen Messkampagnen oder Simulationsstudien.

2 Stand der Wissenschaft und Technik

Bevor in diesem Kapitel die verschiedenen Grundlagen aus der Wissenschaft und Technik zusammengefasst werden, wird in Kap. 2.1 zunächst die Nomenklatur für die vorliegende Arbeit festgelegt, damit ein einheitlicher Gebrauch verschiedener Begriffe gewährleistet ist.

2.1 Einführung und Abgrenzung verschiedener Begriffe

In der Literatur sowie in der Normenlandschaft des Themengebietes Schwingkomfort existieren viele Begriffe, die oft weder präzise definiert sind, noch einheitliche Verwendung finden. Da es keinen allgemeinen Konsens für den Begriff *Schwingkomfort* gibt, wird nachfolgend definiert, was unter den Begriffen Komfort, Diskomfort, Schwingung und somit unter Schwingkomfort vor dem Hintergrund der vorliegenden Arbeit zu verstehen ist.

2.1.1 Schwingung

Ein sich zeitlich wiederholender Bewegungsvorgang, der durch Beobachten einer Zustandsgröße als über der Zeit zu- und abnehmende Werte beschrieben werden kann, bezeichnet man als Schwingung [Bro18, Jä16, DIN00].

In DIN 1311-1 [DIN00] werden Schwingungen in verschiedene Schwingungstypen unterteilt:

- *Deterministische Schwingungen* sind funktional beschreibbare Zeitreihen und werden in folgende Unterkategorien unterteilt:
  - *Periodische Schwingungen* haben einen wiederkehrenden Charakter, in dem sich der Verlauf der beobachteten Zustandsgrößen nach einer gewissen Zeit wiederholt, z. B. in Form einer harmonischen Sinusfunktion.
  - *Nichtperiodische Schwingungen*, die einen nicht wiederkehrenden Zeitverlauf aufweisen.
- *Stochastische Schwingungen* sind regellose, zufällige Schwingungsvorgänge, die nicht über eine Funktion beschrieben werden können und wie folgt eingeteilt werden::
  - *Stationäre, stochastische Schwingungen* zeigen keine zeitliche Abhängigkeit hinsichtlich der Merkmale des Schwingungsverlaufs.
  - *Instationäre, stochastische Schwingungen* jedoch sind zeitabhängig hinsichtlich der Kenngrößen und Kennfunktionen.

In der Fahrdynamik werden Schwingungsvorgänge häufig anhand der wirkenden Beschleunigungen charakterisiert, da sie sich direkt in Kräfte übersetzen lassen [Fre99]. Anstelle von Schwingungen wird in der Literatur, vor allem in englischer Sprache, häufig von Vibrationen gesprochen, wobei sich beide Begriffe auf denselben Sachverhalt beziehen [DIN12, ISO97].

2.1.2 Komfort und Diskomfort

Jeder Mensch macht in seinem Leben zahlreiche unterschiedliche Erfahrungen auf deren Grundlage er bestimmte Vorlieben entwickelt. Demnach erfolgt die menschliche Wahrnehmung der Umwelt nicht unvoreingenommen und wirkt sich folglich auf die Sensitivität der Schwingungswahrnehmung aus. Der Begriff Komfort ist eng mit dem Begriff der Ästhetik verwandt. Nach ZHANG et. al. [Zha96] kann Komfort mit den Begriffen Eindruck, Entlastung, Annehmlichkeit und Entspannung assoziiert werden. BUBB [Bub04] nennt weitere mögliche Assoziationen, wie z. B. Behaglichkeit, Bequemlichkeit und Zufriedenheit. Eine eindeutig naturwissenschaftliche Beschreibung von Komfort lässt sich nicht finden. Es handelt sich vielmehr um einen subjektiven Eindruck, der sich durch die kognitive Verarbeitung von Umweltreizen ergibt. Weitere Aspekte, wie Tagesform, Stimmungslage und Erwartungshaltung, haben ebenfalls Einfluss auf den subjektiven Komforteindruck. [Bub04, Kna10]

Ferner existiert der gegensätzliche Begriff Diskomfort. Er beschreibt das „Erleiden“ negativ wahrgenommener Einflüsse, die durch die Einwirkung von Umweltreizen hervorgerufen werden. Diskomfort lässt sich sowohl semantisch, als auch durch Indikatoren wie Müdigkeit, Unruhe, Schmerz, Beanspruchung und den Blutkreislauf beschreiben. Mit den wissenschaftlichen Methoden der Psychophysik[1] lässt sich Diskomfort empirisch beschreiben, indem ein Zusammenhang zwischen physikalisch messbaren Größen und der Wahrnehmung von unangenehm empfundenen Umweltreizen hergestellt wird. Dies ist für Komfort hingegen nicht möglich. [Zha96, Bub04]

Folglich beschreiben beide Begriffe gegensätzliche Wahrnehmungsdimensionen, die unter dem Gesichtspunkt der fahrdynamischen Anforderungen an ein Fahrzeug in unterschiedlicher Art und Weise ins Gewicht fallen, siehe Abb. 2.1a. Während bei der Fahrt in einem Schienenfahrzeug niedrige Geräuschpegel und eine möglichst große Laufruhe von den Fahrgästen erwartet werden, so ist die Anforderung an einen Sportwagen eine andere: Der durchschnittliche Fahrer legt Wert auf ein großes Beschleunigungspotenzial und eine „sportlich-klingende“ Abgasanlage. Dies unterstreicht den Einfluss der subjektiven Erwartungshaltung, die sogar zu einer konträren Beurteilung physikalisch identischer Umweltreize führen kann. [Kna10]

Somit bleibt lediglich die Bewertung der Wirkung von Umweltreizen auf den Diskomforteindruck unter Verwendung psychophysischer Methoden, die eine quantitative Analyse ermöglichen. Dabei ist zu beachten, dass die Relevanz der Diskomforteindrücke infolge verschiedener Umweltreize einer festen Hierarchie unterliegt, siehe Abb. 2.1b. Der Mensch nimmt in erster Linie den Geruch seiner Umwelt wahr und wünscht sich eine angenehm riechende Umgebung. Die Lichtverhältnisse besetzen die zweitrelevanteste Wahrnehmungsdimension. Die Einwirkung von Schwingungen hat für den Menschen mittlere Priorität. Je nach Intensität kann jedoch ein Aspekt in der Hierarchie steigen, sofern dieser herausragend stark ausgeprägt ist. Neben Schwingungen ist auch die Lärmeinwirkung relevant. Eine untergeordnete Rolle spielt die Anthropometrie, die die Kompatibilität eines technischen Systems zum Menschen analysiert, indem die Maße und Eigenschaften des Körpers bei der Konzeption technischer Systeme berücksichtigt werden, z. B. bei der Konstruktion von Sitzen. [Bub04, Kna10]

[1] Die Psychophysik versucht, einen Zusammenhang zwischen physikalischen Größen und der menschlichen Wahrnehmung durch empirische Formeln herzustellen.

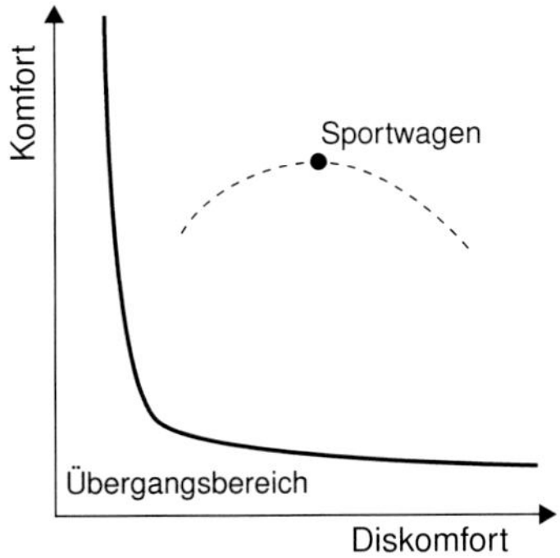

(a) *Komfort-Diskomfort Modell, nach [Zha96, Kna10]*

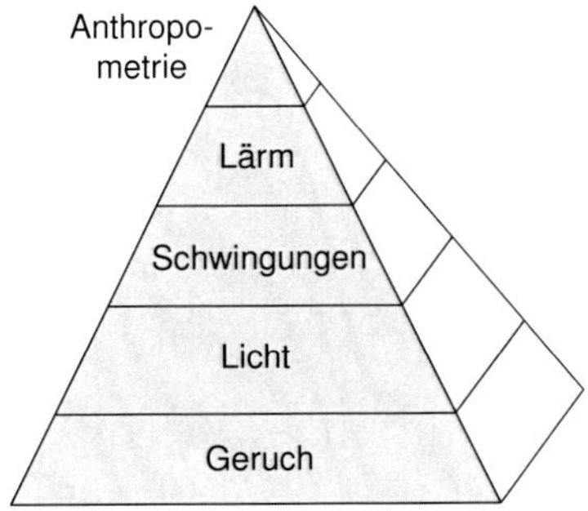

(b) *(Dis-)Komfortpyramide, nach [Bub04, Kna10]*

Abb. 2.1: *Zusammenhang zwischen Komfort und Diskomfort*

2.1.3 Schwingkomfort

In Forschung und Technik existieren vielfältige Begriffe zur Charakterisierung von Aspekten des Komforts, der in der Regel in verschiedene Teilgebiete untergliedert ist, vgl. Abb. 2.1b. Obwohl die unterschiedlichen Arten von Komforteinflüssen in der Realität stets gleichzeitig wirken, so wird in dieser Arbeit ausschließlich das Teilgebiet des Schwingkomforts isoliert betrachtet. Alle übrigen Teilgebiete sonstiger komfortrelevanter Umweltreize bleiben weitestgehend unberücksichtigt. Um dem Leser ein exaktes Verständnis der hier gebrauchten Terminologie zu vermitteln, wird nun der Begriff Schwingkomfort genau definiert.

Häufig wird der Begriff Fahrkomfort synonym mit Schwingkomfort verwendet, obwohl lediglich die subjektive Wahrnehmung hinsichtlich dynamischer Fahrzeugbewegungen im Fahrgastraum gemeint ist. Folgt man der Komfortpyramide nach BUBB, Abb. 2.1b, so lassen sich verschiedenste Einflüsse während der Fahrt in einem Schienenfahrzeug ableiten: Der von der Anthropometrie abhängige Sitzkomfort beeinflusst durch die Gestaltung der Sitze die Haltung der Fahrgäste, es entsteht Lärmemission durch Radschall oder die Wechselrichter der Elektromotoren und ungünstige Lichtverhältnisse durch eine unvorteilhafte Gestaltung des Fahrgastraumes. Letztlich bilden die durch die Fahrzeug-Fahrweg-Interaktion entstehenden Schwingungen ebenfalls einen Schwingkomforteindruck. Der bei den Fahrgästen hinterlassene Gesamteindruck aller Umwelteinflüsse, kann folgerichtig als Fahrkomfort bezeichnet werden. In der vorliegenden Arbeit bezieht sich Schwingkomfort ausschließlich auf den Zustand des subjektiv wahrgenommenen Diskomforts, hervorgerufen durch dynamische Schwingungen in Fahrzeugen. Wie auch in zahlreichen vorangegangenen Forschungsarbeiten auf diesem Gebiet sowie den gängigen Normen und Richtlinien, wird anstelle von Diskomfort zum Zwecke der Vereinfachung in der vorliegenden Arbeit von Komfort gesprochen, z. B. KNAUER [Kna10]. Weitere zeitgleich zu den Schwingungen im Fahrgastraum auftretenden Einflüsse sind nicht Gegenstand dieser Arbeit.

2.2 Fahrdynamische Einflussgrößen

Während der Fahrt in einem Schienenfahrzeug, treten unterschiedliche Einflussgrößen in Erscheinung, die das Fahrzeug zu Schwingungen anregen, siehe Abb. 2.2.

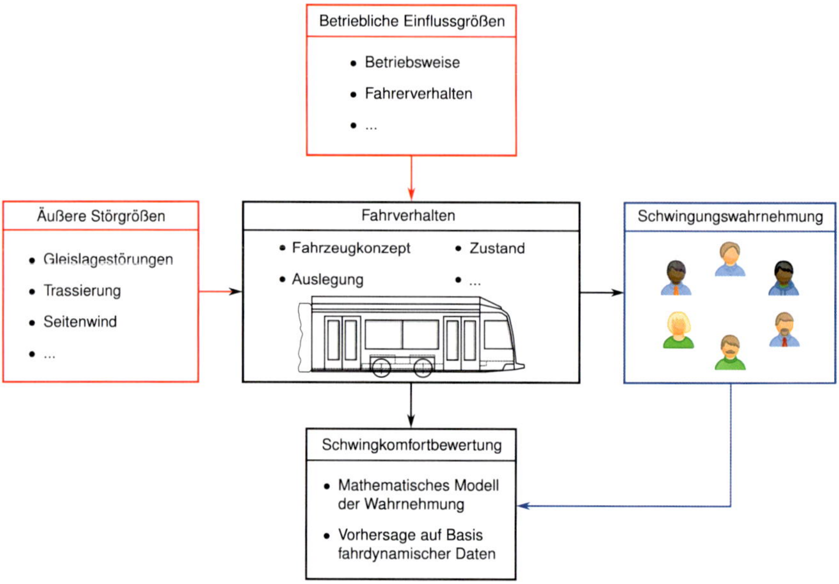

Abb. 2.2: *Fahrdynamische Einflussgrößen des Straßen- und Stadtbahnbetriebes*

Fahrzeugschwingungen resultieren somit aus dem komplexen Zusammenspiel von betrieblichen Gegebenheiten, äußeren Störgrößen und dem Fahrverhalten. Letzteres hängt vom jeweiligen Fahrzeugkonzept, der Auslegung (Feder- und Dämpfungsparameter, Steifigkeit der Struktur, etc.) und vom Zustand des Fahrzeuges (z. B. dem Verschleißzustand des Radprofils oder von dem Alter der Dämpfer) ab. Die Straßenbahn-Bau- und Betriebesordnung, kurz BOStrab [BoS87], beschreibt technische Regeln und Anforderungen an die Infrastruktur von Straßen-, Stadt- und U-Bahnfahrzeugen sowie an die Fahrzeuge selbst. Im Rahmen der vorliegenden Arbeit sind vor allem Straßen- und Stadtbahnen interessant, im Folgenden auch als BOStrab-Fahrzeuge bezeichnet. Eine landläufige, einheitliche Unterscheidung zwischen Straßen- und Stadtbahn existiert nicht, es lassen sich jedoch verschiedene Merkmale dazu nutzen, die Hauptunterschiede beider Fahrzeugtypen herauszustellen, siehe Tab. 2.1.

Während Straßenbahnen nahezu ausschließlich auf Straßengleisen verkehren, bewegen sich Stadtbahnen größtenteils auf eigenem Gleiskörper und somit überwiegend signalgesichert. Im Gegensatz dazu fahren die Straßenbahnfahrer auf Sicht und müssen auf den Straßenverkehr achten. Stadtbahnstrecken weisen im Durchschnitt größere Haltestellenabstände auf und befahren das Netz mit einer höheren mittleren Geschwindigkeit als Straßenbahnen. Beide Fahrzeugtypen haben ein vergleichbares Beschleunigungsvermögen und müssen im Mischverkehr der Städte aus Sicherheitsgründen auch große Bremsverzögerungen leisten. [Schi14]

Tab. 2.1: *Unterscheidungsmerkmale von Straßen- und Stadtbahnen, nach [Schi14]*

Merkmal	Straßenbahn	Stadtbahn
Gleis	Hauptsächlich im Gleisbett	Größtenteils eigener Gleiskörper
Kleinster Kurvenradius	$\geq 15\ m$	$\geq 25\ m$
Zugsicherung	Fahren auf Sicht	Fahren auf Sicht / Signalgesichert
Haltestellenabstand	$300 - 600\ m$	$500 - 800\ m$
Mittlere Fahrgeschwindigkeit	$15 - 20\ \frac{km}{h}$	$20 - 30\ \frac{km}{h}$
Höchstgeschwindigkeit	$50 - 70\ \frac{km}{h}$	$70 - 100\ \frac{km}{h}$
Maximale Anfahrbeschleunigung	$1,1 - 1,5\ \frac{m}{s^2}$	$1,3 - 1,5\ \frac{m}{s^2}$
Maximale Bremsverzögerung	$1,5 - 3,0\ \frac{m}{s^2}$	$1,5 - 3,0\ \frac{m}{s^2}$

Durch Wechselwirkung der äußeren Störgrößen und betrieblichen Einflussgrößen mit dem Fahrzeug, das selbst ein konzeptabhängiges Fahrverhalten besitzt, entstehen Schwingungen im Fahrgastraum, die auch auf die Fahrgäste und Fahrer wirken.

Äußere Störgrößen sind bspw. Gleislagestörungen, die über den Rad-Schiene-Kontakt das Fahrzeug zu Schwingungen anregen. Auch die Ausgestaltung der Trassierung hat einen großen Einfluss, da ein Schienenfahrzeug spurgebunden der Fahrstrecke folgen muss. Weitere Umwelteinflüsse wie z. B. eine Anströmung des Fahrzeuges durch Seitenwind sowie sonstige Störgrößen der Umgebung wirken sich auf die resultierenden Fahrzeugschwingungen aus. Die Fahrdynamik wird jedoch nicht nur von Umwelteinflüssen bestimmt. Daneben beeinflusst auch der Betrieb maßgeblich die Dynamik von Straßen- und Stadtbahnen. Hier spielen vor allem die Betriebesweise in Form des vorgegebenen Einsatzspiegels und das Verhalten des Fahrers eine große Rolle. Gerade Letzteres kann in Form von ruckartigen Anfahr- und Bremsvorgängen die Längsdynamik beeinflussen. Letztlich zeigt auch jedes Fahrzeugkonzept ein unterschiedliches Fahrverhalten. Dieses systemimmanente Verhalten ist durch die konstruktive Ausführung, die Wahl der mechanischen Antriebskomponenten, die Dämpfungs- und Steifigkeitseigenschaften der Federstufen, usw. geprägt und wirkt sich auf die Laufeigenschaften eines Fahrzeugs aus. Als letztes Glied in der Übertragungskette, spürt der Fahrgast die resultierenden Beschleunigungen im Fahrgastraum, die sich durch die Interaktion des Fahrzeuges mit seiner Umwelt ausbilden. Die wichtigsten Einflussgrößen werden in den folgenden Abschnitten einzeln erklärt und jeweils der aktuelle Stand der Technik wiedergegeben.

2.2.1 Äußere Störgrößen

Jedes Fahrzeug wird während der Fahrt durch äußere Einflüsse an einer idealen, schwingungsfreien Bewegung gehindert. Die wichtigsten Störgrößen, die das Fahrzeug während der Fahrt dynamisch beeinflussen, werden im Folgenden näher erklärt.

Trassierung

Die Trassierung beschreibt die Geometrie des räumlichen Verlaufs eines Fahrweges. Die Anforderungen an die Trassierung von BOStrab-Fahrzeugen sind in der BOStrab-Trassierungsrichtlinie [BoS93] definiert und werden durch die TRStrab-Trassierung [TRS15] ergänzt. Durch Kombination von Geraden, Kreisbögen und Übergangsbögen (Grundrissdarstellung) sowie Überhöhung, Überhöhungsrampe, Längsneigung und vertikaler Ausrundung (im Aufriss) wird der resultierende Streckenverlauf zusammengesetzt. Eine Überhöhung wird u. a. im Bogen eingesetzt, um die dort wirkende Seitenbeschleunigung vollständig oder teilweise auszugleichen. Um einen kontinuierlichen Übergang von nicht überhöhtem zu überhöhtem Gleis zu gestalten, werden Überhöhungsrampen eingesetzt, die meist einen linearen Anstieg aufweisen. Dabei muss zusätzlich auf eine Ausrundung, jeweils zu Beginn und am Ende, geachtet werden. Jedoch kann für gewöhnlich im Straßengleis keine Überhöhung nach den Vorgaben der Richtlinie vorgesehen werden, da der Gleisverlauf dort der geometrischen Ausgestaltung der asphaltierten Straße untergeordnet ist. [BoS93, TRS15]

Die Fahrwege von Straßen- und Stadtbahnen weisen aufgrund der Zwangsbedingungen des zur Verfügung stehenden Bauraumes enge Bogenradien ($R \geq 15\ m$) auf. Ständige Wechsel der Trassierungselemente und relativ kleine Abstände zwischen den Haltestellen erfordern häufige Anfahr- und Bremsvorgänge. Diese werden in der BOStrab jedoch nicht berücksichtigt. Die Berechnungen bedienen sich der sogenannten Entwurfsgeschwindigkeit v_e. [Kru83]

Die wichtigsten geometrischen Größen und die zur Trassierungsplanung verwendeten Entwurfsgrößen werden im Folgenden für den Normalspurbetrieb mit der Spurweite $S = 1435\ mm$ durch Zusammenfassung der BOStrab-Trassierungsrichtlinie [BoS93] beschrieben. Abweichend von den in der Praxis verwendeten Einheiten werden in dieser Arbeit alle physikalischen Größen in SI-Einheiten angegeben, sodass die Formeln teilweise von denen in der Literatur abweichen.

Da die fahrdynamische Wechselwirkung zwischen Fahrzeug und Fahrweg stark von der aktuellen Fahrgeschwindigkeit abhängt, wird die sog. Entwurfsgeschwindigkeit v_e definiert. Für Straßenbahnen mit besonderem oder straßenbündigem Bahnkörper soll die Entwurfsgeschwindigkeit mindestens $v_e \geq 50\ km/h$, auf unabhängigem Bahnkörper nicht weniger als $v_e \geq 70\ km/h$ betragen.

Während der Bogenfahrt in einem überhöhten Bogen wird die resultierende Querbeschleunigung a_q reduziert. Hierzu wird die Lage der bogenäußeren gegenüber der inneren Schiene um die Überhöhung u_h höher eingestellt. Hierdurch ergibt sich der Überhöhungswinkel α_u, sowie verschiedene am Massenschwerpunkt angreifende Kräfte. Die Kräfte und die resultierende Querbeschleunigung a_q werden am Beispiel eines Radsatzes basierend auf SCHINDLER [Schi14] hergeleitet, siehe Abb. 2.3. [Schi14]

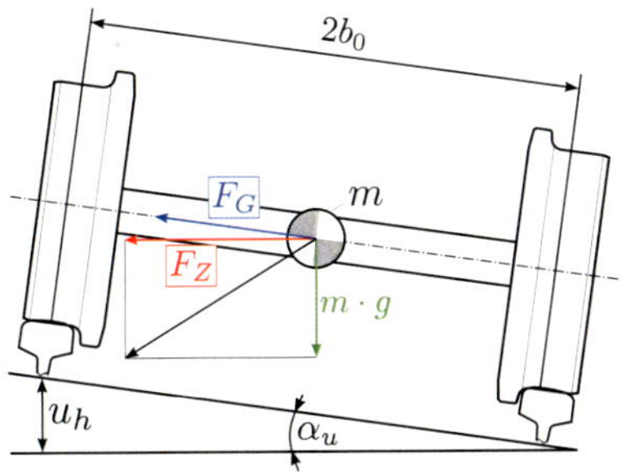

Abb. 2.3: *Resultierende Querbeschleunigung durch Gleisüberhöhung, nach [Schi14]*

Auf den Massenschwerpunkt des skizzierten Radsatzes wirkt die Gewichtskraft $m \cdot g$ sowie die Zentrifugalkraft F_Z, die vom Bogenradius und der Fahrgeschwindigkeit v abhängt:

$$F_Z = \frac{m \cdot v^2}{R} \tag{2.1}$$

Durch die Überhöhung wird in der horizontalen Gleisebene die Zentrifugalkraft um einen Anteil der Gewichtskraft reduziert. Die Hilfskraft in der Gleisebene F_G ergibt sich aus:

$$F_G = F_Z \cdot \cos \alpha_u - m \cdot g \cdot \sin \alpha_u \tag{2.2}$$

Der Überhöhungswinkel α_u hängt von der Stützweite des Radpaares $2b_0$ und der Überhöhung u_h ab:

$$\sin \alpha_u = \frac{u_h}{2b_0} \tag{2.3}$$

Für kleine Überhöhungswinkel α_u können durch Linearisierung die trigonometrischen Funktionen vereinfacht werden. Durch Zusammenführen von Gl. (2.1) und (2.2) ergibt sich F_G:

$$F_G = m \cdot \frac{v^2}{R} - m \cdot g \cdot \frac{u_h}{2b_0} = m \cdot a_q \tag{2.4}$$

Anhand des zweiten Newtonschen Axioms ergibt sich die freie Querbeschleunigung a_q durch Kürzen der Masse m:

$$a_q = \frac{v^2}{R} - g \cdot \frac{u_h}{2b_0} \tag{2.5}$$

Durch Einsetzen der Stützweite $2b_0 = 1,5\ m$ und der Erdbeschleunigung $g = 9,81\ m/s^2$ lässt sich Gl. (2.5) vereinfachen:

$$a_q = \frac{v^2}{R} - \frac{u_h}{0,153\ s^2} \qquad \text{mit } \frac{2b_0}{g} = 0,153\ s^2 \tag{2.6}$$

Auf unabhängigem Bahnkörper sind Bogenradien $R \geq 240\ m$, auf besonderem oder straßenbündigem Bahnkörper solche mit $R \geq 15\ m$, zugelassen. Entsprechend sind gewisse Grenzwerte bzgl. der quasistatischen Querbeschleunigung einzuhalten. Im Regelfall soll $a_q \leq 0,65\ m/s^2$ nicht überschritten werden, in Ausnahmefällen sind allerdings Werte von $a_q \leq 0,98\ m/s^2$ zugelassen. Um diese Grenzwerte einhalten zu können, darf die zulässige Geschwindigkeit bei einer Bogenfahrt v_{zul} für $a_q = 0,98\ m/s^2$ nicht überschritten werden:

$$v_{zul} = \sqrt{R \cdot \left(a_q + \frac{u_h}{0,153\ s^2}\right)} = \sqrt{\frac{R}{0,153\ s^2} \cdot \left(u_h + \underbrace{0,15\ m}_{\Pi}\right)} \tag{2.7}$$

In Gl. (2.7) ergibt sich der Term $\Pi = 0,15\ m$ durch Ausklammern von $1/0,153\ s^2$ und Multiplikation mit der zulässigen Querbeschleunigung $a_q = 0,98\ m/s^2$:

$$\Pi = 0,98\ m/s^2 \cdot 0,153\ s^2 = 0,15\ m \tag{2.8}$$

Bei einer Verbindung zweier Bögen durch ein gerades Gleisstück ist mindestens die Länge l_g, abhängig von der Entwurfsgeschwindigkeit v_e, zu berücksichtigen. Dies gilt in gleichem Maße für einen Verbindungsbogen anstelle einer Verbindungsgeraden:

$$l_g \geq \frac{v_e}{10} \tag{2.9}$$

Wie zuvor erwähnt, wird ein Ausgleich der Querbeschleunigung im Bogen angestrebt. Durch eine Gleisüberhöhung kann die Zentrifugalbeschleunigung, abhängig von der Fahrgeschwindigkeit v, um einen Anteil der Erdbeschleunigung reduziert werden. Straßenbündig ist eine Überhöhung u_h meist aus baulichen Gründen nicht möglich, auf unabhängigem Bahnkörper soll die Mindestüberhöhung u_{min} folgende Gleichung erfüllen:

$$u_{min} = 0,153\ s^2 \cdot \left(\frac{v^2}{R} - a_q\right) \tag{2.10}$$

Eine Querbeschleunigung von $a_q = 0,2\ m/s^2$ bleibt im Regelfall unausgeglichen. Die Überhöhung soll für gewöhnlich $u_h = 0,150\ m$, in Ausnahmefällen $u_h = 0,165\ m$, nicht übersteigen. Vor allem der Wechsel zwischen Trassierungselementen ist kritisch, da ein Schienenfahrzeug unmittelbar dem vorliegenden Fahrweg folgen muss. Aus diesem Grund muss der Querruck für den Wechsel zwischen zwei Abschnitten unterschiedlicher Krümmung betrachtet werden. Außerdem darf $\dot{a}_y$ den Grenzwert von $\dot{a}_{y,max} = 0,67\ m/s^3$ nicht überschreiten:

$$\dot{a}_y = \frac{v \cdot \Delta a_q}{l_u} \tag{2.11}$$

In Gl. (2.11) gehen die Differenz der quasistatischen Querbeschleunigung Δa_q, die Fahrgeschwindigkeit v und die Mindestlänge des Übergangsbogens l_u ein. Da Übergangsbögen im Innenstadtbereich häufig mangels ausreichender Platzverhältnisse baulich nicht umgesetzt werden können, muss die zulässige Bogeneinlaufgeschwindigkeit $v_{zul,BE}$ eingehalten werden:

$$v_{zul,BE} = \sqrt{\dot{a}_y \cdot l_v \cdot \frac{1}{\Delta k}} \tag{2.12}$$

Diese hängt von der vereinfachten virtuellen Länge $l_v = 6\ m$, über die sich der Ruck auswirkt, ab. Alternativ kann auch der Fahrwerkabstand für l_v angesetzt werden. Weiterhin ist v_{zul} von dem Krümmungsunterschied Δk abhängig:

$$\Delta k = \frac{1}{R_2} \pm \frac{1}{R_1} \tag{2.13}$$

Dabei gilt stets $R_1 > R_2$ und die beiden Terme werden im Fall von Gegenbögen addiert und bei Bögen der gleichen Krümmungsrichtung subtrahiert. Um die Überhöhung kontinuierlich einzuleiten, werden überlicherweise linear ansteigende Überhöhungsrampen verwendet. Oft leitet gleichzeitig ein Übergangsbogen von der Geraden in einen Bogen über, in diesem Fall sind die Längen von Übergangsbogen und Überhöhungsrampe l_R gleichzusetzen.

$$l_u = l_R = m \cdot u \tag{2.14}$$

Die Neigung der Überhöhungsrampe $\frac{1}{m}$ wird im Regelfall anhand folgender Gleichung berechnet:

$$\frac{1}{m} = \frac{1}{36 \cdot v_e} \tag{2.15}$$

Im Ausnahmefall gilt jedoch:

$$\frac{1}{m} = \frac{1}{21,6 \cdot v_{zul}} \tag{2.16}$$

Der Maximalwert von $\frac{1}{m} = \frac{1}{300}$ sollte nicht überschritten werden. Zusätzlich ist die Längsneigung ein wichtiger Trassierungsparameter im Aufriss der Trasse und soll in der Regel $40\ ‰$ nicht überschreiten. Für die Überleitung von nicht geneigten Abschnitten in solche mit einer Neigung, sind entsprechende Ausrundungen vorzusehen. Der Ausrundungsradius R_a wird anhand verschiedener Kriterien berechnet:

$$R_a \geq \begin{cases} 0,03 \cdot v_e^2 & \text{Regelfall, jedoch: } R_a \geq 1000\ m \\ 0,02 \cdot v_{zul}^2 & \text{Ausnahmefall, jedoch: } R_a \geq 625\ m \end{cases} \tag{2.17}$$

Falls das Zusammenfallen von Neigungswechseln und Überhöhungsrampen nicht zu vermeiden ist, muss folgende Gleichung verwendet werden:

$$R_a \geq 0,46 \cdot v_e^2 \cdot \frac{1}{m} \quad \text{jedoch: } R_a \geq 2000\ m \tag{2.18}$$

Vertikalbeschleunigungen von $a_v > 0,19\ m/s^2$ sind zu vermeiden.

Der tatsächlich auftretende Querruck

Die nach BOStrab-Trassierungsrichtlinie erlaubten Maximalwerte für den Querruck von $\dot{a}_{y,max} = 0,67\ m/s^3$ sind häufig nur in einem Übergangsbogen und unter Idealbedingungen erreichbar. In großen Teilen der realen Straßen- und Stadtbahnnetze fehlen allmähliche Übergänge von einem Trassierungselement in das andere, um abrupte Richtungsänderungen mit hohen Beschleunigungsspitzen zu vermeiden. Oft wird eine sogenannte Klothoidenform als Übergangsbogen vorgesehen, da aufgrund der spezifischen Geometrie die Querbeschleunigung für $v = const.$ linear zunimmt. Nach Gl. (2.11) ergibt sich für einen infinitesimal kleinen Übergangsbogen mit $l_u = 0\ m$ ein theoretisch unendlich hoher Ruck[2]. Ein Wert von $\dot{a}_y = \infty$ tritt in der Realität selbstverständlich nicht auf, da Elastizitäten des Oberbaus und der Schienen sowie die Federstufen des Fahrzeugs Relativwege zulassen und somit die Wirkung der abrupten Richtungsänderung abmildern. Um den in der Realität im Fahrzeug auftretenden Querruck tatsächlich zu quantifizieren, muss dieser messtechnisch indirekt durch aus der Querbeschleunigung a_y durch das Differential $\frac{da_y}{dt}$ hergeleitet werden. [Ren06, Kre10]

Entgegen den in der Trassierungsrichtlinie festgelegten Grenzwerten nach Gl. (2.11) wurden in verschiedenen Studien durchweg größere Ruckwerte bestimmt. Demnach werden in der Realität die zulässigen Maximalwerte für den Ruck überschritten. RENNER [Ren06] ermittelte Werte von $\dot{a}_y = 55,3\ m/s^3$, indem er die zeitliche Ableitung von gemessenen Querbeschleunigungen zur Ruckberechnung heranzog. Durch die Anwendung eines gleitenden Mittelwertes entsprechend eines Tiefpassfilters mit der Eckfrequenz von $f_l = 3,33\ Hz$ ermittelte er Werte von bis zu $\dot{a}_y = 1,72\ m/s^3$, da lediglich niederfrequente Signalanteile Berücksichtigung fanden.

KRETTEK und MILUCZKY [Kre10] ermittelten durch Mehrkörpersimulationen von Hochflur- und Niederflur-Straßenbahnwagen Werte von respektive $\dot{a}_y = 3\ m/s^3$ und $\dot{a}_y = 9\ m/s^3$. Angaben über verwendete Filter wurden nicht gemacht. Von KRETTEK [Kre04] wurde zur Ruckbewertung für konventionelle, hochflurige Drehgestellfahrzeuge eine Eckfrequenz der Tiefpassfilterung von $f_l = 0,26\ Hz$ angenommen. Dieser Wert errechnet sich aus der Bogeneinlaufgeschindigkeit v_{BE} und dem Drehzapfenabstand l_{DZ}:

$$f_l = \frac{v_{BE}}{l_{DZ}} \tag{2.19}$$

Dies ist zulässig, da die Radpaare der vorgegebenen Spur folgen müssen und die dabei durchgeführte Querbewegung über die Drehzapfen an den Wagenkasten weitergegeben wird. In der US-amerikanischen Norm F2291-16 der ASTM[3] International zur Auslegung von Fahrgeschäften [AST17], wird zur Berechnung von Ruckwerten durch die zeitliche Ableitung von Beschleunigungssignalen eine konkrete Vorgabe hinsichtlich einer Tiefpassfilterung gemacht. Sie legt einen Butterworth-Tiefpass vierter Ordnung mit einer Eckfrequenz von $f_l = 5\ Hz$ fest. Die Norm erlaubt überraschenderweise sehr hohe Ruckwerte mit $\dot{a} \leq 15\ \frac{g}{s}$, die mit ca. $150\ \frac{m}{s^3}$ die zulässigen Grenzwerte der BOStrab weit übertreffen. Die Erwartung der transportierten Personen in einer Achterbahn hinsichtlich der Beschleunigungseinwirkung ist jedoch grundverschieden im Vergleich zur Fahrt in einem öffentlichen Transportmittel. [AST17]

[2] Laut BOStrab [BoS93] darf jedoch bei fehlendem Bogen die virtuelle Länge $l_v = 6\ m$ angesetzt werden.
[3] Früher American Society for Testing and Materials.

Heute existieren verschiedene Veröffentlichungen, die eine Bewertung des Querrucks anhand von fahrdynamischen Daten nahelegen. Die Wahl der Eckfrequenz bei der Tiefpassfilterung wirkt sich entscheidend auf die ermittelten Maximalrucke aus. Zur Ermittlung des Querruckeinflusses auf die subjektive Wahrnehmung der Passagiere ist möglicherweise eine Filterung mit einer größeren Eckfrequenz zu wählen, als sie sich bei der Herleitung anhand des Fahrwerkabstandes ergibt. In einer Studie der International Union of Railways, französisch Union Internationale des Chemins de Fer (UIC), wurde ebenfalls der Einfluss der Tiefpassfilterung auf die Ruckwerte ermittelt, wonach höhere Filtereckfrequenzen zu höheren Ruckwerten führten [Lau03, Anhang 2, S. 5-6].

Laut MILUCZKY [Mil08] ist der Frequenzbereich von $0,25 < f \leq 5\ Hz$ maßgeblich für die Schwingungsempfindung relevant. Er legt deswegen die Grenzfrequenz auf $f_l = 5\ Hz$ fest. Innerhalb der Wissenschaft und Technik scheint kein eindeutiger Konsens hinsichtlich der Ruckberechnung vorzuliegen, sodass dies bzgl. weiterer Forschungsbedarf besteht. Beispielsweise sollte der Einfluss der Tiefpassfilterung auf die Wahrnehmung des Menschen in Laborstudien näher beleuchtet werden, um eine auf der subjektiven Wahrnehmung basierende Eckfrequenz zu definieren. Im experimentellen Teil der vorliegenden Arbeit wird die Eckfrequenz zur Tiefpassfilterung auf $f_l = 5\ Hz$ festgelegt. So wird gewährleistet, dass all diejenigen Signalanteile erhalten bleiben, die einen Einfluss auf den Schwingkomfort haben. Die zeitliche Differenzierung gemessener Beschleunigungen ist immer fehlerbehaftet. Der Fehler ist abhängig von der diskreten Schrittweite, wobei zu kleine Schrittweiten während der numerischen Differentiation zu Auslöschungen führen, zu große Schrittweiten hingegen den Fehler linear vergrößern. Dies gilt es bei der Ruckberechnung zu beachten. [Ram01, McN85, Mil08]

Gleislagestörungen

Wären die Schienen geometrisch fehlerfrei verlegt, d. h. die Gleislage entspräche dem planerisch festgelegten Stand, so wäre der Fahrweg bereits vollständig durch den Trassierungsverlauf beschrieben. In der Realität weicht die Gleislage aber stets vom Idealzustand ab und regt das Fahrzeug über den Rad-Schiene-Kontakt zu dynamischen Schwingungen an. [Fre84, Fre86, Kip13, Str80]

Die Gleislage beschreibt die geometrische Raumlage des Gleises. Insgesamt reichen vier geometrische Parameter aus, um diese eindeutig zu beschreiben, siehe Abb. 2.4a. Der Gleislageparameter S bezeichnet die tatsächlich vorliegende Spurweite, die Längshöhenlage h beschreibt die relative Höhenlage der Gleismittellinie in Bezug zur jeweiligen gemeinsamen Fahrflächentangente (GFT) und die Richtungslage u bildet die relative Abweichung bzgl. der Gleismittellinie in horizontaler Richtung ab. Die relative Neigung der gemeinsamen Fahrflächentangente beider Schienenpaare ϕ wird als gegenseitige Höhenlage bezeichnet. Die Frequenz f der dynamischen Fußpunkterregung durch die Gleislageabweichungen ist abhängig von der Wellenlänge λ und der Fahrgeschwindigkeit v, Gl. (2.20). [Fre84, Fre86, Hec88]

$$f = \frac{v}{\lambda} \tag{2.20}$$

Aus dem komfortrelevanten Frequenzbereich für Schwingungen nach EN 12299 [EN09] von $0,4 \leq f < 100\ Hz$ ergibt sich durch Umformen von Gl. (2.20) der für den Schwingkomfort in Straßenbahnen relevante Wellenlängenbereich für $3,6 < v \leq 80\ km/h$. Somit sind Gleislagestörungen mit Wellenlängen im Bereich von $0,01 < \lambda \leq 55,5\ m$ für den BOStrab-Bereich besonders relevant, siehe Abb. 2.4b. Nach FREDERICH sind Gleisirregularitäten mit $\lambda < 0,1\ m$ der Beschaffenheit der Schienenoberfläche zuzuordnen [Fre84].

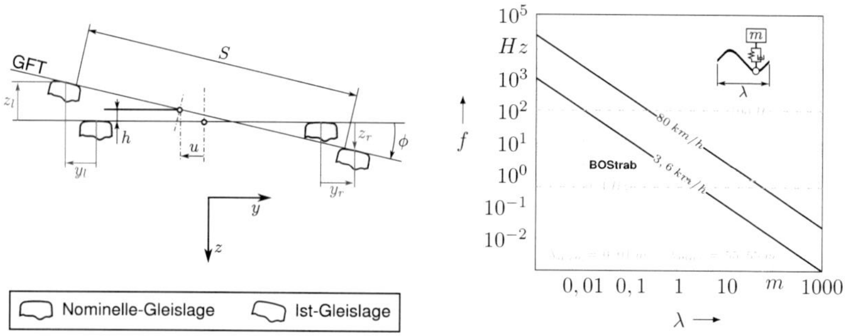

(a) *Geometrie des Gleises und dessen Gleislageparameter (Schienenlage in blau), nach [Fre84]*

(b) *Zusammenhang zwischen Zeitfrequenz f und Wellenlänge λ der Gleislagestörungen, vgl. [Fre86, Fre84]*

Abb. 2.4: *Gleislagegeometrie und Relation von Zeitfrequenz und Wellenlänge*

Jeder Gleislagefehler ist eine Funktionen des zurückgelegten Fahrweges s und beschreibt die Differenz zwischen Soll- und Istwert, Gln. (2.21) bis (2.24) [Fre84, Fre86].

$$\Delta h(s) = h(s) - h_N(s) \tag{2.21}$$

$$\Delta u(s) = u(s) - h_N(s) \tag{2.22}$$

$$\Delta S(s) = S(s) - S_N(s) \tag{2.23}$$

$$\Delta \phi(s) = \phi(s) - \phi_N(s) \tag{2.24}$$

Spektrale Leistungsdichte der Gleislage: Vor dem Hintergrund fahrdynamischer Untersuchungen ist die Beschreibung der Gleislagefehler anhand der spektralen Leistungsdichte (engl. Power Spectral Density, kurz PSD) von großer Bedeutung. Die Charakterisierung von Fahrwegstörungen anhand der PSD ist nur für stationäre, ergodische Zufallsprozesse gültig, deren statistische Eigenschaften bekannt sind. Gleislagesignale sowie Fahrwegunebenheiten von Straßen genügen näherungsweise dieser Anforderung [Kor94, Hai15, Cla98]. Um die spektrale Leistungsdichte eines Gleislagesignals in Abhängigkeit der Wellenlänge oder Wegkreisfrequenz analysieren zu können, ist dessen Darstellung anhand des Leistungsdichtespektrums weit verbreitet. Im Folgenden werden die Grundlagen zur Berechnung der spektralen Leistungsdichte durch Zusammenfassen von [Mü80, Fre84, Kor94] am Beispiel der Längshöhenlage h kurz vorgestellt.

Die spektrale Leistungsdichte wird anhand der von der Fahrstrecke s abhängigen Längshöhenlage h erklärt. Zunächst wird das Wegsignal $h(s)$ anhand der Autokorrelationsfunktion $R_{hh}(\Delta s)$ untersucht. Für jedes Weginkrement Δs gilt:

$$R_{hh}(\Delta s) = \lim_{s\to\infty} \frac{1}{2s} \int_{-\infty}^{\infty} h(s) \cdot h(s - \Delta s)\, ds \tag{2.25}$$

Die Varianz σ_{hh}^2 des stochastischen Zufallsprozesses von $h(s)$ lässt sich für $\Delta s = 0$ berechnen:

$$\sigma_{hh}^2 = R_{hh}(0) = \lim_{s\to\infty} \frac{1}{2s} \int_{-\infty}^{\infty} h^2(s)\, ds \tag{2.26}$$

Die Fourriertransformation der Autokorrelationsfunktion R_{hh} führt zur spektralen Leistungsdichte $S_{hh}(\Omega)$ des Wegsignals $h(s)$ und ist abhängig von der Wegkreisfrequenz $\Omega = 2\pi F$, wobei $F = \frac{1}{\lambda}$ als Wegfrequenz bezeichnet wird:

$$S_{hh}(\Omega) = \frac{1}{2\pi} \int_{-\infty}^{\infty} R_{hh}(\Delta s) e^{-i\Omega\Delta s}\, d\Delta s \tag{2.27}$$

Zur Definition der Unebenheit der Wegsignale der verschiedenen Gleislagekoordinaten wird üblicherweise das einseitige Leistungsdichtespektrum $\Phi(\Omega)$ verwendet, das sich aufgrund dessen, dass $S_{hh}(\Omega)$ eine ebene und gerade Funktion beschreibt, wie folgt bestimmen lässt [Kor94, Mü80]:

$$\Phi_h(\Omega) = 2 \cdot S_{hh}(\Omega), \quad 0 \leq \Omega < \infty \tag{2.28}$$

Gleislagespektren nach FREDERICH: Im Schienenfahrzeugbereich haben sich verschiedene mathematische Modelle zur parametrischen Beschreibung einer PSD etabliert. Die kubische Hyperbelfunktion, die erstmals von PRUD'HOMME [Pru70] und später auch von FREDERICH [Fre84] (jeweils mit unterschiedlichen Koeffizienten) angegeben wurde, ist die erste parametrische PSD-Darstellung für Schienenfahrwege:

$$\Phi = \frac{a_u}{(b_w + \frac{\Omega}{2\pi})^3} \tag{2.29}$$

Dabei beschreibt a_u die Unebenheit, b_w die Welligkeit und Ω die Wegkreisfrequenz. Die Koeffizienten der kubischen Hyperbelfunktion sind in Anhang A.1.1 einzusehen. Durch FREDERICH wurden neben selbst gemessenen auch zahlreiche in der Literatur veröffentlichten Leistungsdichtespektren untersucht. Er leitet drei verschiedene Gleislagegüten (gut, mittel, schlecht) her und definiert jeweils die beiden Koeffizienten a_u und b_w für jede Qualitätsstufe. Eine Wertänderung der Unebenheit a_u bewirkt eine parallele Verschiebung des Leistungsdichtespektrums, siehe Abb. 2.5a, und demnach eine gleichbleibende relative Gewichtung für jedes λ. Größere Werte für b_w während a_u = const. führen zu einer Abflachung des Leistungsdichtespektrums, siehe Abb. 2.5b. Dies resultiert in einem höheren Anteil kurzwelliger Gleislagestörungen. [Fre84]

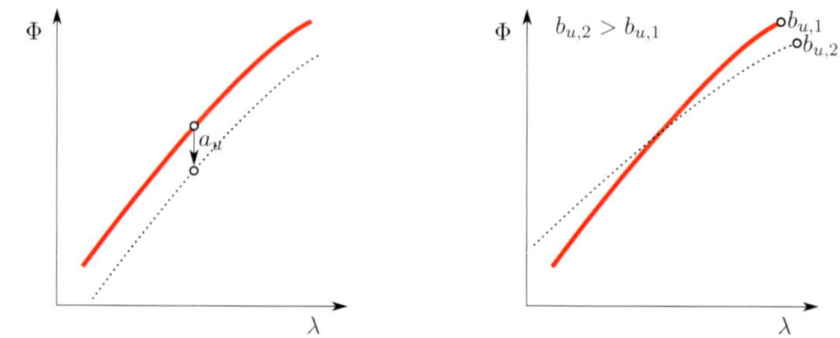

(a) *Grafische Erläuterung der Unebenheit* a_u (b) *Grafische Erläuterung der Welligkeit* b_w

Abb. 2.5: *Parameter der kubischen Hyperbelfunktion einer PSD*

Gleislagespektren nach FRA: Daneben hat die Federal Railroad Administration (FRA) umfassende Studien zur Gleislagequalität in den USA durchgeführt und eigene Leistungsdichtespektren in sehr feiner Abstufung ermittelt [Ham83]:

$$\Phi_h(\Omega) = \frac{A_v \cdot b_0^2 \cdot \Omega_c^2 \cdot (\Omega^2 + \Omega_r^2) \cdot (\Omega^2 + \Omega_s^2) \cdot 2\pi}{\Omega_s 2 \cdot \Omega^4 \cdot (\Omega^2 + \Omega_c^2) \cdot (\Omega^2 + b_0^2)} \tag{2.30}$$

$$\Phi_u(\Omega) = \frac{A_v \cdot \Omega_c^2 \cdot (\Omega^2 + \Omega_r^2) \cdot (\Omega^2 + \Omega_s^2) \cdot 2\pi}{\Omega_s^2 \cdot \Omega^4 \cdot (\Omega^2 + \Omega_c^2)} \tag{2.31}$$

$$\Phi_\phi(\Omega) = \frac{A_v \cdot b_0^2 \cdot \Omega_c^2 \cdot (\Omega^2 + \Omega_s^2) \cdot 2\pi}{\Omega_s^2 \cdot (\Omega^2 + \Omega_r^2) \cdot (\Omega^2 + \Omega_c^2) \cdot (\Omega^2 + b_0^2)} \tag{2.32}$$

$$\Phi_S(\Omega) = \frac{A_v \cdot \Omega_c^2 \cdot (\Omega^2 + \Omega_s^2) \cdot 2\pi}{\Omega_s^2 \cdot (\Omega^2 + \Omega_r^2) \cdot (\Omega^2 + \Omega_c^2)} \tag{2.33}$$

Die Koeffizienten der spektralen Leistungsdichten nach FRA für alle sechs Qualitätsstufen sind in Anhang A.1.3 zusammengefasst.

Gleislagespektren nach ERRI: Nach umfangreichen Forschungsaktivitäten des European Rail Research Institutes (ERRI) wurden für alle Gleislagekoordinaten Leistunsdichtespektren für zwei verschiedene Gleislagequalitäten definiert, siehe Anhang A.1.2. Die parametrische Form der ermittelten spektralen Leistungsdichten ist: [Qua04]

$$\Phi_h(\Omega) = \frac{A_v \cdot \Omega_c^2}{(\Omega^2 + \Omega_r^2) \cdot (\Omega^2 + \Omega_c^2)} \tag{2.34}$$

$$\Phi_u(\Omega) = \frac{A_a \cdot \Omega_c^2}{(\Omega^2 + \Omega_r^2) \cdot (\Omega^2 + \Omega_c^2)} \tag{2.35}$$

$$\Phi_\phi(\Omega) = \frac{A_v \cdot \Omega_c^2 \cdot \Omega^2}{b_0^2 \cdot (\Omega^2 + \Omega_r^2) \cdot (\Omega^2 + \Omega_c^2) \cdot (\Omega^2 + \Omega_s^2)} \tag{2.36}$$

$$\Phi_S(\Omega) = \frac{A_a \cdot \Omega_c^2}{(\Omega^2 + \Omega_r^2) \cdot (\Omega^2 + \Omega_c^2)} \tag{2.37}$$

Fourrier Synthese: Durch eine Fourrier Synthese anhand der spektralen Leistungsdichte lassen sich wegabhängige Signale der Gleislagefehler künstlich erzeugen. Wurde ein Signal durch eine Fourriertransformation in den Frequenzbereich transformiert kann es durch inverse Fourriertransformation erneut in ein Signal überführt werden, das die gleichen statistischen Eigenschaften wie das Ursprungssignal aufweist. Allerdings muss die Phaseninformation, die bei der Transformation in den Frequenzbereich bereits verloren gegangen ist, künstlich auf Basis von Zufallszahlen erzeugt werden. Soll nun bspw. ein synthetisches Signal des Längshöhenlagefehlers h_i ermittelt werden, so ist die zufällige Erzeugung von gleichverteilten Phasenverschiebungen $0 \leq \epsilon_i \leq 2\pi$ der harmonischen Teilunebenheiten notwendig. Durch Superposition der k Teilunebenheiten, siehe Gl. (2.38), kann ein synthetischer Längshöhenlagefehler $h(s)$ erzeugt werden, siehe Abb. 2.6. Es gilt $0 < i \leq k_u$ und $i \in \mathbb{N}$.

$$h(s) = \sum_{i=1}^{k} b_i \cdot \cos\left([\Omega_0 + (i-1) \cdot \Delta\Omega] \cdot s + \epsilon_i\right) \tag{2.38}$$

Die Amplitude jeder Teilunebenheit b_i ergibt sich aus dem Leistungsdichtespektrum $\Phi(\Omega)$, der entsprechenden Wegkreisfrequenz Ω_i und der Frequenzschrittweite $\Delta\Omega$:

$$b_i = \sqrt{\Phi(\Omega_i)\Delta\Omega} \cdot \sqrt{2} \tag{2.39}$$

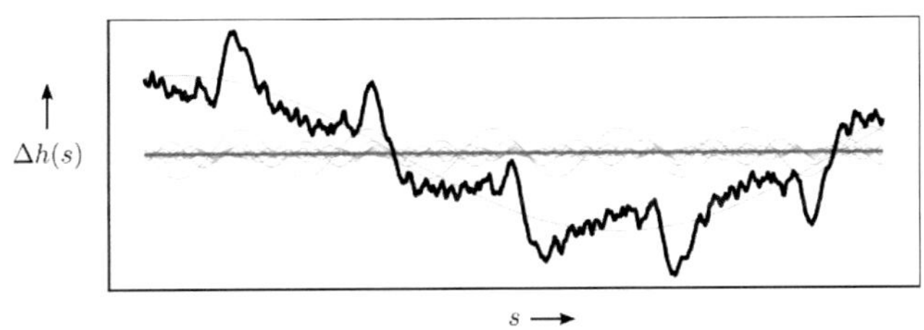

Abb. 2.6: *Beispiel eines synthetisch generierten Signals des Längshöhenlagefehlers $\Delta h(s)$, mit Anzahl der Harmonischen $k = 100$, $\lambda_{min} = 0,1\ m$ und $\lambda_{max} = 50\ m$*

Vergleich der verschiedenen Spektren: In Abb. 2.7 sind Gleislagespektren aus der Literatur [Fre84, Ham83, ORE77] dargestellt. Die Auftragung der Leistungsdichtespektren erfolgt in Form von Einhüllenden, um die Überschneidungen der überstrichenen Bereiche sichtbar zu machen. Zusätzlich sind Daten von HECHT [Fre86] zu Nahverkehrsgleislagen von Vignol- und Rillenschienen aufgetragen. Die Spektren nach FREDERICH überstreichen im Vergleich zu den restlichen Spektren den größten Bereich. Die Fläche der FRA-Spektren liegt jeweils nahezu immer innerhalb den Einhüllenden der FREDERICH-Spektren. ERRI gibt im Vergleich zu anderen Quellen ein sehr schmales Band an, das im Vergleich sehr gute Gleislagequalitäten abbildet. Die Nahverkehrsspektren der Rillen- und Vignolschienen liegen überwiegend in dem durch FREDERICH definierten Band. Erst für langwellige Fehler zeigen die Nahverkehrsgleislagen die vergleichsweise schlechteste Qualität, vor allem für Rillenschienen.

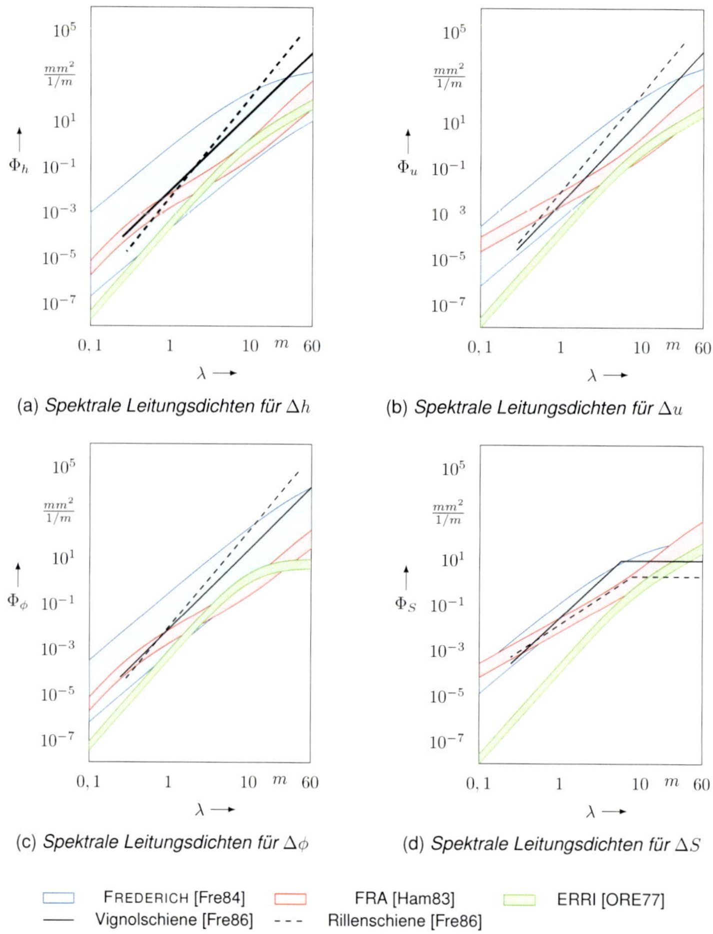

(a) *Spektrale Leitungsdichten für* Δh

(b) *Spektrale Leitungsdichten für* Δu

(c) *Spektrale Leitungsdichten für* $\Delta \phi$

(d) *Spektrale Leitungsdichten für* ΔS

Abb. 2.7: *Vergleich verschiedener spektraler Leistungsdichten*

2.2.2 Fahrverhalten

Das Fahrverhalten von Straßen- und Stadtbahnen wird von mehreren Faktoren beeinflusst, die im Folgenden getrennt beschrieben werden.

Fahrzeugkonzept

Aus der Absicht heraus den Fahrgästen einen barrierefreien Einstieg zu gewährleisten, wurden seit Ende der 1980er-Jahre vermehrt Straßenbahnen mit niedriger Fußbodenhöhe entwickelt. Diese als Niederflur-Straßenbahnen[4] bezeichneten Fahrzeuge gewannen seit den 1990er-Jahren und in der Zeit danach immer mehr an Bedeutung, was zu einem sehr großen Variantenreichtum hinsichtlich verschiedener Fahrzeugkonzepte geführt hat. [Schw15]

Vor allem die Zukonfiguration, sowie die verwendeten Spurführungskonzepte der verschiedenen Fahrwerksvarianten wirken sich maßgeblich auf das Fahrverhalten der jeweiligen Fahrzeugkonzepte aus. Die wichtigsten und zurzeit dominierenden Niederflur-Fahrzeugkonzepte sind laut SCHINDLER [Schi14] Multigelenkfahrzeuge, siehe Abb. 2.8a, Zentralfahrwerk-Fahrzeuge, siehe Abb. 2.8b und Niederflurstraßenbahnfahrzeuge mit mittelflurigem Anteil und klassischen Enddrehgestellen, siehe Abb. 2.8c.

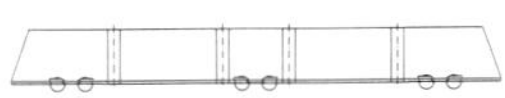
(a)

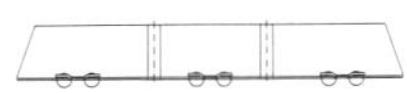
(b)

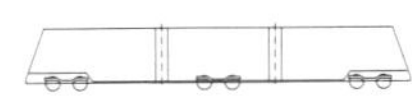
(c)

Abb. 2.8: *Die drei wichtigsten Niederflur-Straßenbahnkonzepte (jeweils nur eine mögliche Zugkonfiguration illustriert), nach [Schi14]*

Abhängig von konstruktionsspezifischen Eigenheiten wurden sowohl die eben genannten, als auch weitere Konzepte von Niederflur-Straßenbahnen von SCHINDLER in 20 verschiedene Kategorien unterteilt [Schi07]. Vor allem die Verwendung von Einzel- oder Doppelfahrwerken, bzw. deren simultane Nutzung, die Freiheitsgrade der Fahrwerke in Bezug zu den Wagenkästen (ausdrehbar oder nicht ausdrehbar), die Gelenkanordnung, eine Sänftenbauweise sowie das verwendete Spurführungsprinzip bestimmen u. a. das konzeptabhängige Fahrverhalten.

Allgemein können die verschiedenen Kombinationsmöglichkeiten von Rädern, deren Aufhängung, Führung und Anordnung innerhalb des Fahrwerkrahmens in unterschiedliche Gruppen unterteilt werden, siehe Abb. 2.9. Historisch betrachtet sind innerhalb eines Fahrwerkrahmens gelagerte Radsätze, bei denen linkes und rechtes Rad über die Radsatzwelle drehzahlgekoppelt sind, das klassische Wirkprinzip zur Sicherstellung der Spurführung, siehe Abb. 2.9a. Durch die Drehzahlkopplung von linkem und rechtem Rad und der geneigten Lauffläche der Radprofile kommt es zum sogenannten Wellenlauf. Diese harmonische Bewegungsfunktion beschreibt die Oszillation des Radsatzes um die Gleismitte. Eine initiale Auslenkung in Querrichtung führt dazu, dass das Rad das mit dem Spurkranz näher zum Schienenkopfradius verschoben wurde auf einem größeren Radius läuft und das ihm gegenüberliegende Rad auf einem kleineren Radius

[4] Definitionsgemäß wird eine Straßenbahn dann als niederflurig bezeichnet, wenn der überwiegende Anteil des Fußbodens im Fahrgastraum die Höhengrenze von $350\ mm$, gemessen ab Schienenoberkante (SO), nicht übersteigt [Hon93]. Alle Konzepte mit einer Fußbodenhöhe höher als $350\ mm$ und unter $600\ mm$ über SO werden als Mittelflur- und alle Fahrzeuge mit einer Flurhöhe über $600\ mm$ ab SO als Hochflurfahrzeuge bezeichnet. [Schi07, Schi14]

läuft. Diese Rollradiendifferenz führt aufgrund der Drehzahlkopplung zu unterschiedlichen Umfangsgeschwindigkeiten wodurch eine Wendebewegung um die Hochachse erzwungen wird. Der Wellenlauf eines Radsatzes beschreibt folglich eine überlagerte Wende- und Querbewegung. Radsätze werden besonders im Bereich der Vollbahn eingesetzt. Bei Straßenbahnen wird ein weiteres Fahrwerkkonzept, das sogenannte Losradprinzip, eingesetzt, siehe Abb. 2.9b & 2.9d. Es kommt vor allem bei nicht angetriebenen Fahrwerken zum Einsatz und hat nicht die selbstzentrierende Eigenschaft des Wellenlaufs aufgrund der fehlenden Drehzahlkopplung. Ein weiteres Konzept, das Radsatz-Doppelfahrwerk, wird vorwiegend als angetriebenes Fahrwerk ausgerüstet, siehe Abb. 2.9c. Daneben existieren sogenannte Radblock-Doppelfahrwerke, die lediglich im Bereich der Straßenbahnen eine Anwendung finden und ausschließlich als Doppelfahrwerk umgesetzt werden können, siehe Abb. 2.9e. Es ist hinsichtlich seines Spurführungsprinzips mit dem Radsatz verwand und nutzt zur Selbstzentrierung ebenfalls die Drehzahlkopplung von Rädern. Nach SCHWICKERT [Schw15] sind Fahrwerke mit einer rahmenseitigen Drehzahlkopplung, z. B. über einen abgefederten, längsliegenden Motor mit Kegelgetriebe, als Radblock-Doppelfahrwerke zu bezeichnen. Auch beim Radblock-Doppelfahrwerk entsteht eine harmonische Schwingung aufgrund der rahmenseitigen Drehzahlkopplung, wodurch dieser Fahrwerkstyp stets zur Gleismitte strebt. [Schi14]

Das fahrdynamische Verhalten dieser drei Spurführungsprinzipien unterschiedet sich maßgeblich voneinander und trägt somit zum konzeptabhängigen Fahrverhalten entscheidend bei, was mehrere Studien belegen [Fre90, Del11, Abd14, Schw15].

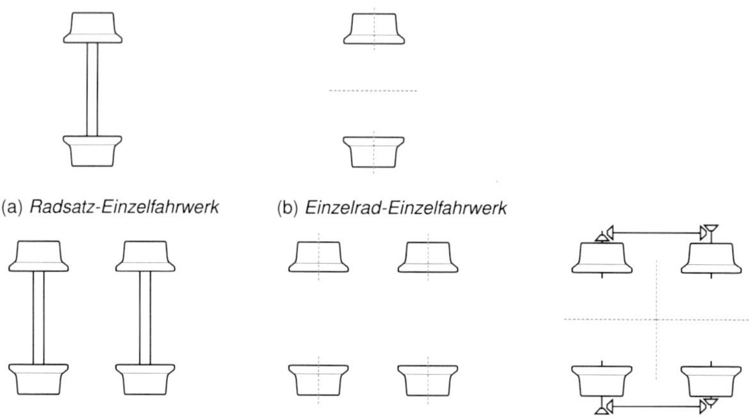

(a) *Radsatz-Einzelfahrwerk* (b) *Einzelrad-Einzelfahrwerk*

(c) *Radsatz-Doppelfahrwerk* (d) *Einzelrad-Doppelfahrwerk* (e) *Radblock-Doppelfahrwerk*

Abb. 2.9: *Fahrwerktypen mit Radsätzen und Einzelrädern nach [Schi14]*

Fahrzeugauslegung

Neben konzeptspezifischen Eigenschaften wird das Fahrverhalten zu einem großen Teil durch die technische Auslegung während des Konstruktions- und Entwicklungsprozesses beeinflusst. Abhängig vom gewählten Fahrzeugkonzept ergibt sich die Position und Ankopplung von Fahrwerken und Wagenteilen und es wird die grundlegende Auslegung des neuen Fahrzeuges vorgenommen. Aus einem ersten Gewichtsmanagement das z. B. die Steh- und Sitzplätze berücksichtigt und einer geeigneten Einschränkungsrechnung zur Einhaltung eines vorgegebenen Lichtraums nach BOStrab-Lichtraum Richtline [BoS96], ergeben sich die Massenschwerpunkte und Trägheitsmomente. Nach der detaillierten Konstruktion der Komponenten und Baugruppen werden Festigkeitsnachweise, z. B. der Fahrzeugstrukturen von Vollbahnfahrzeugen nach DIN EN 12663-1 [EN15], geführt. Im BOStrab-Bereich ist die Festigkeitsauslegung nach VDV 152 [VDV152] üblich. Außerdem werden die Antriebs- und Bremsauslegung vorgenommen. Im Rahmen der vorliegenden Arbeit ist die fahrdynamische Auslegung von BOStrab-Fahrzeugen besonders interessant. Hierzu zählen bspw. die Untersuchung der Fahrsicherheit und das Schwingverhalten der Fahrzeuge nach EN 14363 [EN05], in der die fahrtechnische Prüfung und Zulassung von Schienenfahrzeugen geregelt ist. Auch der Schwingkomfort, mit dem sich diese Arbeit befasst, ist in der Regel Teil der Fahrzeugauslegung. Zur Schwingkomfortbewertung wird in der Regel die EN 12299 [EN09] und im BOStrab-Bereich häufig noch das Wz-Verfahren [ORE77] angewandt. Basierend auf den eben genannten Verfahren, Normen und Richtlinien und zur Erfüllung der darin verfassten Anforderungen werden die einzelnen Federstufen, Gelenke, Anschläge und sonstige Komponenten und Baugruppen ausgelegt.

Fahrzeugzustand

Letztlich hat der Wartungszustand und das Alter eines Fahreugs einen Einfluss auf sein Fahrverhalten. Vor allem stark beanspruchte Baugruppen und Komponenten, z. B. Schlingerdämpfer, können eine negative Auswirkung auf das fahrdynamische Verhalten eines Fahrzeugs haben. Verschiedene Fahrzeugkonzepte neigen auf der Geraden bei hoher Geschwindigkeit zu Schlingerverhalten. Darunter wird die Schwingungsübertragung von den Radpaaren über die Primär- auf die Sekundärfederung und schließlich auf den Wagenkasten verstanden. Vor allem bei Multigelenkfahrzeugen mit Radsätzen ist die Schlingerbewegung besonders problematisch. Diese wird durch die Verwendung von Schlingerdämpfern zwar reduziert, was sich positiv auf das Fahrverhalten auswirkt, allerdings können defekte oder alte Schlingerdämpfer diese Aufgabe nur unzureichend bewältigen. Weitere verschleißabhängige Zustandsgrößen, wie das Radprofil oder gealterte Queranschläge zwischen Fahrwerkrahmen und Wagenkasten wirken sich auf das Fahrverhalten aus. Es ist also wichtig die Fahrzeuge genau zu beobachten, in regelmäpigen Abständen zu überprüfen und ggf. zu warten. Hierzu wurde im SFZ-Bereich bereits erfolgreich das sogenannte Condition Monitoring (deutsch: Zustandsüberwachung) eingesetzt [Ueb15, Säg17]. Dabei werden an kritischen Stellen Sensoren angebracht, die den Fahrzeugzustand über der Zeit beobachten. Entweder durch Predictive Maintenance, weitere Verfahren der Künstlichen Intelligenz und Deep Learning oder klassische Schwellwertanalysen können entstehende Verschleißprobleme und Ausfälle in vielen Fällen frühzeitig erkannt und behoben werden [Guo05]. [Rö17, Fra18]

2.2.3 Betriebliche Einflussgrößen

Auch die betriebliche Seite wirkt sich auf die Fahrdynamik aus. Da sich Straßenbahnen den Verkehrsraum mit anderen Teilnehmern teilen und nicht extern über ein Zugsicherungssystem abgesichert werden, muss der Fahrer auf Sicht fahren. Somit kommt es zu einer Interaktion mit weiteren Verkehrsteilnehmern an Kreuzungen, Ampeln und Zusammenstöße mit Kraftfahrzeugen, Radfahrern und Fußgängern müssen aktiv durch vorausschauendes Fahren verhindert werden. Stadtbahnen bewegen sich größtenteils auf einem eigenen Gleiskörper und sind deswegen weniger Wechselwirkungen mit dem umliegenden Verkehr unterworfen als Straßenbahnen. Auch die Haltestellenabstände von Stadtbahnen sind etwas weiter als bei Straßenbahnen, sodass dadurch bei letzteren die Häufigkeit von Anfahr- und Bremsvorgängen weitaus ausgeprägter ist. Letztlich bestimmt auch das Fahrerverhalten die Größenordnung der Fahrzeugschwingungen. Durch ein verfrühtes Beschleunigen bei der Bogenausfahrt, während der letzte Wagen sich noch im Bogen befindet, kommt es zu hohen Beschleunigungsspitzen. Diese wirken über einen sehr kurzen Zeitraum auf die Fahrgäste und manche Fahrzeugkonzepte bewirken eine systemimmanente Verschärfung der Ruckeinwirkung. [Bet16, Schi14]

2.3 Schwingungssensitivität des Menschen

In zahlreichen Situationen des täglichen Lebens ist der Mensch Schwingungen ausgesetzt. Diese werden von jedem Individuum unterschiedlich stark wahrgenommen. Die Wahrnehmung von Umweltreizen ist ein komplexer Vorgang, der unmittelbar und ohne erkennbare Anstrengung erfolgt. Der Großteil aller Forschungsaktivitäten beschränkt sich zur Analyse der Schwingungswahrnehmung auf Laborbedingungen. Während der Experimente achten die Versuchsteilnehmer ausschließlich auf die Wahrnehmung der gerade wirkenden Schwingungsanregung. Interferierende Aktivitäten werden konsequent ausgeschlossen. Eine schwedische Studie befasst sich dagegen mit der Schwingkomfortwahrnehmung in Schienenfahrzeugen während der Durchführung von Aktivitäten, z. B. dem Arbeiten an Laptops, wobei die negative Beeinflussung der Leistungsfähigkeit hinsichtlich der Texteingabe und Bedienung als Folge von Schwingungen und Ruckeinflüssen nachgewiesen wurde [Nar08]. Die menschliche Wahrnehmung ist subjektiv und das Wahrgenommene somit stets ein reduziertes Abbild der Außenwelt, das zusätzlich von Erfahrungswerten abhängt. Folglich lässt sich keine allgemeingültige Beschreibung finden, die die Schwingungswahrnehmung für alle Menschen gleich ausdrückt. Aus diesem Grund sind detaillierte Kenntnisse über die Schwingungswahrnehmung des Menschen sowie die verschiedenen Methoden der Psychophysik wichtig, um aussagekräftige Bewertungsverfahren entwickeln zu können. Die im Folgenden präsentierten Grundlagen sind in die Entwicklung der bestehenden Normen und Richtlinien zur Schwingkomfortbewertung eingeflossen. [Kna10, Gri90]

2.3.1 Der Mensch als Schwingungssystem

Der menschliche Körper kann als schwingungsfähiges System angesehen werden. Jedoch leisten die Muskeln aktive Arbeit, dabei auf eine Schwingungsanregung durch Muskelkontraktionen zu reagieren, um Stöße zu dämpfen, wodurch die schädigende Wirkung der Vibrationen abgemildert wird [Fis77, Dup76].

Sogar der Resonanzbereich der inneren Organe kann durch das Anspannen verschiedener Muskeln beeinflusst werden [Dup66]. Dieser Effekt ist vor allem bei einzelnen Stößen oder periodischen Anregungen dominant. Während der Fahrt in einer Straßenbahn treten grundsätzlich stochastische Schwingungen auf, die von einzelnen ruckartigen Ereignissen überdeckt werden. Infolge einer stochastischen Anregung ist die dynamische Muskelarbeit vergleichsweise gering. Allerdings reagiert der menschliche Körper weitaus sensibler auf stationär verrauschte Schwingungserregungen. Außerdem finden viele Fahrzeugbewegungen in einem Frequenzbereich statt, der die Resonanzfrequenzen von Körperteilen und Organen betrifft.

Abb. 2.10 zeigt eine ausgewählte Zusammenfassung bestimmter Körperresonanzfrequenzen. Im Bereich von $3 < f \leq 7\ Hz$ liegen die Eigenfrequenzen der meisten Körperteile. Sie reichen jedoch vereinzelt auch bis zu $f = 40\ Hz$. Folglich sind mittelfrequente Schwingungen um $f > 40\ Hz$ und darüber immer weniger relevant für den Schwingkomfort. Im Bereich der Untersuchung von Ganzkörperschwingungen vor dem Hintergrund des Arbeitsschutzes werden jedoch Frequenzen $f \leq 100\ Hz$ nach wie vor berücksichtigt. [Dup76, Kna10, Sch97]

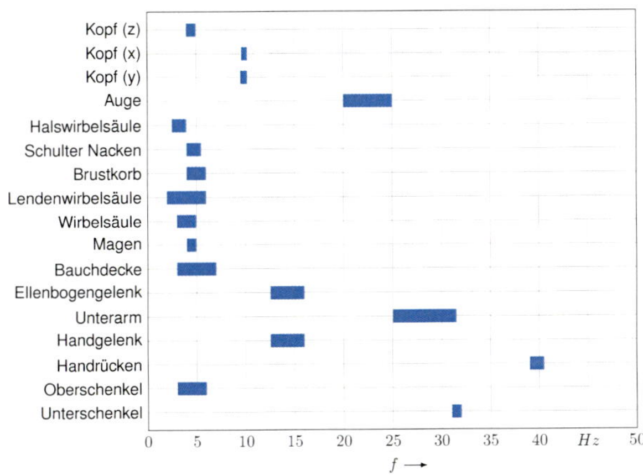

Abb. 2.10: *Resonanzfrequenzen des menschlichen Körpers, nach [Kna10]*

2.3.2 Abgrenzung von fühlbaren und hörbaren Schwingungen

Schwingungen können sowohl taktil als auch auditiv wahrgenommen werden. Eine eindeutige Grenze zwischen fühlbaren und hörbaren Schwingungen existiert nicht, siehe Abb. 2.11. Ab einer Frequenz von $f = 20\ Hz$ beginnt eine vermischte Schwingungswahrnehmung im Bereich des Fühlens und Hörens. Ab $f = 80\ Hz$ hat die Akustik einen Wahrnehmungsanteil von $70\ \%$, sodass die Schwingungs- hinter der Lärmwahrnehmung zurücksteht, vgl. Abb 2.1b. Aus diesem Grund wurde in vielen Normen eine $80\ Hz$-Obergrenze zur Schwingungsbewertung gewählt. [Kna10, Ada07]

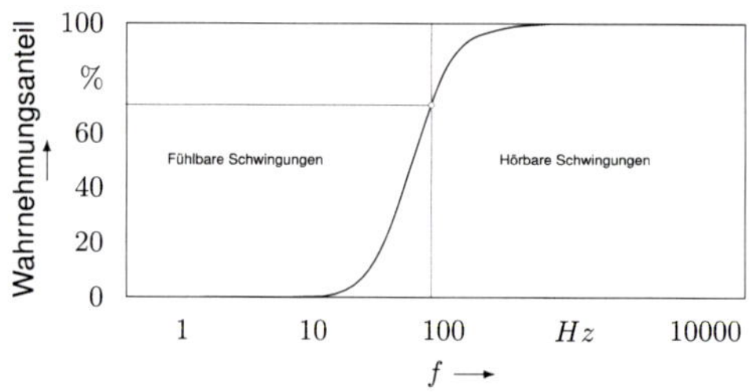

Abb. 2.11: *Abgrenzung zwischen fühlbaren und hörbaren Schwingungen, nach [Ada07, Kna10]*

2.3.3 Physiologie

Der menschliche Körper besitzt keinen dedizierten Vibrationssinn [Kna10, Hen95]. Die auf den menschlichen Körper einwirkenden Schwingungen werden stattdessen über mehrere Rezeptoren wahrgenommen. Vor allem die Haut kann eine Schwingungseinwirkungen indirekt registrieren. Durch die Wahrnehmung taktiler Reize, hervorgerufen durch Verformungen der Haut, können Vibrationen gespürt werden. Die Haut beherbergt insgesamt vier Mechanorezeptoren, die unterschiedliche Frequenzbereiche abdecken, siehe Tab. 2.2, Abb. 2.12. [Hen95, Gri90]

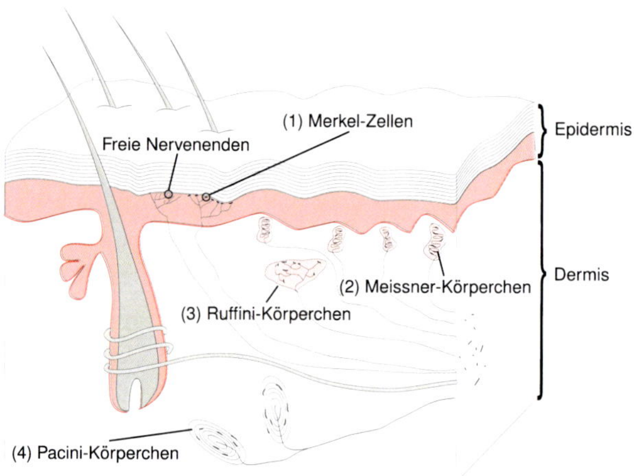

Abb. 2.12: *Mechanorezeptoren der Haut, nach [Tho11]*

Die Fähigkeit bestimmte Vibrationen wahrzunehmen, hängt vor allem von der Adaption an einwirkende Schwingungen ab, wobei der Begriff Adaption die Gewöhnung an einen wahrgenommenen Reiz beschreibt. Wenn der Rezeptor lediglich auf eine Änderung des Reizes reagiert, so spricht man von einer schnellen Adaption. Beispielsweise adaptieren die Merkel-Zellen, siehe Abb. 2.12 (1), nur langsam und feuern[5] mit einer zur Reizintensität proportionalen Frequenz. [BNZ10]

[5] Wird ein Schwellwert der Erregung überschritten, so sendet die Zelle elektrische Impulse an das Gehirn.

Tab. 2.2: *Mechanorezeptoren der Haut, nach [Kna10, Hen95, Gri90]*

Rezeptor	Wahrnehmung	Frequenzband Hz	Nr. Abb. 2.12
Merkel-Zellen	Druck	$0,3\ldots3$	(1)
Meissner-Körperchen	Zittern	$3\ldots40$	(2)
Ruffini-Körperchen	Summen	$15\ldots400$	(3)
Pacini-Körperchen	Vibration	$10\ldots500$	(4)

Die Meissner-Körperchen, siehe Abb. 2.12 (2), feuern nur bei Bewegung, d. h. bei einer Veränderung der Reizstärke und sind demnach schnell adaptierende Rezeptoren. Die Ruffini-Körperchen, siehe Abb. 2.12 (3), sind in der Lage, die Gelenkstellung sowie deren Geschwindigkeit wahrzunehmen, und zählen zu den langsam adaptierenden Rezeptoren. Abschließend lassen sich die Pacini-Körperchen, siehe Abb. 2.12 (4), der Gruppe der schnell adaptierenden Rezeptoren zuordnen. D. h. die Mechanorezeptoren der Haut können einen großen Frequenzbereich von $0,3 < f \leq 500\ Hz$ wahrnehmen. [BNZ10]

Darüber hinaus besitzt der Mensch ein Gleichgewichtsorgan, den sogenannten Vestibularapparat, siehe Abb. 2.13. Dieser sitzt im Innenohr und besteht aus Sacculus (1), Utriculus (2) und den Bogengängen (3), die mit Lymphflüssigkeit gefüllt sind. Bei einer Drehbewegung entsteht aufgrund der Trägheit der Flüssigkeit eine Relativbewegung zu den Gefäßwänden der Bogengänge, wodurch feine Sinneshärchen angeregt werden. Hierdurch ist es dem Menschen möglich, Drehbewegungen wahrzunehmen. Lineare Beschleunigungen werden von Sacculus und Utriculus erfasst. Diese sind orthogonal zueinander angeordnet, sodass Utriculus horizontale und Sacculus vertikale Schwingungen detektiert. Dadurch ist auch die Wahrnehmung von niederfrequenten Schwingungen möglich, wodurch die Kinetose, auch Seekrankheit (engl. Motion Sickness), begünstigt wird. [Kna10, BNZ10]

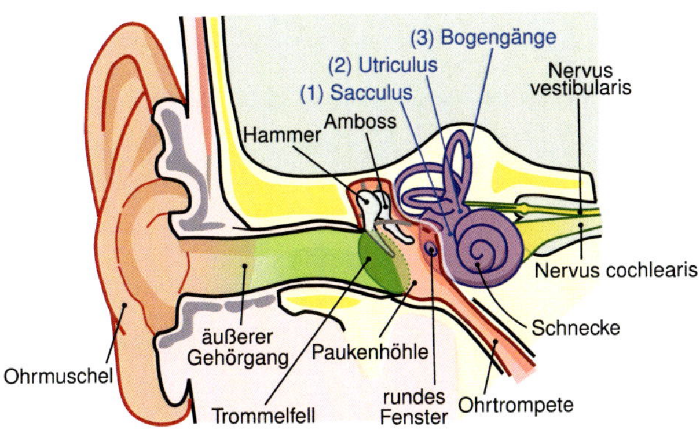

Abb. 2.13: *Ausgewählte Strukturen des Innenohrs, nach [Ind]*

2.3.4 Wahrnehmung

Der Begriff „Wahrnehmung" wird in der Literatur meist ähnlich verwendet, aber nicht immer eindeutig beschrieben. In der vorliegenden Arbeit wird unter Wahrnehmung Folgendes verstanden:

> „Mit Wahrnehmung bezeichnen wir einen Vorgang der unmittelbaren und aktiven Teilhabe des Geistes (oder der Psyche) an seiner (oder ihrer) Umgebung. Diese Definition erlaubt einen naturwissenschaftlichen Zugang zur Erforschung und Erklärung der Wahrnehmung." [Hag11, S. 9]

Wahrnehmung ist demnach der Prozess, bei dem der Mensch die von den Sinnessystemen bereitgestellten Informationen organisiert und interpretiert. Dabei besteht die Möglichkeit, dass die zuvor beschriebenen Mechanorezeptoren auf eingehende Reize ansprechen, der entstehende Signalfluss jedoch trotzdem nicht wahrgenommen wird. Jedoch wird erst dann von Wahrnehmung gesprochen, wenn die gesendeten Signale Empfindungen auslösen, also einen Diskomfort hervorrufen. Aufgrund der selektiven Wahrnehmung können nicht alle Reize aus der Umwelt verarbeitet, sondern nur charakteristische Muster vom Gehirn herausgefiltert werden. Erst dadurch ist die Bildung eines subjektiven Empfindens möglich. Im Falle der Schwingungswahrnehmung kann davon ausgegangen werden, dass die Reize trotz ihres parallelen Auftretens und der dadurch hervorgerufenen Interferenz gut vom Menschen wahrgenommen werden können. Durch die selektive Wahrnehmung ist die Detektion dominanter Reize abgesichert. [Kna10, Hag11]

2.3.5 Psychophysik

Die menschliche Wahrnehmung ist keineswegs allgemeingültig, sondern ein für jeden Menschen individueller Vorgang. Insofern kann lediglich für eine ausreichend große Stichprobenanzahl an Personen eine mathematische Beschreibung des durchschnittlichen Empfindens infolge eines Reizes gefunden werden, die auf alle Menschen übertragbar ist. Mit den Methoden der Psychophysik, bei denen eine parallele Messung der subjektiven Empfindungen und physikalischen Messgrößen durchgeführt und ein Zusammenhang hergestellt wird, lassen sich empirischen Gleichungen erarbeiten. Diese beschreiben die Abhängigkeit einer psychophysischen Größe, z. B. des Schwingkomforts, von einer oder mehreren Messvariablen, bspw. Beschleunigungen. [Irt96]

Wahrnehmungs- und Unterschiedlichkeitsschwelle

Der erste Schritt der meisten psychophysikalischen Methoden ist die Bestimmung der Empfindungsschwelle – auch Wahrnehmungsschwelle oder Reizschwelle. Sie beschreibt die Änderung der Empfindung infolge einer Reizänderung. Es wird zwischen Absolutschwelle und Übergangsschwelle unterschieden. Die Absolutschwelle beschreibt den Bereich, in dem der Reiz zum ersten Mal gespürt werden kann. Die Übergangsschwelle definiert, ab wann zwischen zwei Reizen unterschieden werden kann. Diese Zusammenhänge können durch die psychometrische Funktion visualisiert werden, siehe Abb. 2.14. [Hag11]

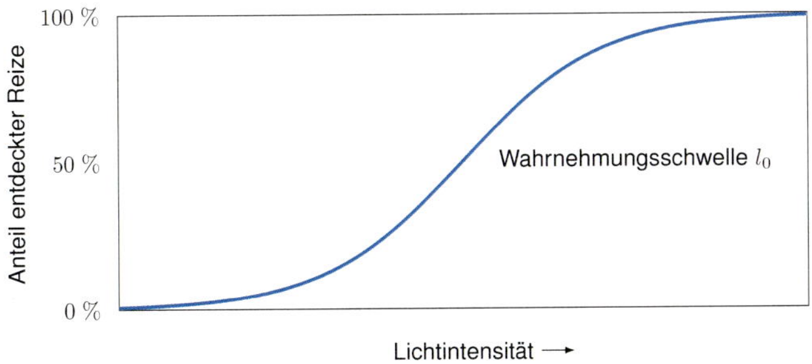

Abb. 2.14: *Psychometrische Funktion am Beispiel der Lichtintensität, nach [Hag11]*

Die absolute Wahrnehmungsschwelle liegt in dem Punkt der psychometrischen Funktion, in dem $50\ \%$ aller Reize von den Probanden erkannt wurden. Für die Methodenentwicklung zur Schwingkomfortbewertung ist die Absolutschwelle der Schwingungswahrnehmung insofern relevant, da sie die Untergrenze der Bewertungsmetrik des späteren mathematischen Verfahrens festlegt. [Hag11].

Gesetze der Psychophysik

Die Psychophysik und ihre Gesetze wurden bereits 1834 von WEBER [Hag11] untersucht. Er gilt als einer der Mitbegründer dieser Disziplin und stellte fest, dass die Unterschiedlichkeitsschwellen nicht von den Absolutwerten der Reize, sondern von deren relativem Unterschied abhängen. Das Webersche Gesetz besagt, dass das Verhältnis der Unterschiedlichkeitsschwelle ΔI zum Standardreiz I konstant ist: [Hag11]

$$k = \frac{\Delta I}{I} \tag{2.40}$$

Dabei beschreibt k die Webersche Konstante, die je nach Sinnesorgan unterschiedliche Werte annehmen kann. Obiges Gesetz wurde von FECHNER zur Berechnung der subjektiven Empfindungsintensität E erweitert und wird deshalb als Weber-Fechnersches Gesetz bezeichnet: [Hag11]

$$E = k \cdot \log I = \frac{\Delta I}{I} \cdot \log I \tag{2.41}$$

Auch HELBERG und SPERLING [Hel41] stellten 1941 bei der Entwicklung des Wertzifferverfahrens Überlegungen zur Verwendung der Weber-Fechner-Beziehung an. Jedoch kamen sie zu dem Ergebnis, dass die erfassten Empfindungen ihrer Studie besser durch ein Potenzgesetz der Auslenkungsamplitude u_s der Erregerfunktion und Frequenz f ausgedrückt werden:

$$E = 3,1 \sqrt[10]{u_s^3 \cdot f^5} \tag{2.42}$$

Das WEBER-FECHNER-Gesetz ist häufig nur in bestimmten Grenzen gültig. Aus diesem Grund wird in neueren Forschungsarbeiten, z. B. OBORNE [Obo76], das Stevensche Potenzgesetz [Ste57, Hag11] mit dem Wahrnehmungsexponent η verwendet: [Ste57, Mor06]

$$E = c \cdot I^{\eta} \tag{2.43}$$

SCHOENBERGER und HARRIS [Sch71] bestätigten die Gültigkeit des Stevenschen Potenzgesetzes für einen Schwingungsfrequenzbereich von $3,5 < f \leq 20\ Hz$. In späteren Studien konnte die Gültigkeit auch für ein noch größeres Intervall bestätigt werden. Häufig wird das Potenzgesetz in leicht abgewandelter Form verwendet:

$$E = c \cdot (I - I_0)^{\eta} \tag{2.44}$$

Die Aussagekraft des Potenzgesetzes wird durch die Einbeziehung der absoluten Wahrnehmungsschwelle I_0 verbessert. Dabei ist c eine dimensionslose Konstante und der Wahrnehmungsexponent η abhängig von der Frequenz und Wirkrichtung einer Schwingung [Mor06]. Weiterhin muss je nach Sinnessystem ein unterschiedlicher Wert für den Wahrnehmungsexponenten angesetzt werden, z. B. für das Gehör $\eta = 0,6$ oder für den Tastsinn $\eta = 0,95$ [Bob82].

Absolute Wahrnehmungsschwellen für Vertikalschwingungen aus Laborversuchen

In zahlreichen Laborstudien wurden über die Jahre verschiedene Absolutschwellen für Schwingungen ermittelt, indem jeweils mehrere Probanden harmonischen Sinusschwingungen ausgesetzt wurden. Die resultierende Wahrnehmungsschwelle beschreibt, bei welchen Effektivwerten (engl. Root-Mean-Square, kurz RMS) in Kombination mit der jeweiligen Frequenz, eine Schwingung gerade noch wahrgenommen wird. Der Effektivwert der Beschleunigung a kann anhand folgender Gleichung berechnet werden: [EN09, Kna10, Moh04, Gri90]

$$RMS_{\zeta} = \sqrt{\frac{1}{N} \sum_{i=1}^{N} a_{\zeta,i}^2} \tag{2.45}$$

Ist der Mittelwert der Beschleunigung $\overline{a}_{\zeta} = 0\ m/s^2$, so entsprechen sich RMS-Wert und Standardabweichung σ_{ζ} eines Signales [Gri90] . Für ein Sinussignal ergibt sich der RMS-Wert, auch Effektivwert genannt, zu $\frac{\hat{a}_{\zeta}}{\sqrt{2}}$. N beschreibt die Anzahl der diskreten Messdaten, über die der RMS-Wert berechnet werden soll. Anhand einer Zusammenstellung vertikaler Schwingungsanregungen ist die große Streuung der in der Literatur veröffentlichten Wahrnehmungsschwellen für vertikale Beschleunigungs-Effektivwerte ersichtlich, siehe Abb. 2.15.

Außerdem wurden weitere Wahrnehmungsschwellen für die horizontalen Schwingungsrichtungen sowie für stehende und liegende Probanden publiziert, z. B. OBORNE [Obo76], GRIFFIN [Gri90], MIWA [Miw84], MATSUMOTO [Mat11] und THUONG [Thu11]. Abb. 2.15 zeigt, dass die Laborversuche zu teilweise stark voneinander abweichenden Ergebnissen kommen. Ferner sind die gemessenen Wahrnehmungsschwellen nur für monofrequente, harmonische Schwingungen gültig und deswegen nicht direkt auf stochastische Schwingungen übertragbar.

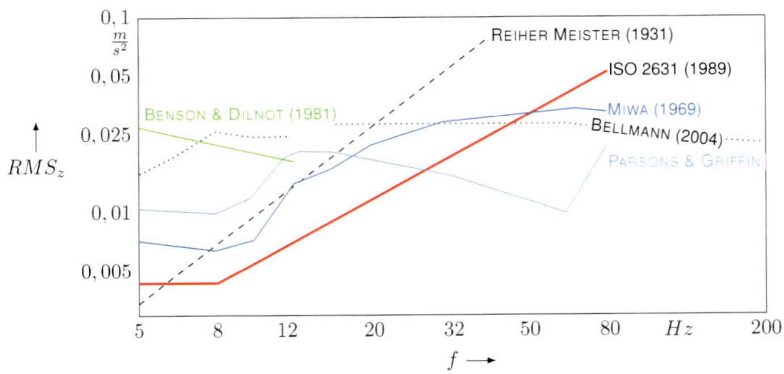

Abb. 2.15: *Wahrnehmungsschwellen für vertikale Schwingungen (RMS, sitzend), nach [Kna10]*

Die in den einschlägigen Normen beschriebenen Frequenzgewichtungskurven zur Berücksichtigung der frequenzabhängigen Schwingungssensitivität, z. B. ISO 2631 (1989) in Abb. 2.15, basieren auf einzelnen der hier dargestellten Ergebnisse. Es ist zu erkennen, dass die normativ festgelegte Kurve im Bereich niedriger Frequenzen bis $f = 30\ Hz$ die untere Schranke beschreibt. Erst ab ca. $40\ Hz$ liegt sie im mittleren Bereich der gemessenen Wahrnehmungsschwellen. Somit muss davon ausgegangen werden, dass die Filterung möglicherweise zu unbefriedigenden Endergebnissen bei der Schwingkomfortbewertung führt [Mor08].

2.4 Objektivierung der Wahrnehmung von Schwingungen

Aufgrund der subjektiven Schwingungswahrnehmung des Menschen, muss vor der Entwicklung einer allgemeingültigen Schwingkomfortbewertungsmethode eine Objektivierung der Wahrnehmung stattfinden, siehe Abb. 2.16.

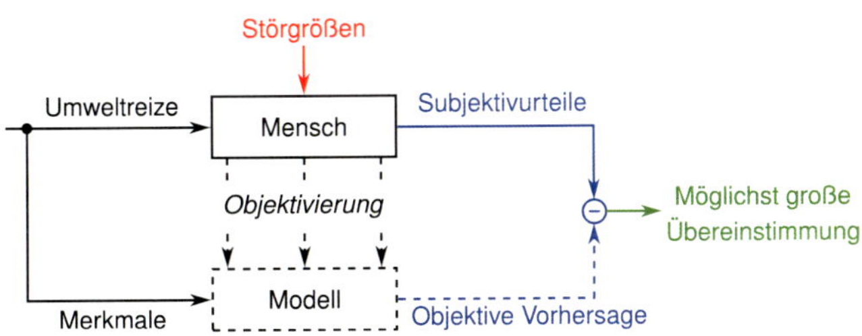

Abb. 2.16: *Objektivierungsansatz, nach [Bit06]*

Der Mensch fällt anhand der wahrgenommenen Umweltreize und Störgrößen ein Subjektivurteil, wobei die Objektivierung durch eine Modellbildung dieses Prozesses stattfindet. Hierzu werden zuerst Merkmale aus den einwirkenden Umweltreizen extrahiert. Darauf basierend schätzt ein mathematisches Modell eine objektive Vorhersage der Subjektivurteile ab. Ein geeignetes Modell ist dann gefunden, wenn eine möglichst große Übereinstimmung zwischen tatsächlich erfassten Subjektivurteilen und objektiven Prognosen besteht. Hierzu kann im einfachsten Fall eine Korrelationsanalyse durchgeführt werden. [Bit06, Alb05]

Um einen Zusammenhang zwischen physikalischen Messdaten und den Subjektivurteilen herstellen zu können, müssen Letztere auf geeignete Art und Weise erfasst werden. Hierzu existieren verschiedene Verfahren [Mai11, Fri10]:

- Fragebogen mit kategorialer Skala
- Paarvergleich
- Semantisches Differenzial
- Interaktive Methoden, z. B. 3-Alternative Forced-Choice (3-AFC-Methode)

Eine kategoriale Skala wird häufig zur Bewertung der Wahrnehmung von Reizen verwendet. Auf dem Forschungsgebiet der Humanschwingungen wurden bis dato verschiedene Skalen eingesetzt, z. B. BORG [Bor01], KRAFT [Kra11] oder MAIER [Mai11]. Hierbei wurden sowohl diskrete, als auch kontinuierliche Skalen zur Anwendung gebracht, die sich teilweise auch in dem festgelegten Wertebereich unterscheiden. Ferner kann eine kategoriale Skala uni- oder bipolar sein. Eine unipolare Skala reicht von schwacher bis zu starker Zustimmung hinsichtlich einer abgefragten Größe. Die bipolare Skala hat einen negativen und einen positiven Pol. Beide werden durch einen Indifferenzbereich voneinander getrennt. Die Skalenwerte können entweder anhand von Wertungszahlen oder verbalen Umschreibungen quantifiziert werden. Ein Paarvergleich hat das Ziel, zwei Objekte miteinander zu vergleichen. Dabei sollen die Befragten das Objekt mit dem stärker ausgeprägten Merkmal benennen. Allerdings ist es möglich, dass die Reihenfolge der Abfrage zu einer Verfälschung der Ergebnisse führen kann. Das semantische Differenzial dient dazu, die Vorstellungen von Befragten mit bestimmten Begriffen in Verbindung zu bringen. Die Differenzierung erfolgt durch den Vergleich zweier Eigenschaftspaare, z. B. angenehm mit unangenehm. Auf Prüfständen lassen sich unter Laborbedingungen auch interaktive Methoden, z. B. 3-AFC (Alternative-Forced-Choice), durchführen. Die Befragten werden in diesem Verfahren drei Rauschsignalen ausgesetzt, während in einem der drei Signale ein verstecktes Signal eingebettet ist. Dieses soll von den Befragten korrekt identifiziert werden. Bei einer Fehldetektion wird die Amplitude des Nutzsignals vergrößert, bei richtiger Wertung verkleinert. [Mai11, Dyl09, Fri10]

2.5 Schwingungsmessung

Die Schwingungen eines Körpers können durch die Anbringung von Beschleunigungssensoren erfasst und ausgewertet werden. Hierbei spielt das Messprinzp der Sensoren eine große Rolle, da je nach Konstruktion und Messprinzip nur begrenzte Frequenzbereiche erfasst werden können. Einige Sensoren sind aufgrund ihres physikalischen Wirkprinzips nicht in der Lage, quasistatische Beschleunigungen zu erfassen. Außerdem ist die Kopplung der Sensoren mit einer geeigneten Kontaktfläche entscheidend, da sich diese im Idealfall wie ein fester Bestandteil der Struktur verhalten. Für sitzende Personen wird der für den Schwingkomfort relevante Beschleunigungseintrag auf den Sitzkontaktflächen, im Stehen auf dem Boden gemessen. Für die Beschleunigungsmessung auf Sitzen gibt bspw. die EN 12299 [EN09] Hinweise zur vorgeschriebenen Messvorrichtung mittels Sitzschalen. Die Anforderungen für die Befestigung der Sensoren auf dem Boden sind in ISO 5348 [ISO99] festgelegt.

Weitere messtechnische Anforderungen an die Messausrüstung zur Beschleunigungsmessung für die Auswertung des Schwingkomforts sind in ISO 8041 definiert [DIN17].

2.6 Schwingkomfortbewertungsmethoden

Zur Bewertung des Schwingkomforts existieren unterschiedliche Verfahren, die überwiegend in Form von nationalen und internationalen Normen standardisiert sind. Manche sind speziell für Schienenfahrzeuge entworfen worden und andere haben einen allgemeinen, fahrzeugunabhängigen Fokus. Daneben exisitieren Verfahren zur Bewertung von Ganzkörper- und Hand-Arm-Schwingungen, die bei der Bedienung von Maschinen und Anlagen auf den Menschen einwirken, wobei zusätzlich zum Komforteindruck der Aspekt der Arbeitssicherheit und Gesundheit im Vordergrund steht. Im Folgenden werden in besonderem Maße die im Schienenfahrzeugsektor etablierten Verfahren zur Bewertung des Schwingkomforts behandelt. Abb. 2.17 zeigt die wichtigsten aktuellen Regelwerke als Baumstruktur.

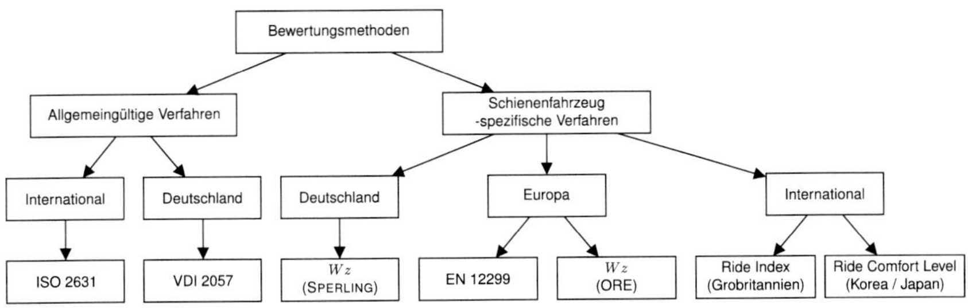

Abb. 2.17: *Hierarchische Unterteilung der aktuellen Schwingkomfortbewertungsverfahren*

Alle der hier aufgezeigten Regelwerke nutzen Beschleunigungen zur Berechnung der jeweiligen Schwingkomfortbewertungsgröße. Die EN 12299 verwendet darüber hinaus in einzelnen Teilmethoden auch Winkelgeschwindigkeiten und leitet Ruckwerte aus der Beschleunigung ab.

2.6.1 ISO 2631 und VDI 2057

Die ISO 2631 [ISO97] stellt als internationaler Stand der Technik ein allgemeingültiges Verfahren zur Bewertung von Ganzkörperschwingungen dar. Ihr entspricht die VDI 2057 [VDI02] in vollem Umfang. Neben der Berechnung von Schwingkomfortkennwerten ist darüber hinaus die Beurteilung von gesundheitsschädigenden Schwingungsbelastungen möglich, die jedoch vor dem Hintergrund der vorliegenden Arbeit vernachlässigt werden. Zur Bewertung des Schwingkomforts werden frequenzgewichtete RMS-Werte herangezogen, siehe Gl. (2.65). Diese werden üblicherweise innerhalb eines gleitenden Fensters berechnet. Allerdings wird für die Fensterbreite T kein exakter Wert vorgegeben. Die entsprechenden Gewichtungskurven sind in Abb. 2.18 aufgetragen, wobei W_d zur Frequenzgewichtung der x- bzw. y-Richtung und W_k zur Gewichtung der z-Beschleunigungen in der Kontaktfläche stehender Personen verwendet werden. [VDI17, ISO97]

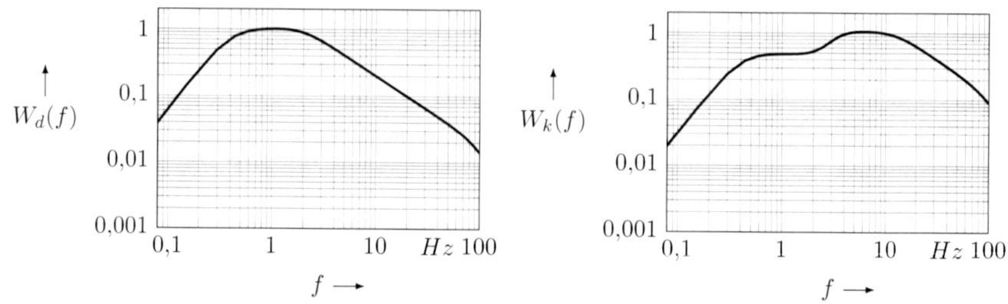

Abb. 2.18: *Frequenzgewichtungskurven, nach [ISO97].*

Nach der Frequenzgewichtung und der Bestimmung der RMS-Werte der frequenzgewichteten Beschleunigungen, siehe Gln. (2.63-2.65), kann der von der Schwingungsrichtung $\zeta \in \{x, y, z\}$ abhängige Schwingungsgesamtwert a_{wv} berechnet werden: [VDI17, ISO97]

$$a_{wv} = \sqrt{k_x^2 \cdot (a_{xj}^{W_i})^2 + k_y^2 \cdot (a_{yj}^{W_i})^2 + k_z^2 \cdot (a_{zj}^{W_i})^2} \tag{2.46}$$

Die Korrekturfaktoren k_x, k_y und k_z sind der Tab. 2.3 zu entnehmen.

Tab. 2.3: *Parameter k und Filterkurven W zur Berechnung des Schwingungsgesamtwertes a_{wv} für verschiedene Körperhaltungen, nach [ISO97]*

		Sitzend				Sitzend / Stehend	
	Richtung ζ	Sitzfläche		Rückenlehne		Fußfläche	
translatorisch	x	$k_x = 1$	W_d	$k_x = 0,8$	W_c	$k_x = 1$	W_d
	y	$k_y = 1$	W_d	$k_y = 0,5$	W_d	$k_y = 1$	W_d
	z	$k_z = 1$	W_k	$k_z = 0,4$	W_d	$k_z = 1$	W_k
rotatorisch	r_x	$k_x = 0,63\ m/rad$	W_e				
	r_y	$k_y = 0,40\ m/rad$	W_e				
	r_z	$k_z = 0,20\ m/rad$	W_e				

Mehrere Schwingungsgesamtwerte lassen sich in eine Gesamtbeurteilungsgröße $a_{wv,ges}$ überführen und anhand von Tab. 2.4 einordnen [Kna10, VDI17, ISO97].

$$a_{wv,ges} = \sqrt{\sum_{i=1}^{N} a_{wv,i}^2} \tag{2.47}$$

Tab. 2.4: *Bewertungsskala ISO 2631/VDI 2057, nach [Kna10, VDI17, ISO97]*

$a_{wv,ges}$ $[m/s^2]$	Semantisches Urteil
$< 0,315$	Nicht unkomfortabel
$0,315 \ldots 0,630$	Etwas unkomfortabel
$0,500 \ldots 1,000$	Merklich unkomfortabel
$0,800 \ldots 1,600$	Unkomfortabel
$1,250 \ldots 2,500$	Sehr unkomfortabel
$> 2,000$	Extrem unkomfortabel

2.6.2 Wertziffer Verfahren

Das Wertzifferverfahren in seiner ursprünglichen Form wurde 1941 von HELBERG und SPERLING [Hel41] veröffentlicht und im Laufe mehrerer Jahrzehnte stetig unter Berücksichtigung neuester Forschungsergebnisse verschiedener Beteiligter weiterentwickelt [Del86].

Ursprüngliches Verfahren (1941 – 1965)

Grundlage für das Bewertungsverfahren sind Versuchsergebnisse zur Sensitivität des Menschen hinsichtlich harmonischer, sinusförmiger Beschleunigungseinwirkungen. Im Jahr 1941 wurden 25 Bedienstete des damaligen Reichsbahn-Versuchsamtes für Wagen in Berlin-Grunewald auf einem Schwingtisch sinusförmigen Vibrationen ausgesetzt. Dieser wurde im Frequenzbereich von $1 < f \leq 12\ Hz$ mit Schwingweiten von $0,01 < u_s \leq 2,5\ cm$ betrieben. Die Personen saßen auf einer für die damalige dritte Wagenklasse üblichen Holzbank. Alle Subjektivurteile wurden nach $2 - 10$ Minuten Schwingungseinwirkdauer abgefragt. Die subjektive Einschätzung wurde in eine Erschütterungsskala $1 \leq E \leq 4$ eingeordnet, siehe Tab. 2.5. [Hel41]

Tab. 2.5: *Erschütterungsskala der Empfindungswerte E, nach [Hel41]*

E	Beschreibung
$1,00$	Gerade spürbar
$2,00$	Gut spürbar
$3,00$	Stärker spürbar
$3,25$	Stark unruhig, kaum erträglich
$3,50$	Außerordentlich unruhig, unangenehm, lästig, bei längerer Dauer nicht erträglich
$4,00$	Außerordentlich unangenehm, unerträglich, bei längerer Dauer schädlich

Zur Bewertung der Frequenz f und der zugehörigen Schwingweite[6] u_s der wirkenden Anregungen wurde eine empirische Gleichung ermittelt, die die Linien gleicher Empfindung E beschreibt: [Hel41]

$$E = 3,1 \cdot \sqrt[10]{u_s^3 \cdot f^5} \tag{2.48}$$

[6] Wegamplitude der harmonischen Erregerschwingung.

Dieser Zusammenhang ist lt. HELBERG und SPERLING für waagerechte und senkrechte Schwingungen gültig, siehe Abb. 2.19. [Hel41]

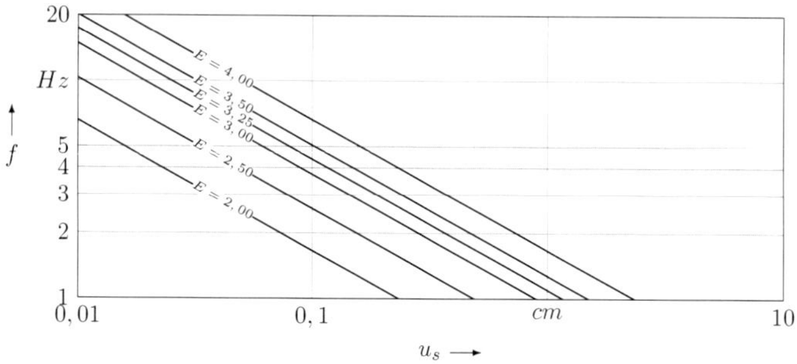

Abb. 2.19: *Frequenz f über Schwingweite u_s verschiedener Empfindungswerte E, nach [Hel41]*

Die Wertziffer Wz wird anhand der Beschleunigungsamplitude $\hat{a}$ und der zugehörigen Frequenz f berechnet, während der Wertebereich mit dem deutschen Schulnotensystem vergleichbar ist, siehe Tab. 2.6. [Hel41]

$$Wz = 0,896 \cdot \sqrt[10]{\frac{\hat{a}^3}{f}} \tag{2.49}$$

Tab. 2.6: *Einordnung der Wertziffer Wz, nach* SPERLING *[Hel41]*

Wz	Beschreibung
$1,00$	Sehr gut
$1,50$	Fast sehr gut
$2,00$	Gut
$2,50$	Fast gut
$3,00$	Befriedigend
$3,25$	Befriedigend bis noch befriedigend
$3,50$	Noch befriedigend
$4,00$	Betriebsfähig
$4,50$	Nicht betriebsfähig
$5,00$	Betriebsgefährlich

Kubische Sperling Gleichung (1965 – 1981)

Im Laufe der nachfolgenden 20 Jahre wurde das Wertzifferverfahren um einen frequenz- und richtungsabhängigen Bewertungsfaktor F_ζ erweitert, siehe Abb. 2.20. Diese Anpassung wurde zu einer genaueren Abbildung des menschlichen Schwingungsempfindens durchgeführt.

Die angepasste Gleichung ergibt sich durch Multiplikation der Gewichtungsfunktion mit den kubischen Beschleunigungsamplituden $\hat{a}_\zeta$: [Spe56, BVA61]

$$Wz = 0,896 \cdot \sqrt[10]{\frac{\hat{a}_\zeta^3}{f} \cdot F_\zeta(f)} \tag{2.50}$$

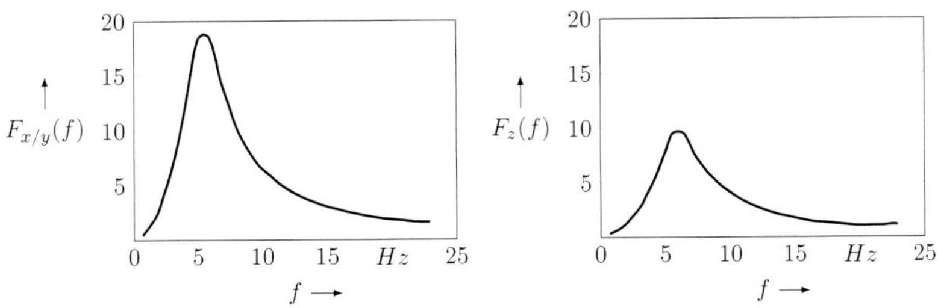

Abb. 2.20: *Frequenzgewichtungskurven, nach* SPERLING *[Spe56]*

Quadratische Sperling Gleichung (ab 1981)

Die bisher letzte Anpassung des Wertzifferverfahrens wurde 1981 durch eine Angleichung an die damalige VDI-Richtlinie 2057 [VDI02] durchgeführt. Dabei werden anstatt der Beschleunigungsamplituden $\hat{a}_\zeta$, Effektivwerte der Beschleunigungen RMS_ζ verwendet: [Del86]

$$Wz = \sqrt[6,67]{RMS_\zeta^2 \cdot B_\zeta(f)^2} \tag{2.51}$$

Zusätzlich werden weiter an den Stand der Technik angepasste Gewichtungsfunktionen $B_\zeta(f)$, siehe Abb. 2.21, nach ORE C 116 RP 8 [ORE77] zur Filterung der Beschleunigungen genutzt. Diese sind allerdings lediglich für die y- und z-Richtung definiert. [Del86]

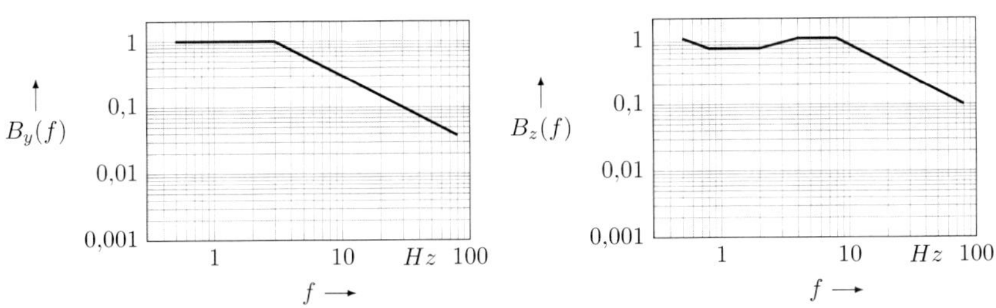

Abb. 2.21: *Frequenzgewichtungskurven, nach ORE C 116 RP 8 [ORE77]*

Die Bewertungskurven B_ζ sind durch die folgenden Gleichungen, jeweils abschnittsweise definiert: [Del86, ORE77]

$$B_y(f) = \begin{cases} 1 & 0,5\ Hz \leq f < 3,0\ Hz \\ 10^{(-log_{10}(f)+0,477)} & 3,0\ Hz \leq f \leq 80\ Hz \end{cases} \tag{2.52}$$

$$B_z(f) = \begin{cases} 10^{(-0,73 \cdot log_{10}(f) - 0,22)} & 0,5\ Hz \leq f < 0,8\ Hz \\ 0,71 & 0,8\ Hz \leq f < 2\ Hz \\ 10^{(0,5 \cdot log_{10}(f) - 0,301)} & 2,0\ Hz \leq f < 4,0\ Hz \\ 1 & 4,0\ Hz \leq f < 8,0\ Hz \\ 10^{(0,903 - log_{10}(f))} & 8,0\ Hz \leq f \leq 80,0\ Hz \end{cases} \tag{2.53}$$

Die quadratische Sperling Gleichung, Gl. (2.51), sowie die neuen Gewichtungsfunktionen wurden hauptsächlich durch das Forschungs- und Versuchsamt des damaligen Internationalen Eisenbahnverbandes (ORE) angepasst. Eine erneute Weiterentwicklung ist bis jetzt nicht durchgeführt worden, sodass ORE C 116 RP 8 [ORE77] den aktuellen Entwicklungsstand des Wertzifferverfahrens beeinhaltet.

2.6.3 British Railways Ride Index

In Großbritannien hat sich ein eigenständiges Verfahren etabliert, der sogenannte Ride Index V_r. Der Schwingkomfort wird ebenfalls auf Basis von Beschleunigungen berechnet, die jedoch innerhalb von Oktavbändern in RMS-Werte überführt und als Vielfaches der Erdbeschleunigung g_{RMS} dargestellt werden. Ferner wird eine Frequenzabhängigkeit über die spektrale Mittenfrequenz f_c dargestellt. [Ahl76, Gar84]

Der Ride Index für die laterale Schwingungsrichtung $V_{r,l}$ wird wie folgt bestimmt: [Ahl76]

$$V_{r,l} = \begin{cases} 8,1 \cdot (g_{RMS})^{\frac{1}{3}} \cdot \sqrt[3]{\frac{f_c}{5,4}} & f_c \leq 5,4\ Hz \\ 8,1 \cdot (g_{RMS})^{\frac{1}{3}} \cdot \frac{5,4}{f_c} & f_c > 5,4\ Hz \end{cases} \tag{2.54}$$

Für die vertikale Schwingungsrichtung ergibt sich $V_{r,v}$, bis auf geringfügig abweichende Koeffizienten, aus einem analogen Zusammenhang: [Ahl76]

$$V_{r,v} = \begin{cases} 7,5 \cdot (g_{RMS})^{\frac{1}{3}} \cdot \sqrt[3]{\frac{f_c}{5,9}} & f_c \leq 5,9\ Hz \\ 7,5 \cdot (g_{RMS})^{\frac{1}{3}} \cdot \frac{5,9}{f_c} & f_c > 5,9\ Hz \end{cases} \tag{2.55}$$

Dabei hängt die spektrale Mittenfrequenz f_c von der minimalen Grenzfrequenz des Beschleunigungssignals f_{min} ab: [Ahl76, Gar84]

$$f_c = \sqrt{2 \cdot f_{min}} \tag{2.56}$$

Der berechnete Ride Index V_r lässt sich ebenfalls mit einer semantischen Beschreibung einordnen, siehe Tab. 2.7.

Tab. 2.7: *Einordnung des Ride Index V_r nach [Ahl76], vgl. Tab. 2.6*

V_r	Semantische Beschreibung
$1,00$	Sehr gut
$1,50$	Fast sehr gut
$2,00$	Gut
$2,50$	Fast gut
$3,00$	Befriedigend
$3,25$	Befriedigend bis noch befriedigend
$3,50$	Noch befriedigend
$4,00$	Betriebesfähig
$4,50$	Nicht betriebesfähig
$5,00$	Betriebesgefährlich

Eine Ähnlichkeit zum Wertzifferverfahren scheint bei der Entwicklung des Ride Index angestrebt worden zu sein [Ahl76]. Dies äußert sich u. a. in der Übereinstimmung des Wertebereichs und der semantischen Beschreibung beider Verfahren.

2.6.4 Ride Comfort Level

In Japan und Korea werden ebenfalls Verfahren auf Basis der RMS-Werte der Schwingungsbeschleunigung zur Vorhersage des Schwingkomforts verwendet. Beide Länder nutzen die gleichnamige Bewertungsgröße RCL_ζ Ride Comfort Level (RCL): [Kim03, Suz98]

$$RCL_\zeta = 20 \cdot \log_{10}(\frac{RMS_\zeta}{a_{\zeta,ref}}) \tag{2.57}$$

Der RCL wird entsprechend Gl. (2.57) infolge des logarithmischen Zusammenhangs in dB angegeben. Korea und Japan verwenden eine einheitliche Bewertungsgröße, beziehen jedoch die nach Abb. 2.22 frequenzgewichteten RMS-Werte auf verschiedene Referenzbeschleunigungen $a_{\zeta,ref}$. Japan verwendet hierbei einen Wert von $a_{\zeta,ref} = 10^{-5}\ \frac{m}{s^2}$ und Korea einen kleineren Wert von $a_{\zeta,ref} = 10^{-6}\ \frac{m}{s^2}$. [Kim03]

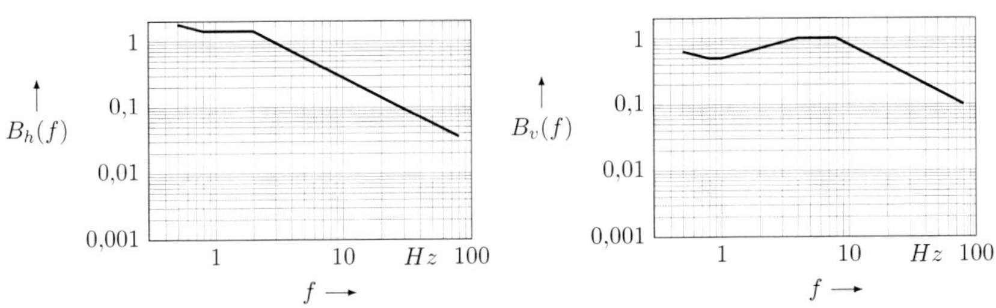

Abb. 2.22: *Frequenzgewichtungskurven des Ride Comfort Levels, nach [Suz98]*

Beide Bewertungsfunktionen werden auch in diesem Verfahren als abschnittsweise Funktion definiert. Für die horizontale Schwingungsrichtung erfolgt die Gewichtung durch B_h:

$$B_h(f) = \begin{cases} \sqrt{\frac{1,6}{f}} & \text{wenn } 0,5\ Hz \leq f < 0,8\ Hz \\ \sqrt{2} & \text{wenn } 0,8\ Hz \leq f < 2\ Hz \\ \frac{2\sqrt{2}}{f} & \text{wenn } 2\ Hz \leq f \leq 80\ Hz \end{cases} \tag{2.58}$$

Eine Gewichtung der Vertikalbeschleunigungen erfolgt anhand der Gewichtungsfunktion B_v:

$$B_v(f) = \begin{cases} \sqrt{\frac{0,2}{f}} & \text{wenn } 0,5\ Hz \leq f < 0,8\ Hz \\ 0,5 & \text{wenn } 0,8\ Hz \leq f < 1\ Hz \\ 0,5\sqrt{f} & \text{wenn } 1\ Hz \leq f < 4\ Hz \\ 1 & \text{wenn } 4\ Hz \leq f < 8\ Hz \\ \frac{8}{f} & \text{wenn } 8\ Hz \leq f \leq 80\ Hz \end{cases} \tag{2.59}$$

Die Ergebnisse des RCL werden in eine fünfstufige Beurteilungsskala eingeordnet, wobei sich die Wertebereiche der japanischen und koreanischen Variante unterscheiden, siehe Tab. 2.8.

Tab. 2.8: *Beurteilungsmaßstäbe für RCL in dB für Korea und Japan, nach [Kim03]*

RCL (Korea)	RCL (Japan)	Semantische Beschreibung
≤ 103	≤ 83	Sehr komfortabel
$103 \ldots 108$	$83 \ldots 88$	Komfortabel
$108 \ldots 113$	$88 \ldots 93$	Durchschnittlich
$113 \ldots 118$	$93 \ldots 98$	Unkomfortabel
≥ 118	≥ 98	Sehr unkomfortabel

2.6.5 Ermüdungszeitverfahren

Das Ermüdunszeitverfahren wurde für lange Zeit in Frankreich von der SNCF zur Bewertung des Schwingkomforts in Schienenfahrzeugen verwendet, heute hat sich auch hier die EN 12299 etabliert. Die Komfortkenngröße des Ermüdungszeitverfahrens gibt die Zeit an, nach der sich die Passagiere während der Fahrt unwohl fühlen. Im Folgenden wird durch eine Zusammenfassung von ORE C116/RP 8/D [ORE77] das Ermüdungszeitverfahren erläutert.

In diesem Verfahren werden ausschließlich relative Beschleunigungswerte berücksichtigt, die von dem Mittelwert der Beschleunigung im betrachteten Zeitraum abweichen. Die Methode geht davon aus, dass innerhalb des untersuchten Fahrabschnittes die Frequenz der Schwingungen nahezu konstant bleibt und somit eine mittlere Frequenz die Gegebenheiten ausreichend genau abbildet. Außerdem ist die gesamte Ermüdungsdauer TE als Summe der $n = i \ldots k$ einzelnen Ermüdungen TE_i definiert: [ORE77]

$$TE = \frac{\sum_{i=1}^{k} n_i}{\sum_{i=1}^{k} \frac{n_i}{TE_i}} \tag{2.60}$$

Durch die Klassierung der Beschleunigungen $a_{\zeta,i}$ in Klassenbreiten von $\frac{1}{30}g$ und der Frequenz in $0,1\ Hz$ Abschnitte in Form eines Amplitudenspektrums, kann die sogenannte äquivalente Amplitude $a_i^{1,4\ Hz}$ bestimmt werden: [ORE77]

$$a_{\zeta,i}^{1,4\ Hz} = \frac{a_\zeta}{(f-5,2)^2+24,8} \tag{2.61}$$

Die Teilermüdungszeit TE_i wird durch Einsetzen von Gl. (2.61) in Gl. (2.62) bestimmt:

$$TE_i = \begin{cases} \frac{280}{a_{\zeta,i}^{1,4\ Hz}-8} - 0,71 & \text{(horizontale Schwingungen)} \\ \frac{280}{\sqrt{2}\cdot a_{\zeta,i}^{1,4\ Hz}-8} - 0,71 & \text{(vertikale Schwingungen)} \end{cases} \tag{2.62}$$

Dies wird für sämtliche Wertepaare von Amplitude und Frequenz durchgeführt und durch Einsetzen in Gl. (2.60) liegt die abschließende Gesamtermüdungszeit TE vor. In ORE C116/RP 8/D [ORE77] wird angegeben, dass ein guter Komfort in Querrichtung für $TE = 10\ h$ und in vertikaler Richtung für $TE = 20\ h$ vorliegt. [ORE77, Fre77]

2.6.6 EN 12299

Die in EN 12299 [EN09] beschriebenen Methoden zur Beurteilung des Schwingkomforts in Schienenfahrzeugen eignen sich zur Bewertung von mäßigen, nicht dauerhaft auf den Menschen einwirkenden Beschleunigungen. Etwaige Gesundheitsschäden, vgl. ISO 2631 [ISO97], werden nicht berücksichtigt. Alle im Folgenden erläuterten Abschnitte stellen eine Zusammenfassung der EN 12299 [EN09] dar. Die Gewichtungskurven wurden nahezu vollständig aus ISO 2631 übernommen, lediglich die Bewertungsfunktion für die vertikale Richtung wurde an Schienenfahrzeuge angepasst. Die EN 12299 gibt unterschiedliche Verfahren zur Bewertung quasi-stationärer und nicht-stationärer Fahrzustände vor:

- Quasi-stationäre Fahrt
    - A) Kontinuierlicher Komfort
    - B) Mittlerer Komfort (vereinfachtes und vollständiges Verfahren)
- Nicht-stationäre Fahrt
    - C) Komfort im Übergangsbogen
    - D) Komfort bei diskreten Ereignissen

Die Verfahren A) und B) ermöglichen die Bewertung von quasi-stationären Fahrzuständen über eine längere Zeitdauer, für B) mind. $300\ s$. Nicht-stationäre Ereignisse lassen sich mit den Verfahren C) und D) bewerten. Die Norm schreibt die Filterung der gemessenen Beschleunigungen anhand der in Abb. 2.23 dargestellten Frequenzgewichtungsfunktionen vor. Die Verwendung der korrekten Frequenzgewichtungsfunktion ist aufgrund der hohen Anzahl der Parameter nicht ganz einfach. Aus diesem Grund wurde die Zuordnung anhand der Haltung (sitzend, stehend) und der Schwingungsrichtungen x, y und z sowie der Rollbewegungsrichtung ϕ als Baumstruktur dargestellt, siehe Abb. 2.24.

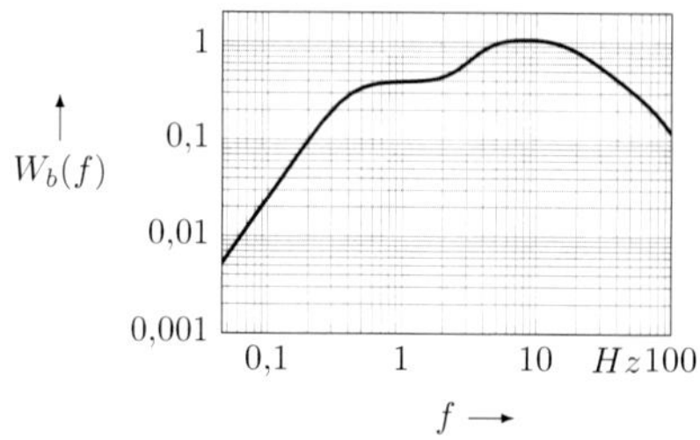

(a) z-Richtung (Boden und Sitzschale)

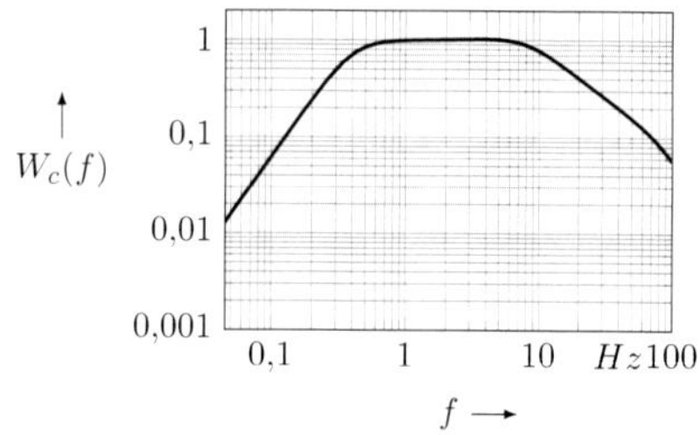

(b) x-Richtung (Rückenlehne)

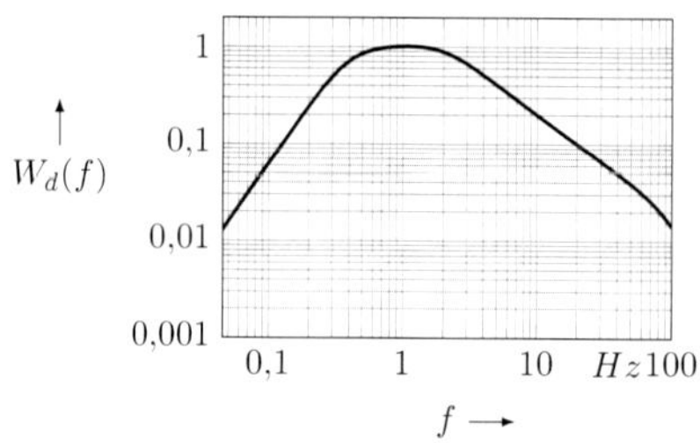

(c) x/y-Richtung (Boden) sowie y-Richtung (Sitzschale)

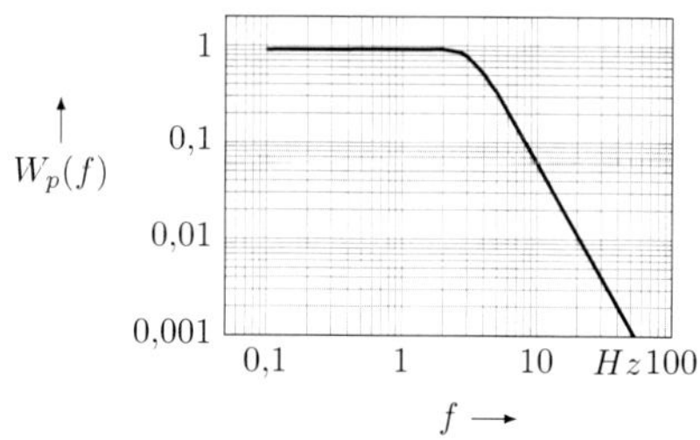

(d) y-Richtung und Rollbewegung ϕ (Boden)

Abb. 2.23: *Frequenzgewichtungskurven, nach [EN09]*

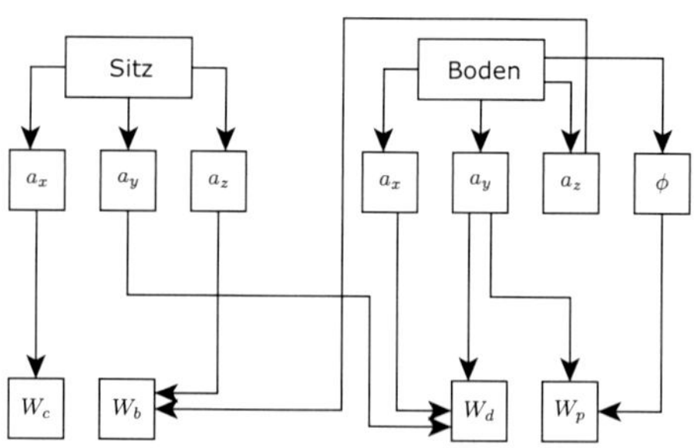

Abb. 2.24: *Zuordnung der Frequenzgewichtungskurven der EN 12299, abhängig von Haltung und Richtung*

A) Kontinuierlicher Komfort

Der kontinuierliche Komfort beschreibt eine Methode zur Intervall-basierten Bewertung von Schwingungen und ist eine Zwischengröße zur Berechnung des mittleren Komforts, Verfahren B). Die kontinuierlichen Komfortwerte werden über $T = 5\ s$ lange Zeitintervalle berechnet, indem die frequenzgewichteten RMS-Werte der Längs- $\ddot{x}^*_{W_i}$, Quer- $\ddot{y}^*_{W_i}$ und Vertikalbeschleunigungen $\ddot{z}^*_{W_i}$ je Intervall gebildet werden:

$$a_{xj}^{W_i}(t) = \sqrt{\frac{1}{T} \cdot \int_{t-T}^{t} (\ddot{x}_{W_i}^{*}(\chi))^2 \mathrm{d}\chi} \quad (2.63)$$

$$a_{yj}^{W_i}(t) = \sqrt{\frac{1}{T} \cdot \int_{t-T}^{t} (\ddot{y}_{W_i}^{*}(\chi))^2 \mathrm{d}\chi} \quad (2.64)$$

$$a_{zj}^{W_i}(t) = \sqrt{\frac{1}{T} \cdot \int_{t-T}^{t} (\ddot{z}_{W_i}^{*}(\chi))^2 \mathrm{d}\chi} \quad (2.65)$$

Die Zeit t ergibt sich anhand der Intervalbetrachtung als ein Vielfaches von $5\ s$. Die Auswertung erfolgt also ohne Überlappung der fünf Sekunden langen Segmente. W_i steht für die jeweilige Gewichtungsfunktion. Der Index i kennzeichnet die verschiedenen Bewertungsfunktionen, wobei b für die vertikale Richtung, c für die Längsrichtung (Rückenlehne) und d für die Quer- und Längsrichtung auf dem Boden bzw. Querrichtung auf dem Sitz steht. Der Index j bezeichnet die jeweilige Kontaktfläche über die Schwingungen, die auf den Fahrgast einwirken:

- $j = P$: Kontaktfläche auf dem Boden
- $j = A$: Kontaktfläche auf der Sitzschale
- $j = D$: Kontaktfläche auf der Rückenlehne des Sitzes

Aus den allgemeinen Gleichungen der frequenzgewichteten RMS-Beschleunigungen, ergeben sich die Komfortgrößen des kontinuierlichen Komforts für die Fußboden-Beschleunigungen:

$$C_{Cx}(t) = a_{xP}^{W_d}(t) \quad (2.66)$$

$$C_{Cy}(t) = a_{yP}^{W_d}(t) \quad (2.67)$$

$$C_{Cz}(t) = a_{zP}^{W_b}(t) \quad (2.68)$$

Diese einzelnen C_C-Werte können unter Verwendung von Tab. 2.9 eingeordnet werden. Jedoch beschreibt die Tabelle vielmehr Erfahrungswerte anstelle von allgemeingültigen Grenzwerten und ist lediglich für die y- und z-Richtung gültig.

Tab. 2.9: *Bewertungsmaßstab des kontinuierlichen Komforts, nach [EN09]*

$(C_{Cy}(t), C_{Cz}(t)) < 0,20\ \frac{m}{s^2}$	Sehr komfortabel
$0,20\ \frac{m}{s^2} \leq C_{Cy}(t),\ C_{Cz}(t) < 0,30\ \frac{m}{s^2}$	Komfortabel
$0,30\ \frac{m}{s^2} \leq C_{Cy}(t),\ C_{Cz}(t) < 0,40\ \frac{m}{s^2}$	Durchschnittlich
$0,40\ \frac{m}{s^2} \leq (C_{Cy}(t), C_{Cz}(t))$	Weniger komfortabel

B) Mittlerer Komfort

Zur Bestimmung des mittleren Komforts gibt EN 12299 ein vereinfachtes und ein vollständiges Verfahren an. Das vereinfachte Verfahren ermöglicht die Bewertung des Schwingkomforts stehender Fahrgäste, wohingegen das vollständige Verfahren neben der Fußbodenbeschleunigungen zur Bewertung der stehenden Lage auch die Schwingungen der Sitzfläche und Rückenlehne mit in die Kennwertermittlung einbezieht.

In diesem Verfahren werden über ein Gesamtintervall von $300\ s$ auf Basis des kontinuierlichen Komforts statistische Größen gebildet. So fließen das 50-te und 95-te Perzentil der frequenzgewichteten RMS-Werte der Beschleunigungsamplituden in das vereinfachte bzw. vollständige Verfahren ein. Beide Verfahren werden im Folgenden getrennt erläutert.

Vereinfachtes Verfahren: Der vereinfachte mittlere Komfort N_{MV} kann mit folgender Gleichung anhand der 95-ten Perzentile der RMS-Werte berechnet werden:

$$N_{MV} = 6 \cdot \sqrt{(a_{xP95}^{W_d})^2 + (a_{yP95}^{W_d})^2 + (a_{zP95}^{W_b})^2} \tag{2.69}$$

Zusätzlich ist die Berechnung einzelner vereinfachter mittlerer Komfortwerte für jede Raumrichtung möglich:

$$N_{MVx} = 6 \cdot a_{xP95}^{W_d} \tag{2.70}$$
$$N_{MVy} = 6 \cdot a_{yP95}^{W_d} \tag{2.71}$$
$$N_{MVz} = 6 \cdot a_{zP95}^{W_b} \tag{2.72}$$

Die 95-ten Perzentile der RMS-Beschleunigungen $a_{xP95}^{W_d}$, $a_{yP95}^{W_d}$ und $a_{zP95}^{W_b}$ werden über einen Zeitraum von $300\ s$ ermittelt. Nach Berechnung von N_{MV} anhand Gl. (2.69) kann der resultierende, vereinfachte mittlere Komfort in einen semantischen Bewertungsmaßstab überführt werden, siehe Tab. 2.10.

Tab. 2.10: *Bewertungsmaßstab der Komfortkenngröße N_{MV}, nach [EN09]*

$N_{MV} < 1,5$	Sehr komfortabel
$1,5 \leq N_{MV} \leq 2,5$	Komfortabel
$2,5 \leq N_{MV} \leq 3,5$	Durchschnittlich
$3,5 \leq N_{MV} \leq 4,5$	Unkomfortabel
$N_{MV} \geq 4,5$	Sehr unkomfortabel

Vollständiges Verfahren: Das vollständige Verfahren bildet das subjektive Empfinden der Fahrgäste genauer ab, birgt jedoch einen größeren messtechnischen Aufwand, da auch Beschleunigungen auf den Kontaktflächen des Sitzes[7] erfasst werden müssen. Bei der Anwendung des vollständigen Verfahrens muss zwischen stehender und sitzender Lage des Menschen unterschieden werden. Der vollständige mittlere Komfort N_{VA} der stehenden Lage kann anhand folgender Gleichung berechnet werden:

$$N_{VA} = 4 \cdot (a_{zP95}^{W_b}) + 2 \cdot \sqrt{(a_{yA95}^{W_d})^2 + (a_{zA95}^{W_b})^2} + 4 \cdot (a_{xD95}^{W_c})^2 \tag{2.73}$$

Der vollständige mittlere Komfort für die sitzende Lage berechnet sich zu:

$$N_{VA} = 3 \cdot \sqrt{16 \cdot (a_{xP50}^{W_d})^2 + 4 \cdot (a_{yP50}^{W_d})^2 + (a_{zP50}^{W_b})^2} + 5 \cdot (a_{yP95}^{W_d}) \tag{2.74}$$

[7] Detaillierte Hinweise zur Position der Messpunkte und der messtechnischen Anforderungen sind EN 12299 [EN09] zu entnehmen.

Für die Berechnung der Komfortkenngröße des vollständigen Verfahrens N_{VA} werden ebenfalls Perzentile verwendet. $a_{xP50}^{W_d}$, $a_{yP50}^{W_d}$ und $a_{zP50}^{W_b}$ beschreiben die 50-ten Perzentile der frequenzgewichteten RMS-Beschleunigungen in den drei Raumrichtungen.

C) Komfort im Übergangsbogen

EN 12299 legt zusätzlich eine Methode zur Berechnung des Komforts im Übergangsbogen fest. Dieser wird durch die Kenngröße P_{CT} beschrieben und stellt den prozentualen Anteil unzufriedener Fahrgäste während der Einfahrt in einen einzelnen Übergangsbogen dar und berücksichtigt somit keine Häufigkeitseinflüsse. D. h. die berechnete Komfortkenngröße bezieht sich ausschließlich auf ein Einzelereignis. Die Grundlagen für diese Teilmethode wurden durch HARBOROUGH [Har86] vom British Rail Research gelegt. Das Verfahren ist für Übergangsbögen mit gleichförmiger Änderung von Krümmung und Überhöhung über eine Dauer von jeweils $2\ s$ validiert worden und ist folglich vor allem unter diesen Bedingungen gültig. [Har86]

Folgende physikalische Größen gehen in die Gleichung zur Berechnung von P_{CT} ein:

$\lvert\ddot{y}_{1s}\rvert_{max}$	Maximaler Betrag der Querbeschleunigung, vom zeitlichen Anfang des Bogenübergangs bis $1,6\ s$ nach dessen zeitlichem Ende (in $\frac{m}{s^2}$)
$\lvert\dddot{y}_{1s}\rvert_{max}$	Maximaler Betrag des Querrucks am Übergangsbogen, über $1\ s$ von Bogenanfang bis -ende (in $\frac{m}{s^3}$)
$\left\lvert\dot{\phi}_{1s}\right\rvert_{max}$	Maximaler Betrag der Rollgeschwindigkeit, von Bogenanfang bis -ende (in $\frac{rad}{s}$)

Die mittlere Querbeschleunigung über $1\ s$ am Bogenanfang ist wie folgt definiert:

$$\ddot{y}_{1s}(t) = \frac{1}{T} \cdot \int_{t-\frac{T}{2}}^{t+\frac{T}{2}} \ddot{y}^{*}_{W_p}(\chi)\mathrm{d}\chi \tag{2.75}$$

Eine Berechnung des mittleren Querrucks über $1\ s$ kann anhand folgender Gleichung durchgeführt werden:

$$\dddot{y}_{1s}(t) = \frac{1}{T} \cdot \left(\ddot{y}_{1s}\left(t + \frac{T}{2}\right) - \ddot{y}_{1s}\left(t - \frac{T}{2}\right)\right) \tag{2.76}$$

Die mittlere Rollgeschwindigkeit über $1\ s$ berechnet sich anhand:

$$\dot{\phi}_{1s} = \frac{1}{T} \int_{t-\frac{T}{2}}^{t+\frac{T}{2}} \dot{\phi}^{*}_{W_p}(\chi)\mathrm{d}\chi \tag{2.77}$$

Für Gl. (2.75), (2.76) und (2.77) gilt:

$$T = 1\ s$$

Die Komfortkenngröße P_{CT} wurde durch HARBOROUGH anhand einer Multiplen Linearen Regression (MLR) ermittelt [Har86]:

$$P_{CT} = 100 \cdot \left\{ \max\left[\left(A_1 \cdot \lvert\ddot{y}_{1s}\rvert_{max} + B_1 \cdot \lvert\dddot{y}_{1s}\rvert_{max} - C_1\right); 0\right] + \left(D_1 \cdot \left\lvert\dot{\phi}_{1s}\right\rvert_{max}\right)^{E_1} \right\} \tag{2.78}$$

Die entsprechenden Konstanten A_1 bis E_1 sind in Tab. 2.11 zusammengefasst.

Tab. 2.11: *Konstanten zur Berechnung der Komfortkenngröße P_{CT}, nach [EN09]*

	A_1	B_1	C_1	D_1	E_1
Zustand	$\left[\frac{s^2}{m}\right]$	$\left[\frac{s^3}{m}\right]$	$[-]$	$\left[\frac{s}{rad}\right]$	$[-]$
In Ruhe – stehend	$0,2854$	$0,2069$	$0,111$	$3,640$	$2,283$
In Ruhe – sitzend	$0,0897$	$0,0968$	$0,059$	$0,916$	$1,626$

D) Komfort bei diskreten Ereignissen

Da eine Änderung der Komfortempfindung nicht ausschließlich infolge von Bogenein- und Ausfahrten hervorgerufen wird, sondern auch z. B. durch Gleislagefehler eine Schwingungsanregung des Fahrzeuges erfolgt, beschreibt die Norm ein allgemeines Verfahren zur Bewertung von diskreten Ereignissen infolge von querdynamischen Einflüssen. Folgende Zwischengrößen werden zur Berechnung des Komforts bei diskreten Ereignissen benötigt:

$|\ddot{y}_{2s}|$ Absoluter Mittelwert der Querbeschleunigung über $2\ s$ in $\frac{m}{s^2}$

$\ddot{y}_{PP}(t)$ Maximale Beschleunigungsspanne in Querrichtung (Spitze zu Spitze) in $\frac{m}{s^2}$

Dieses Verfahren beschränkt sich auf die Bewertung der auftretenden Querbeschleunigungen, die in einem $T = 2\ s$ Fenster gemittelt und anschließend in einen Absolutwert überführt werden:

$$|\ddot{y}_{2s}(t)| = \frac{1}{T}\left|\int_{t-\frac{T}{2}}^{t+\frac{T}{2}} \ddot{y}^{*}_{P,W_P}(\chi)\mathrm{d}\chi\right| \tag{2.79}$$

Die Spanne (Spitze zu Spitze) der maximalen Querbeschleunigung $\ddot{y}_{PP}(t)$ ergibt sich aus:

$$\ddot{y}_{PP}(t) = \max\left(\ddot{y}^{*}_{P,W_P}(\chi)\right) - \min\left(\ddot{y}^{*}_{P,W_P}(\chi)\right) \quad \text{mit: } \chi \in \left[t - \frac{T}{2}, t + \frac{T}{2}\right] \tag{2.80}$$

Die Komfortkenngröße P_{DE} wird unter Verwendung von Gl. (2.79) und (2.80) mithilfe der in Tab. 2.12 gelisteten Koeffizienten berechnet:

$$P_{DE}(t) = 100 \cdot \max\left[a_1 \cdot \ddot{y}_{PP}(t) + b_1 \cdot |\ddot{y}_{2s}(t)| - c_1; 0\right] \tag{2.81}$$

P_{DE} ist, anders als P_{CT}, eine Funktion der Zeit t. Um ein Einzelereignis zu bewerten, muss das lokale Maximum der Funktion gebildet werden.

Tab. 2.12: *Konstanten zur Berechnung der Komfortkenngröße P_{DE}, nach [EN09]*

	a_1	b_1	c_1
Zustand	$\left[\frac{s^2}{m}\right]$	$\left[\frac{s^2}{m}\right]$	$[-]$
In Ruhe – stehend	$0,1662$	$0,2701$	$0,37$
In Ruhe – sitzend	$0,0846$	$0,1305$	$0,217$

2.6.7 Maschinelles Lernen zur Komfortbewertung

Die Disziplin der Wahrnehmungsforschung und deren Applikation im Bereich der Komfortbewertung stellt ein sehr breites Feld dar. Es existieren bereits zahlreiche Bewertungsansätze mit unterschiedlichen Anwendungsfällen in der Akustik, Schwingungstechnik oder zur Bewertung des thermischen Komforts. Historisch betrachtet ist die Basis der empirischen Komfortmodellierung in allen Bereichen meist die statistische Modellierung. Häufig wird der Komfort anhand einer Regressions- bzw. Korrelationsuntersuchung abgebildet. Die in den vorangegangenen Abschnitten beschriebenen Verfahren sind die entsprechenden Ergebnisse dieser Herangehensweise. In den letzten Jahren wurden zur Komfortbewertung zunehmend Techniken des Maschinellen Lernens verwendet, da die bis dato verwendeten empirischen Methoden und statistischen Regressionsansätze eine begrenzte Vorhersagegüte aufweisen. So verwendet ALBRECHT [Alb05] bereits 2005 erfolgreich Maschinelles Lernen, indem er Künstliche Neuronale Netze (KNN) zur Bewertung eines automatischen Anfahrvorgangs einsetzt. STAMMEN und MEYWERK [Sta07] bestätigen die Anwendbarkeit von KNN zur Schwingkomfortbewertung auf Basis von Merkmalen, die aus Beschleunigungsdaten abgeleitet werden. In den nachfolgenden Jahren folgen weitere Publikationen mit vielversprechenden Ergebnissen, z. B. BRINDISI und CONCILIO [Bri08], MITRA et al. [Mit13], MACAS et al. [Mac14], LERSPALUNGSANTI et al. ALBERS2015 und LI et al. [Li12]. Die Nachvollziehbarkeit von Künstlichen Neuronalen Netzen oder Machine-Learning-Modellen im Allgemeinen wird oft kritisiert. Vor allem das häufig als solches bezeichnete „Black-Box-Verhalten“ wird von den Anwendern der Verfahren als negativ aufgefasst. Aus diesem Grund verwendet KNAUER [Kna10] sogenannte Random Forests zur Vorhersage des Schwingkomforts. Neue Methoden ermöglichen jedoch das „Aufbrechen“ von ML-Modellen und erlauben es, die Wirkweise und sogar Entscheidungspfade sichtbar zu machen [Lun17, Lun20]. Dies baut Vorbehalte gegen Methoden der Künstlichen Intelligenz ab und führt dazu, in Zukunft auch hoch komplexe Modellstrukturen besser zugänglich und interpretierbar zu machen. Die steigende Anzahl der in den letzten Jahren veröffentlichten Studien zum Maschinellem Lernen im Komfortbereich zeigt eindeutig einen Trend von der klassischen Statistik hin zum Maschinellen Lernen.

2.7 Grundlagen des Maschinellen Lernens

Maschinelles Lernen (engl. Machine Learning, kurz ML) bezeichnet ein Fachgebiet der Informatik und ist die Wissenschaft der Anwendung von selbstlernenden Algorithmen, um in Daten Zusammenhänge zu erkennen und diesen eine Bedeutung zu verleihen [Ras17]. Z. B. sind Algorithmen zur optischen Zeichenerkennung (OCR) ebenfalls dem Maschinellen Lernen zuzuordnen und werden bereits seit Jahrzehnten erfolgreich zur Texterkennung eingesetzt. Seit etwas mehr als 10 Jahren hat sich der Bereich des Maschinellen Lernens rasant entwickelt und es wurden immer leistungsfähigere Algorithmen und Methoden entdeckt. Spätestens seit der Veröffentlichung von Deep-Learning-Algorithmen, die auf sehr leistungsfähigen Grafikkarten trainiert werden können, z. B. HINTON et al. [Hin06], werden die Anwendungsgebiete dieser Verfahren immer zahlreicher. Dies liegt an der Eigenschaft dieser Art von Algorithmen, riesige Datenmengen verarbeiten zu können und damit zu sehr genauen Ergebnissen zu gelangen. [Gé18, Ng18]

Insgesamt sind drei verschiedene ML-Arten bekannt: das überwachte (engl.: supervised), das unüberwachte (engl.: unsupervised) und das verstärkende Lernen (Reinforcement Learning). Beim überwachten Lernen wird ein Modell anhand annotierter Daten trainiert. D. h. der Algorithmus lernt, selbständig anhand verschiedener Eingabemerkmale mittels eines adäquaten Optimierungsverfahrens die ihm bekannte Zielgröße vorherzusagen. Für einen Spamfilter wäre das z. B. die binäre Information: „Spam“ oder „nicht Spam“. Dadurch lässt sich auch die Genauigkeit des trainierten Algorithmus einfach und zuverlässig quantifizieren. Im Gegensatz dazu wird beim unüberwachten Lernen keine bekannte Zielgröße vorhergesagt, sondern signifikante Strukturen in den Datensätzen erkannt, z. B. durch Clustering. Dabei unterteilt ein Algorithmus die Daten in verschiedene Gruppen, wodurch Strukturen und Zusammenhänge in den Daten sichtbar werden, die der Mensch selbst nicht ohne Weiteres erkennt. Das verstärkende Lernen ist dem überwachten Lernen sehr ähnlich. Anstelle der bekannten Zielgröße enthält die für Optimierungsprobleme obligatorische Rekursionsschleife des Algorithmus eine Belohnungsfunktion. Diese ist ein Gütemaß für die durchgeführte Aktion des Algorithmus. Z. B. kann ein Schachcomputer eingesetzt werden, um nach einer Reihe von Zügen die Konstellation des Spielstandes zu bewerten. Die Belohnungsfunktion beinhaltet die Information darüber, ob ein Sieg oder eine Niederlage in der jeweiligen Partie erreicht wurde. Spätestens seit der Entwicklung des ML-Algorithmus AlphaGo [Sil16], der in der Lage war den Weltmeister im Brettspiel Go zu besiegen, sowie dessen Nachfolger AlphaGo Zero [Sil17], wurde die beeindruckende Leistungsfähigkeit von Deep Learning hinreichend bewiesen. [Ras17, Gé18, Ng18]

Die Datengrundlage des Maschinellen Lernens wird im Folgenden als Merkmalsmatrix $\mathbf{X} \in \mathbb{R}^{n \times m}$, Gl. (2.82), und die Zielgröße D, Gl. (2.83), als Spaltenvektor mit $n \times 1$ Einträgen dargestellt.

$$\mathbf{X} = \begin{pmatrix} RMS_x^1 & \cdots & k_y^m \\ \vdots & \ddots & \vdots \\ RMS_x^n & \cdots & k_y^n \end{pmatrix} \tag{2.82}$$

Die Merkmalsmatrix setzt sich aus m Spalten und den n Trainingsbeispielen zusammen. Folglich beschreibt jede Zeile von $\mathbf{X}$ alle Merkmale eines durch die Relevanzfilterung detektierten Schwingkomfortereignisses.

$$D = \begin{pmatrix} D^1 \\ \vdots \\ D^n \end{pmatrix} \tag{2.83}$$

Jeder Eintrag von D beinhaltet den Zielwert des mittleren Schwingkomforts, den es vorherzusagen gilt. Auf Grundlage der bekannten Zielgröße und der Merkmale wird der jeweilige Algorithmus so lange trainiert, bis er gegen ein lokales Optimum konvergiert.

3 Problemstellung und Lösungsansatz

Im vorangegangenen Kapitel 2 wurden der Stand der Forschung und Technik zur Schwingungseinwirkung und Wahrnehmung des Menschen sowie zu den bis heute entwickelten Verfahren zur Bewertung des Schwingkomforts vorgestellt. Das Wertzifferverfahren kommt vereinzelt noch im Nahverkehr und die EN 12299 im Vollbahnbereich zur Anwendung. Beide Vorschriften wurden ausschließlich für den Bereich der Vollbahn entwickelt, wodurch eine direkte Anwendung im Straßen- und Stadtbahnbereich problematisch ist.

3.1 Schwächen der aktuellen Schwingkomfortbewertungsverfahren

Bei der Bewertung des Schwingkomforts gilt grundsätzlich, dass alle betrieblich auftretenden Fahrzustände ausreichend berücksichtigt werden müssen und dadurch eine valide Vorhersage der Schwingungsempfindung der Fahrgäste möglich ist. Die aktuellen Lücken und nicht vereinbaren Randbedingungen bei einer Anwendung im BOStrab-Bereich sowie eine Diskrepanz zwischen den normativen Frequenzgewichtungskurven und repräsentativen Labormessungen des Schwingungsempfindens werden im Folgenden beleuchtet, s. Abb. 3.1.

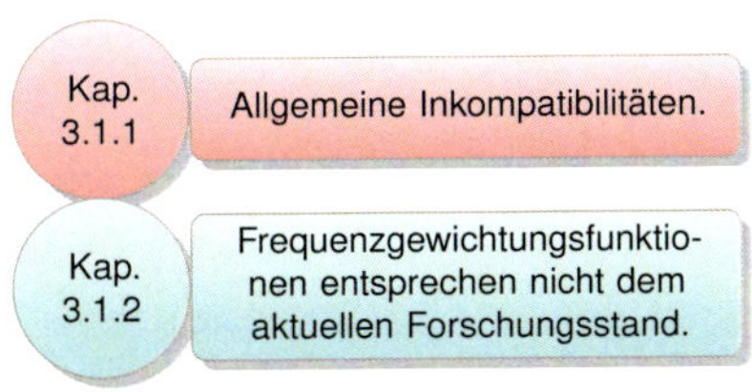

Abb. 3.1: *Verschiedene Schwächen der Schwingkomfortbewertungsverfahren*

3.1.1 Allgemeine Inkompatibilitäten mit dem BOStrab-Betrieb

Weder das Wertzifferverfahren, das häufig noch im Straßenbahnbereich angewendet wird, noch die für den Vollbahnbereich vorgeschriebene EN 12299 können vollständig zur Schwingkomfortbewertung von Straßenbahnen (SB) herangezogen werden. Folgende Voraussetzungen sind mit dem BOStrab-Betrieb unvereinbar: [Bet16]

1. Eine **quasi-statische Querbeschleunigung** (bspw. bei konstanter Bogenfahrt) wird durch die Bandpassfilterung der in EN 12299 vorgeschriebenen Gewichtungsfunktionen W_b, W_c und W_d nicht berücksichtigt, da der quasi-statische Anteil der Messdaten herausgefiltert wird. SB-Trassen sind allerdings viel bogenreicher, als Vollbahnstrecken.
2. Die **Auswertedauer** ist für das Wz-Verfahrens nicht vorgegeben und in EN 12299 durch die Vorgabe einer Mindest-Auswertedauer von $300\ s$ für den mittleren Komfort nicht auf SB übertragbar, da die vorgeschriebene quasi-stationäre Fahrt betriebesbedingt nicht eingehalten werden kann.

3. In **Bögen ohne Übergang** ist die Komfortbewertung von Bogenfahrten mittels P_{CT} nach EN 12299 für fehlende Übergangsbögen nicht zulässig. Bei SB ist der Anteil an Bögen ohne Übergang allerdings signifikant.

4. Der Schwingkomfort im Übergangsbogen P_{CT} und bei diskreten Ereignissen P_{DE} berücksichtigt lediglich Einzelereignisse und keine **Häufigkeitswirkung** der Einzelereignisse. Der BOStrab-Betrieb ist im Vergleich zur Vollbahn höchst transient, wodurch einzelne Stöße häufig auftreten und den Diskomfort voraussichtlich stärker begünstigen. Die Häufigkeitswirkung bei der Schwingkomfortwahrnehmung in Straßenbahnen ist aufgrund der großen Anzahl stoßhaltiger Schwingungsanteile nicht vernachlässigbar.

5. Die **Frequenzgewichtungskurven des Wz-Verfahrens** werden lediglich für die sitzende Haltung der Passagiere angegeben, d. h. für die stehende Lage kann theoretisch keine Wertziffer gebildet werden. [Hel41, ORE77]

6. Das Verfahren zur Berechnung des Schwingkomforts bei diskreten Ereignissen P_{DE} berücksichtigt keine Längsbeschleunigungen, wodurch sich eine **fehlende Bewertung des Längsrucks** ergibt. Die ruckartigen Beschleunigungsänderungen in Fahrtrichtung sind jedoch aufgrund der zahlreichen Haltestellen sowie sonstigen Fahrtunterbrechungen von Straßen- und Stadtbahnen nicht vernachlässigbar.

7. Die in EN 12299 beschriebenen vier Methoden liefern einzelne Komfortkenngrößen, die in insgesamt drei unterschiedlichen Größen und Skalen angegeben werden. Aus diesem Grund ist es nicht möglich, eine daraus resultierende **Gesamtkomfort-Kenngröße** zu ermitteln.

3.1.2 Genauigkeit aktueller Frequenzgewichtungsfunktionen

Den größten Einfluss auf die Schwingungswahrnehmung haben Frequenz und Amplitude der Anregung sowie die Wirkrichtung. Ferner macht es einen Unterschied, ob die Vibrationen an den Kontaktflächen der Hände, Füße oder über das Gesäß und Teile des Rückens eingeleitet werden und welche Körperhaltung gerade eingenommen wird. Diese Sensitivitäten können über die bereits beschriebenen Wahrnehmungsschwellen ausgedrückt werden, die die Normen und Richtlinien durch die Frequenzgewichtungskurven approximieren. [Gri90]

Laut Morioka und Griffin [Mor06] treten bei stochastischer Anregung die unangenehmsten Reaktionen in Körperteilen mit der größten Sensitivität auf. Es ist demnach wichtig, Kenntnis über die Wahrnehmungsschwellen der einzelnen Körperteile zu haben, um darauf schließen zu können, welche Schwingungen den höchsten Diskomfort auslösen, siehe Kap. 2.3.1. In einer entsprechenden Studie [Mor08] wurden im Jahr 2008 Probanden in zwei Versuchen (sitzende und stehende Position) Schwingungen im Frequenzbereich von $2 \leq f < 315\ Hz$ in allen drei Raumrichtungen ausgesetzt. Die messtechnisch ermittelten Wahrnehmungsschwellen werden im Folgenden, nach Haltung getrennt, mit den Frequenzgewichtungskurven der aktuellen Normen und Richtlinien verglichen, um die grundsätzliche Gültigkeit der Frequenzgewichtung innerhalb der aktuell gültigen Standards überprüfen zu können.

Sitzende Haltung

Für einen Menschen in sitzender Position, wirken sich Schwingungen in Längsrichtung im Frequenzbereich von $2 < f \leq 6\ Hz$ am deutlichsten aus, siehe Abb. 3.2. Die Sensitivität in Querrichtung nimmt für Frequenzen $f > 2\ Hz$ allmählich ab und erreicht ein Plateau bei ca. $f = 10\ Hz$. Ab $f > 40\ Hz$ erhöht sich die Sensitivität leicht und nimmt für Frequenzen $f > 100\ Hz$ allmählich ab. Schwingungen in Längsrichtung im Frequenzbereich $f > 10\ Hz$ spiegeln sich in einer absoluten Wahrnehmungsschwelle wieder, die einen ähnlichen Verlauf wie die Querrichtung zeigt. Für vertikale Schwingungen nimmt die Sensitivität über den gesamten Frequenzbereich in der Studie weniger ab als bei den anderen Schwingungsrichtungen.
Dass die Sensitivität gerade im niederfrequenten Bereich zwischen $2 \leq f < 6\ Hz$ so hoch ist, passt zum Kenntnisstand bezüglich der menschlichen Resonanzfrequenzen einzelner Körperteile, vgl. Abb. 2.10 in Kap. 2.3.1.

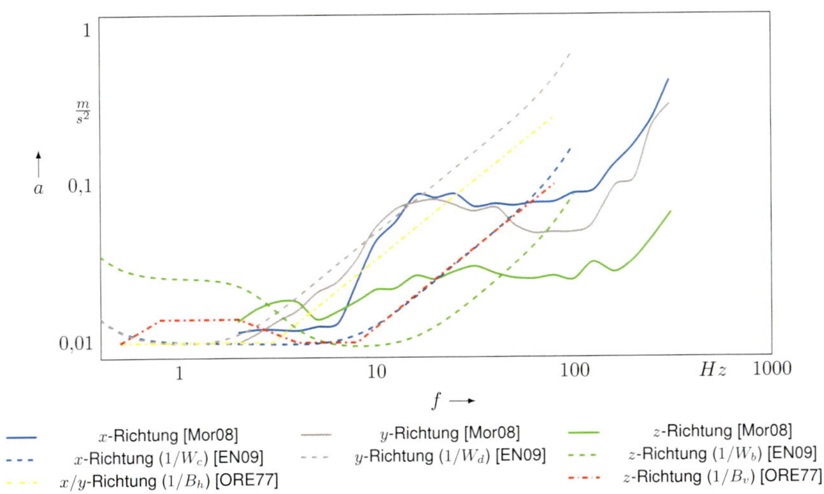

Abb. 3.2: *Absolute Wahrnehmungsschwellen, sitzende Position, längs, quer und vertikal, nach [Mor08]*

Nachfolgend werden die Kehrwerte der Frequenzgewichtungskurven von EN 12299 und des Wz-Verfahrens, normiert auf eine Bezugsbeschleunigung von $a_{ref} = 0,01\ m/s^2$ [Mor08], mit den in MORIOKA und GRIFFIN [Mor06] messtechnisch erfassten absoluten Wahrnehmungsschwellen verglichen. Somit kann die Übereinstimmung der aktuellen Normen und Richtlinien mit neueren Forschungsergebnissen zum menschlichen Schwingungsempfinden überprüft werden. Für die Frequenzgewichtungsfunktionen der EN 12299 ergeben sich folgende Erkenntnisse:

- In Längsrichtung ($1/W_c$) kann bis $f \leq 6\ Hz$ eine gute Übereinstimmung mit der Messung beobachtet werden. Danach werden Schwingungen bis ca. $6 < f \leq 40\ Hz$ stärker gewichtet. Frequenzen $f > 40\ Hz$ werden durch EN 12299 für sitzende Personen eher unterschätzt.

- Querschwingungen bis $f \leq 10\ Hz$ werden sehr genau durch $(1/W_d)$ gewichtet. Für höhere Frequenzen $f > 10\ Hz$ wird die Schwingungssensitivität unterschätzt.
- Vertikale Schwingungen bis $f < 6\ Hz$ werden in guter Übereinstimmung durch $(1/W_b)$ frequenzgewichtet. Ein kurzfristiges Auseinanderdriften ab $f > 6\ Hz$, bis sich bei $f = 30\ Hz$ ein Schnittpunkt zwischen der Frequenzgewichtungsfunktion und Messung ergibt, kann beobachtet werden. Ab $f > 30\ Hz$ zeigt sich eine immer stärkere Differenz zwischen beiden Kurven.

Die Bewertungsfunktionen des Wertzifferverfahrens wurden ebenfalls hinsichtlich ihrer Übereinstimmung mit den Versuchsdaten aus Morioka und Griffin [Mor06] untersucht:

- Die Vergleichskurven sowohl für die Längs- als auch Querrichtung stimmen sehr genau bis ca. $f \leq 20\ Hz$ mit $1/Bh$ überein. Der Frequenzbereich von $f > 20\ Hz$ wird durch die Frequenzgewichtung des Wz-Verfahrens zunehmend stärker unterschätzt.
- Vertikale Schwingungen werden im Bereich $f \leq 10\ Hz$ überwiegend überschätzt, allerdings ab $f > 20\ Hz$ nicht stark genug gewichtet, sodass die Schwingungssensitivität sitzender Menschen nicht exakt abgebildet wird.

Stehende Haltung

In stehender Haltung, siehe Abb. 3.3, behält die Sensitivität nach Morioka im Bereich von $8 \leq f < 25\ Hz$ nahezu die gleiche Größenordnung bei. Die größte Sensitivität für horizontale Schwingungen lässt sich im Bereich von $80 \leq f < 100\ Hz$ feststellen.

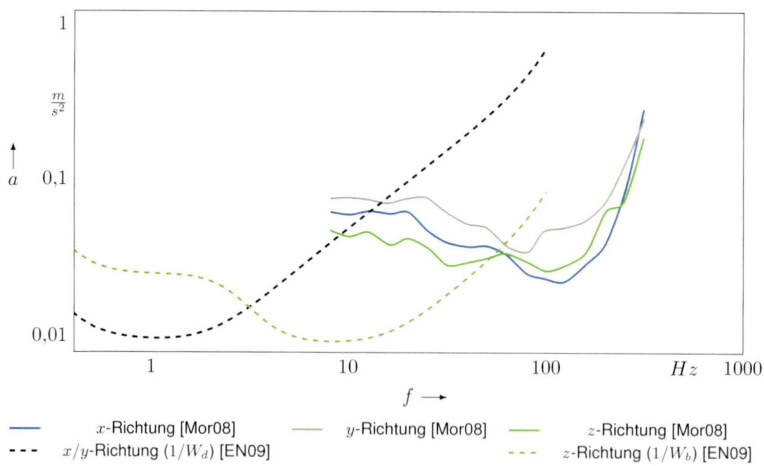

Abb. 3.3: *Absolute Wahrnehmungsschwellen, stehende Position, längs, quer und vertikal, nach [Mor08]*

In vertikaler Schwingungsrichtung liegt die höchste Sensitivität bei $f = 30\ Hz$ und $f = 100\ Hz$. Die Frequenzgewichtungskurven nach EN 12299 sind lediglich bis $f \leq 100\ Hz$ definiert, weswegen ein Vergleich mit den Ergebnissen von MORIOKA für $f > 100\ Hz$ nicht möglich ist. Da das Wertzifferverfahren lediglich für sitzende Menschen gültig ist, da die Frequenzgewichtungsfunktion aus Basis von Versuchen in sitzender Haltung entwickelt wurde, werden im Folgenden ausschließlich die Bewertungsfunktionen der EN 12299 mit den Messdaten verglichen:

- Die Schwellwerte für die horizontalen Schwingungsrichtungen $(1/W_d)$ rangieren lediglich zwischen $10 \leq f < 30\ Hz$ im Bereich der Messwerte.
- In der Vertikalen kann eine große Abweichung für nieder- bis mittelfrequente Schwingungen zwischen Messung und $1/W_b$ bis $f \leq 30\ Hz$ beobachtet werden. Im mittel- bis hochfrequenten Gebiet ($f > 80\ Hz$) scheint der Mensch sensitiver zu sein, als in der Frequenzgewichtungskurve für vertikale Schwingungen berücksichtigt.

Die eben dargestellten Ergebnisse verdeutlichen den subjektiven Charakter der menschlichen Schwingungswahrnehmung. Dies erschwert es den Normausschüssen, technisch einfache, praktikable Methoden wie z. B. die Beschreibung der menschlichen Sensitivität hinsichtlich Schwingungen durch Frequenzgewichtungskurven zu formulieren. Die in der EN 12299 und im Wertzifferverfahren definierten Übertragungsfunktionen stimmen nur teilweise mit den in der Forschung gesammelten absoluten Wahrnehmungsschwellen für sitzende und stehende Menschen überein. Die gemessenen absoluten Wahrnehmungsschwellen haben einen derart komplexen Charakter, dass eine mathematische Beschreibung anhand der charakteristischen Eckfrequenzen innerhalb einer rationalen Funktion, aufgrund der vielen notwendigen Freiheitsgrade der Polynome, zu aufwändig und dadurch nicht praktikabel wäre.

Es wurde in mehreren Studien bewiesen, dass die einschlägigen Gewichtungsfunktionen nicht dem eigentlichen Schwingungsempfinden des Menschen entsprechen und nur innerhalb einzelner, teilweise sehr schmaler Frequenzbänder übereinstimmen. Das Wertzifferverfahren scheint die absoluten Wahrnehmungsschwellen im niederfrequenten Bereich bis $f = 25\ Hz$ teilweise gut abzubilden oder diese konservativ zu überschätzen. Obwohl die Filterkurven des Wertzifferverfahrens das menschliche Schwingungsempfinden geringfügig genauer zu bewerten scheinen, werden im weiteren Verlauf dieser Arbeit die Frequenzgewichtungskurven W_b, W_d, W_c und W_p aus EN 12299 zur Entwicklung des neuen Schwingkomfortbewertungsverfahrens verwendet. Diese Entscheidung begründet sich darauf, dass die Gewichtungskurven sowohl für sitzende als auch für stehende Fahrgäste definiert sind.

Offensichtlich ist eine bessere Anpassung der Gewichtungsfunktionen bestehender Normen und Richtlinien an den neuesten Stand der Forschung erforderlich. Renommierte Forscher üben offene Kritik an den zuständigen Normenausschüssen und unterstellen ein fehlendes Engagement, die tatsächliche Schwingungswahrnehmung möglichst genau abbilden zu wollen. GRIFFIN geht sogar soweit zu behaupten, dass die Bewertungskurven eher den Präferenzen des Norm-Komitees entsprechen würden, als den in umfangreichen Versuchen ermittelten Tatsachen [Mor06]. Auch eine weitere Studie [Gal11] kommt zu einem ähnliche Fazit und untermauert diese These.

3.2 Herleitung der Aufgabenstellung

In Abschnitt 3.1 ist ausführlich dargelegt worden, dass die aktuell bestehenden Schwingkomfortbewertungsverfahren im BOStrab-Bereich und sogar bei Vollbahnen im Bereich von bogenreichen Nahverkehrsstrecken lediglich teilweise und oft nur unzureichend angewendet werden können. Dies bedeutet, dass aktuell keine objektive Bewertung des Schwingkomforts in BOStrab-Fahrzeugen durchgeführt werden kann und darüber hinaus die durch eine dennoch praktizierte Anwendung der heute gültigen und etablierten Verfahren erzielten Ergebnisse zumindest teilweise nicht valide sein könnten. Es besteht somit ein großer Forschungsbedarf hinsichtlich einer neuen Bewertungsmethodik, speziell für den BOStrab-Bereich.

3.3 Methodischer Lösungsansatz

Kernziel der vorliegenden Arbeit ist es, eine neue Bewertungsmethodik zu entwickeln, die auf Basis auf dem Fußboden gemessener Wagenkastenbeschleunigungen und daraus abgeleiteten Merkmalen den durchschnittlichen Schwingkomfort der Fahrgäste so genau wie möglich vorherzusagen vermag. Zusätzlich soll die neue Bewertungsmethodik in der Praxis auf einfache Art und Weise anwendbar sein. Ebenso wird der neue Ansatz speziell auf die im BOStrab-Bereich vorherrschenden Betriebesbedigungen ausgerichtet. Hierzu soll der Straßen- und Stadtbahnbetrieb ausführlich charakterisiert werden, um in repräsentativen Versuchsfahrten Subjektivurteile bzgl. der von den Passagieren wahrgenommenen Schwingungen durch Befragung zu sammeln. Während dieser Versuche sollen die Subjektivurteile und die auf die Befragten wirkenden Schwingungen parallel zueinander erfasst und zeitlich synchronisiert werden.

Auf Basis der so gewonnenen Daten wird anschließend ein mathematischer Zusammenhang zwischen der subjektiven Wahrnehmung stehender und sitzender Fahrgäste und den objektiven, physikalisch messbaren Beschleunigungen hergestellt, siehe Kap. 2.4. Wie in Abschnitt 2.6.7 dargelegt, existieren seit Anfang der 2000er-Jahre bereits zahlreiche Anwendungsfälle von Algorithmen des Maschinellen Lernens im Bereich der Komfortvorhersage auf Basis von physikalischen Merkmalen. Da die Genauigkeit der Abbildung solch komplexer Vorgänge durch einfache Regressionsansätze bereits ausgeschöpft wurde, werden neben einer klassischen Multiplen Linearen Regression auch komplexere Algorithmen des Maschinellen Lernens untersucht sowie deren Potenzial für eine Anwendung in der Praxis beleuchtet.

Abschließend lassen sich auf Basis der umfangreichen Analyse des Straßen- und Stadtbahnbetriebes alle relevanten Betriebesbedingungen in Versuchsrandbedingungen verankern, sodass durch die Einbettung der mathematischen Bewertungsmethodik in einen Vorschlag für eine Gesamtbewertungsmethodik die Aussagekraft der neuen Schwingkomfortbewertungsmethode, für BOStrab-Fahrzeuge als Zielsystem, im Vergleich zum aktuellen Stand der Forschung und Technik maßgeblich gesteigert werden kann. Zusätzlich werden zwei Referenzstrecken zur dynamischen Schwingkomfortsimulation hergeleitet.

Zur methodischen Lösung der oben definierten Aufgabenstellung wird ein mehrstufiges Vorgehen angewandt, siehe Abb. 3.4. Zunächst erfolgt eine statistische Analyse und Charakterisierung des BOStrab-Betriebes durch Untersuchung der Betriebesbedingungen. Somit können betriebesseitige Schwingkomforteinflüsse identifiziert werden und die spätere Definition von Versuchsrandbedingungen passt zu dem Realbetrieb. Ferner werden Referenzstrecken für dynamische Mehrkörpersimulationen abgeleitet. Außerdem bildet die Kenntnis der Betriebeszustände für Straßen- und Stadtbahnen die Basis zur Planung repräsentativer Feldversuche. In mehreren Messfahrten werden Beschleunigungen und Subjektivurteile unter Realbedingungen erhoben. Die Datenvorverarbeitung beinhaltet die Analyse und Aggregation der Versuchsdaten für das anschließende Maschinelle Lernen (ML). Hier werden sowohl rudimentäre als auch komplexe ML-Algorithmen implementiert. Diese sollen die Subjektivurteile der Befragten so genau wie möglich vorhersagen. Abschließend erfolgt die Synthese der Teilresultate zu einem Vorschlag für eine Gesamtvorgehensweise zur Schwingkomfortbewertung in BOStrab-Fahrzeugen.

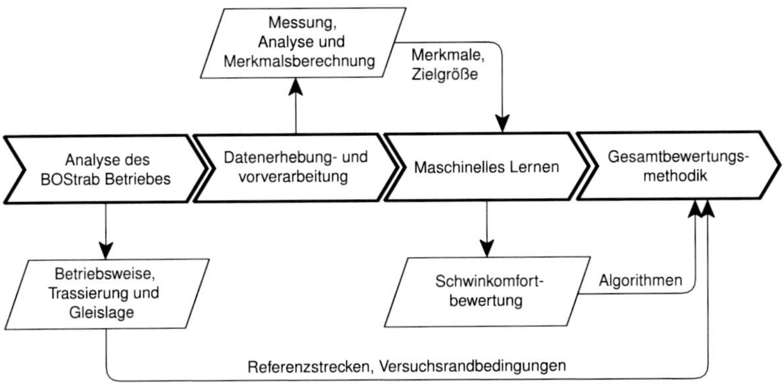

Abb. 3.4: *Teilprozesse zur methodischen Erarbeitung der Lösung*

4 Analyse des BOStrab-Betriebes

Geeignete Versuchsrandbedingungen müssen zum BOStrab-Betrieb passen. Durch die Analyse von repräsentativen Betriebeszuständen, die von der Gleislage, der Trassierung und weiteren Betriebsparameter abhängen, wird eine Grundlage hierzu erarbeitet, siehe Abb. 4.1.

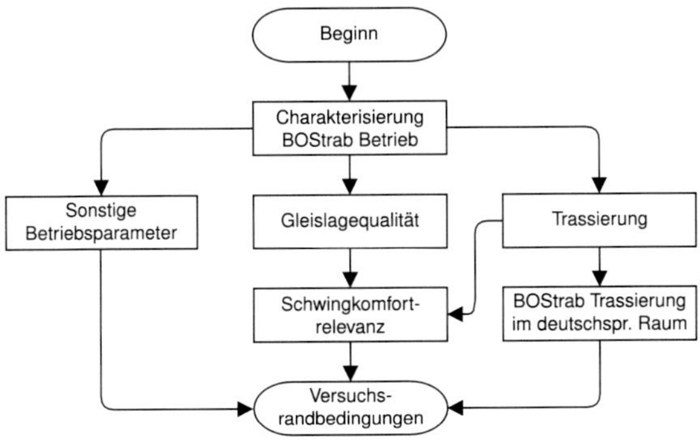

Abb. 4.1: *Teillösungsprozess zur Definition von Versuchsrandbedingungen*

Die Größenordnung der Fahrzeugschwingungen resultiert größtenteils aus der Fahrzeug-Fahrweg-Interaktion. Dabei ist die Schwingkomfortrelevanz von Gleislagequalität und Trassierung zu prüfen. Weniger relevante Einflussgrößen können ggf. bei der Definition der Versuchsrandbedingungen vernachlässigt werden. Eine statistische Analyse zur BOStrab-Trassierung im deutschsprachigen Raum liefert wichtige Erkenntnisse über die Verteilung von Bogenradien und Kombinationsmöglichkeiten von Trassierungselementen (z. B. S-Bogen) sowie eine dazu passende Parametrierung der Geometrie. Die Analysen weiterer Betriebesparameter wie z. B. verschiedener Streckentypen, Fahrgeschwindigkeitsprofile, Haltestellenabstände, Bremsvorgänge, etc. vervollständigen die Datenbasis. Durch die Zusammenführung der gewonnenen Erkenntnisse werden repräsentative Versuchsrandbedingungen definiert sowie Referenzstrecken zur simulativen Auslegung von Neufahrzeugen hergeleitet, um möglichst realistische Fahrszenarien abzudecken und vergleichende Analysen zu ermöglichen.

4.1 Trassierung

Dieses Kapitel befasst sich mit umfangreichen Untersuchung der Trassierung von BOStrab-Netzen auf Basis von offenem Kartenmaterial aus Open-Street-Map (OSM). Hieraus wird die Häufigkeitsverteilung der Bogenradien ausgewählter Städte aus Deutschland, Österreich und der Schweiz (DACH-Region) abgeschätzt. Eine Beschränkung auf die DACH-Region ist notwendig, da die Nahverkehrsinfrastruktur von bspw. nordamerikanischen Städten grundverschieden zu denen in Westeuropa ist [Ken02]. Es werden charakteristische Kombinationen von Trassierungselementen, z. B. S-Bögen und C-Bögen, klassifiziert und anhand statistischer Größen parametriert. Daraus werden abschließend repräsentative Fahrstrecken definiert, die in späteren Simulationsberechnungen des Schwingkomforts herangezogen werden können.

4.1.1 Verteilung der Bogenradien in BOStrab-Netzen der DACH-Region

Zur Herleitung von repräsentativen Referenzstrecken ist zunächst eine große Datenbasis erforderlich. Da die Trassierungspläne in jedem Verkehrsunternehmen in unterschiedlichen Dateiformaten und Detailgraden oder nicht digitalisiert vorliegen, können diese selten direkt genutz werden und sind nicht direkt verfügbar. Hier ist die Nutzung einer kostenlosen und frei verfügbaren Datenquelle von Vorteil. Auf Basis von Daten des Projektes Open-Street-Map [OSM18] wurde die Krümmung der vorliegenden Trassierung von kartierten Fahrstreckenabschnitten abgeschätzt. Dies wurde softwaretechnisch soweit automatisiert, dass eine Zählung der im jeweiligen Verkehrsnetz vorhandenen Krümmungen durchgeführt werden konnte. Auf Grundlage dieser Krümmungsdaten kann eine statistische Analyse der Verteilung der Bogenradien für einzelne Verkehrsunternehmen durchgeführt und eine allgemeine Aussage hinsichtlich der Trassierungscharakteristika von BOStrab-Betrieben getroffen werden.

Methodik der Datenbeschaffung und Analyse

Im Folgenden wird schrittweise die Methodik der Datenbeschaffung sowie der Ansatz zur Krümmungsberechnung beschrieben, siehe Abb. 4.2. Das Projekt Open-Street-Map ermöglicht eine einfache Beschaffung von Geodaten über eine sogenannte Anwendungsprogrammierschnittstelle API (engl. Application Programming Interface). Diese Schnittstelle bietet die Möglichkeit, die Fahrstrecken von Straßen- und Stadtbahnen herauszufiltern. OSM bildet die Daten in Form von Points (Punkten), Polylines (Polylinien) und Polygons (Polygonen) ab, die in geeigneter Form in die horizontale Krümmung umgerechnet werden müssen. Weiterhin müssen die Streckendaten ggf. bereinigt werden, bspw. bei der Überschneidung zweier Linien. Abschließend werden Wertepaare der horizontalen Krümmung und Wegstrecke bestimmt, die in einer Krümmungsdatenbank gespeichert werden.

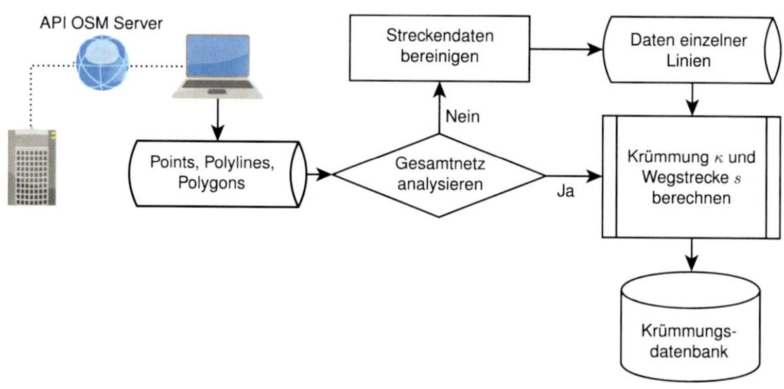

Abb. 4.2: *Methodik der Datenbeschaffung und Analyse zur Krümmungsauswertung mittels OSM*

Zur Krümmungsberechnung der Fahrstrecken ist die Betrachtung von Polylines, also einer Linienschar, ausreichend. Hierzu wurde eine Anwendung entwickelt, siehe Abb. 4.3. Die einzelnen Linienzüge werden innerhalb eines zu definierenden Planquadrates analysiert. Hierzu ist die Eingabe der Längen- und Breitengrade (1) der zwei Punkte P1 und P2 notwendig.

Das betrachtete Areal wird auf einer Karte dargestellt (2) und es können wahlweise Eisenbahn-, Straßenbahn-, Stadtbahn- oder U-Bahn-Linien (3) heruntergeladen werden. Dabei besteht die Möglichkeit, entweder ein gesamtes Netz oder verschiedene Linien einzeln zu analysieren. Soll nun eine bestimmte Linie näher untersucht werden, kann diese in einer Tabelle (4) zur anschließenden Krümmungsberechnung und Analyse ausgewählt werden.

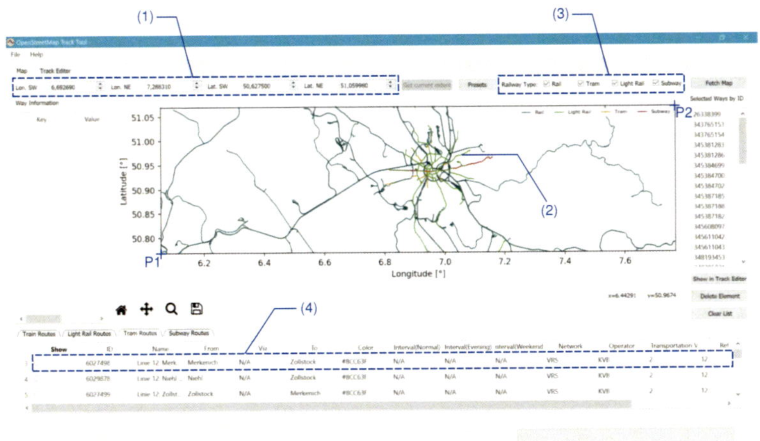

Abb. 4.3: *Grafische Benutzeroberfläche zur Auswahl einzelner Streckentypen und -abschnitte*

Im nächsten Schritt werden die Längen- und Breitengrade vom geodätischen Referenzsystem WGS 84[1] in kartesische Koordinaten umgerechnet. Der Grundriss der Fahrstrecke (1), siehe Abb. 4.4, wird so in die horizontale Krümmung (2) überführt.

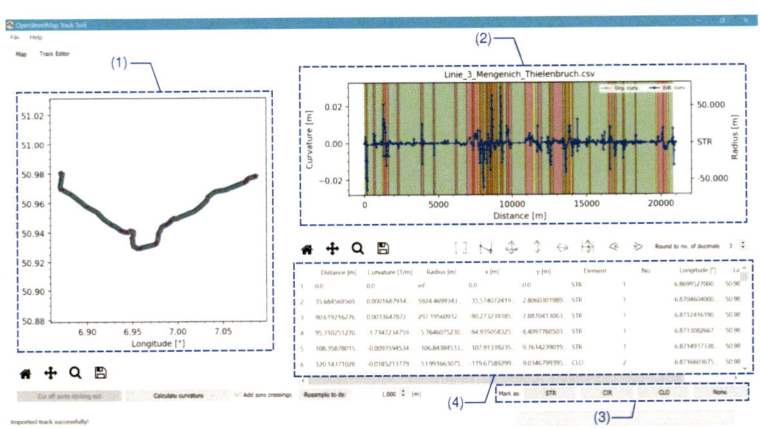

Abb. 4.4: *Grafische Benutzeroberfläche zur Klassifizierung einzelner Trassierungselemente*

[1] Abkürzung für World Geodetic System 1984.

Liegt nun das Krümmungsbild der Fahrstrecke vor (2), so kann eine Zusammenfassung der vorliegenden Krümmungsdaten zu den einzelnen Trassierungselementen wie Geraden (STR), Übergangsbogen (CLO) und Bogen (CIR) erfolgen (3). Diese werden in gruppierter Form tabellarisch festgehalten (4) und in (2) farbig hinterlegt. Somit ist die Grundlage geschaffen, die Fahrstrecke in Form einzelner Trassierungselemente endlicher Länge und geschätzter Krümmung auszudrücken. Auf Basis dieser Datengrundlage wird eine Datenbank der einzelnen Fahrstrecken verschiedener Verkehrsunternehmen angelegt. Somit sind weitere statistische Analysen zur Untersuchung des Fahrweges von BOStrab-Fahrzeugen möglich. Diese werden in den folgenden Kapiteln durchgeführt und die entsprechenden Ergebnisse präsentiert.

Methode der Krümmungsberechnung

Da keine aussagekräftigen Informationen bezüglich des Höhenprofils der Strecken vorliegen, wird in der vorliegenden Arbeit ausschließlich die horizontale Krümmung bestimmt und ausgewertet. Die Berechnung der Krümmungswerte auf Basis von kartesischen Koordinaten erfolgt durch die Betrachtung des Krümmungsmittelpunktes $p_{c,i}$ sowie p_i und zweier benachbarter Punkte p_{i+1} and p_{i-1}, siehe Abb. 4.5.

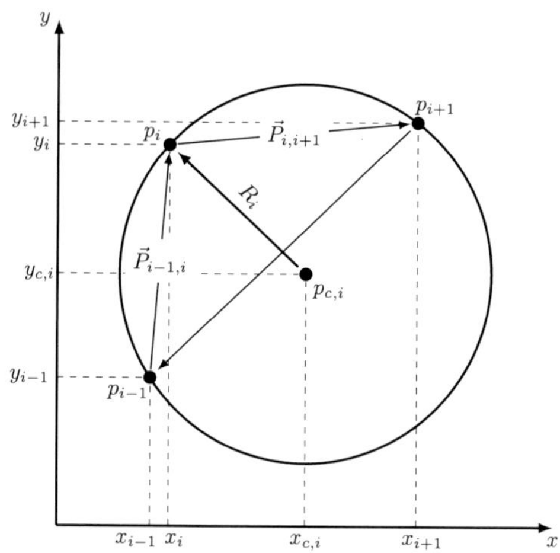

Abb. 4.5: *Berechnung der Krümmung eines Kreises über drei Punkte in Bezug auf den Kreismittelpunkt*

Die geoemtrischen Beziehungen des durch das Dreieck $\triangle p_{i-1}p_ip_{i+1}$ aufgespannten Krümmungskreises können zur Berechnung der Krümmung $\kappa_{c,i}$ des mittleren der drei Punkte herangezogen werden. Basierend auf dem Sinussatz kann der Betragswert der Krümmung $|\kappa_{c,i}|$, bezogen auf den Kreismittelpunkt, bestimmt werden [Lé99]:

$$|\kappa_{c,i}| = \frac{4A_\triangle}{|p_i - p_{i-1}||p_i - p_{i+1}||p_{i+1} - p_{i-1}|} \tag{4.1}$$

Dabei ist $A_\triangle$ der Flächeninhalt des aufgespannten Dreiecks $\triangle p_{i-1}p_ip_{i+1}$:

$$A_\triangle = \frac{1}{2}(x_{i-1}(y_i - y_{i+1}) + x_i(y_{i+1} - y_{i-1}) + x_{i+1}(y_{i-1} - y_i)) \tag{4.2}$$

Das Vorzeichen des Krümmungsvektors kann durch das Kreuzprodukt des Vektors $\vec{P}_{i-1,i}$, der von p_{i-1} nach p_i zeigt, und dem Vektor $\vec{P}_{i,i+1}$, der von p_i nach p_{i+1} zeigt, gebildet werden.

$$sgn(\kappa_{c,i}) = sgn(\vec{P}_{i-1,i} \times \vec{P}_{i,i+1}) \tag{4.3}$$

Durch Zuordnung von $sgn(\kappa_{c,i})$ zu $|\kappa_{c,i}|$ liegt nun die resultierende Krümmung des in Abb. 4.5 gezeigten Krümmungskreises, basierend auf drei Punkten, $\kappa_{c,i}$ vor:

$$\kappa_{c,i} = sgn(\kappa_{c,i}) \cdot |\kappa_{c,i}| \tag{4.4}$$

Diese soeben beschriebene Art der Krümmungsberechnung stellt keineswegs eine exakte Möglichkeit zur Berechnung der tatsächlichen Krümmung einer Fahrstrecke dar, sondern ist vielmehr eine Vorgehensweise, die es ermöglicht, diese in ausreichender Genauigkeit abzuschätzen. Die Exaktheit der Ergebnisse hängt letztlich von der Qualität und Auflösung der Geodaten ab. Für das im Rahmen dieser Arbeit verfolgte Ziel ist eine Abschätzung der Krümmungswerte jedoch ausreichend, da nicht der exakte Bogenradius, sondern vielmehr die statistische Einordnung jedes geschätzten Radius in vordefinierte Intervalle von Bedeutung ist. Ferner wird davon ausgegangen, dass die Genauigkeit der Abschätzung für starke Krümmungen hoch ist, für sehr kleine Krümmungswerte jedoch abnimmt. Im Rahmen von Voruntersuchungen wurden die Krümmungsdaten aus OSM mit Bestandsdaten eines Verkehrsunternehmens verglichen und im Bereich kleiner Bogenradien große Übereinstimmungen festgestellt. Die Werte weichen für kleine Krümmungen immer weiter von den Sollwerten ab, sodass alle Bogenradien $R > 1000\ m$ in der nachfolgenden Untersuchung als gerader Streckenabschnitt behandelt wurden. Zusätzlich wird angenommen, dass der Schwingkomfort maßgeblich durch das Befahren kleiner Bogenradien in Form von ruckartigen Beschleunigungsänderungen dominiert wird und Abschnitte mit kleiner Fahrwegkrümmung hauptsächlich durch fahrzeugintrinsische Eigenschaften, wie bspw. Schlingern, beeinflusst wird.

Untersuchte Infrastrukturen

Um möglichst allgemeingültige Aussagen zur BOStrab-Trassierung treffen zu können, wurden 19 verschiedene Streckennetze aus der DACH-Region zufällig ausgewählt und analysiert. Zunächst wurde die relative Häufigkeit P und Summenhäufigkeit $\sum P$ der Bogenradien untersucht, siehe Abb. 4.6. Die dargestellten Häufigkeitsverteilungen basieren auf einer Auflösung von $\Delta R = 1\ m$ Schritten und beziehen sich auf alle abgeschätzen Krümmungsdaten der 19 Verkehrsunternehmen. Es ist zu sehen, dass einige Infrastrukturen einen geringen Anteil an kleinen Bogenradien haben, andere jedoch signifikante Häufigkeiten, z. B. um $R = 25\ m$, aufweisen.

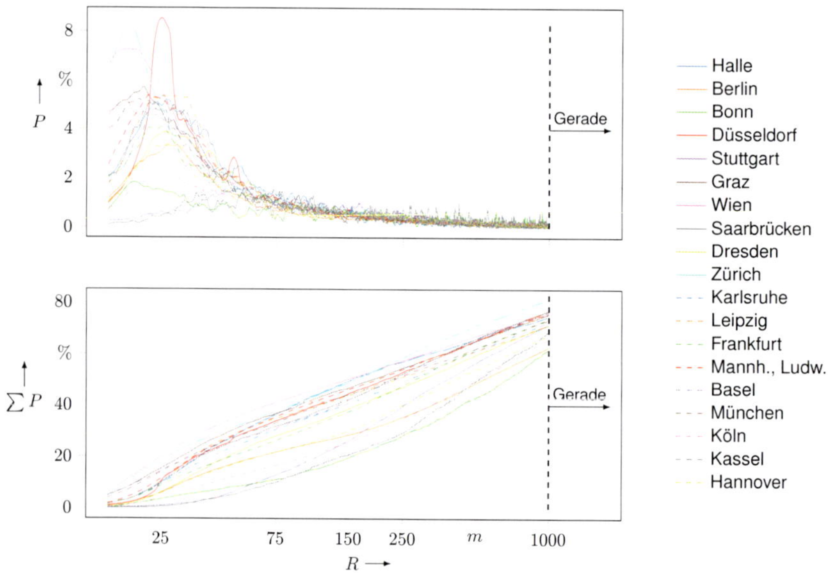

Abb. 4.6: *Relative Häufigkeit P (oben) und Summenhäufigkeit $\sum P$ (unten) der Bogenradien R aller untersuchten Infrastrukturen, Auflösung in $\Delta R = 1\ m$*

Durch Clusterung der Summenhäufigkeit ähnlicher Infrastrukturen lassen sich drei verschiedene Trassierungstypen (A bis C) identifizieren. Dabei ist wichtig, dass vor allem die für den Schwingkomfort maßgeblichen Radien zwischen $15 < R \leq 100\ m$ betrachtet werden, da in diesem Bereich der größte Einfluss zu erwarten ist.

Abb. 4.7 stellt die Einhüllenden und Mittelwerte der gefundenen Typen dar. Die Typen A und C unterscheiden sich gerade im Bereich der sehr kleinen Bogenradien eindeutig voneinander. Klasse A zeigt mit $\sum P(R \leq 25) \approx 16\ \%$ einen hohen Anteil kleiner Radien, während in C mit $\sum P(R \leq 25) \approx 4\ \%$ ein vergleichsweise sehr kleiner Anteil festzustellen ist. Die Klasse B überstreicht den Bereich dazwischen mit $\sum P(R \leq 25) \approx 9\ \%$.

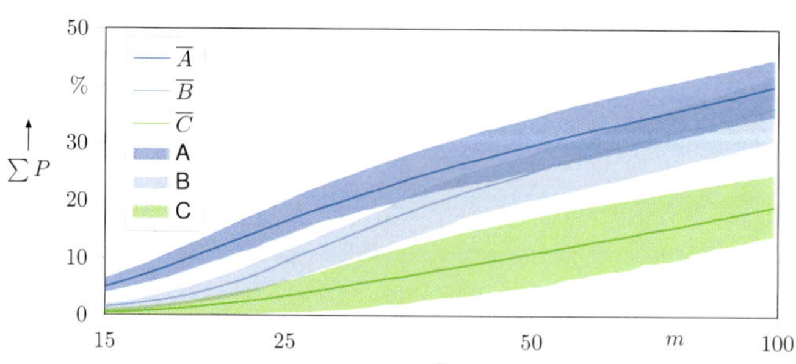

Abb. 4.7: *Drei identifizierte Typen von Infrastrukturen*

Darüber hinaus lässt sich die mittlere Fahrgeschwindigkeit jedes Netzes abschätzen, siehe Abb. 4.8, indem die mittlere, zulässige Bogeneinlaufgeschwindigkeit $\overline{v}_{zul}$ unter Vernachlässigung der Überhöhung $u_h = 0$ bestimmt wird. Durch Einsetzen der gewichteten arithmetischen Mittelwerte der Bogenradien nach Gl. (2.5) ergibt sich die mittlere, zulässige Fahrgeschwindigkeit:

$$\begin{aligned} a_q &= \frac{v^2}{R} - g \cdot \frac{\cancelto{0}{u_h}}{2b_0} \\ \overline{v}_{zul} &= \sqrt{a_{q,zul} \cdot \frac{\sum_{i=1} P_i \cdot R_i}{\sum_{i=1} P_i}} \quad \text{mit } a_{q,zul} = 0,65 \ \frac{m}{s^2} \end{aligned} \tag{4.5}$$

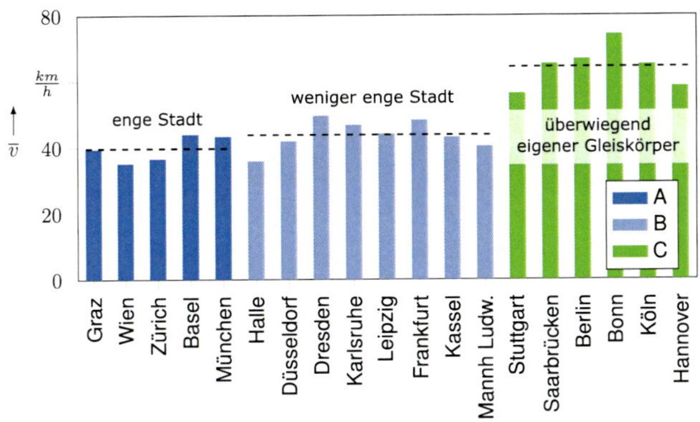

Abb. 4.8: *Mittlere Fahrgeschwindigkeit, Schätzung nach Gl. (2.5) unter Vernachlässigung der Überhöhung u*

Für jede der drei Klassen lässt sich eine mittlere Streckengeschwindigkeit auf Basis der relativen Häufigkeiten der Bogeneinlaufgeschwindigkeiten jeder klassenzugehörigen Strecke abschätzen. Für A beträgt diese $\overline{v} \approx 40 \ \frac{km}{h}$, für B ist diese nur geringfügig höher mit $\overline{v} \approx 44 \ \frac{km}{h}$ und für Streckenklasse C ist es $\overline{v} \approx 64 \ \frac{km}{h}$. Hinsichtlich der somit geschätzten Streckengeschwindigkeit unterscheiden sich die Typen A und B nur geringfügig, jedoch ist die Verteilung der Bogenradien im Bereich $R < 25 \ m$ signifikant unterschiedlich, sodass eine Einteilung in drei Klassen nach wie vor sinnvoll erscheint. Alle soeben berechneten statistischen Schätzgrößen lassen sich anhand der in Kap. 2 hergeleiteten Grundlagen einordnen. Die abgeschätzten mittleren Geschwindigkeiten sind im Vergleich zum Realbetrieb durchweg zu groß, da keine Anfahr- und Bremsvorgänge oder sonstige zeitlich verzögernde Einflüsse berücksichtigt wurden. Diese entsprechen aber der Größenordnung der im BOStrab-Bereich in der TRStrab festgelegten Entwurfsgeschwindigkeiten.

Die abgeschätzten mittleren Geschwindigkeiten und die Verteilung der Bogenradien der Klasse A passen eindeutig zu Straßenbahnnetzen, siehe Abb. 4.9, für die nach BOStrab-Trassierungsrichtlinie eine Entwurfsgeschwindigkeit von $50 \ \frac{km}{h}$ festgelegt ist. Klasse B liegt in etwa zwischen beiden anderen Klassen und lässt sich hauptsächlich anhand der Radienverteilung davon abgrenzen, siehe Abb. 4.10. Die für Klasse C vorgefundenen Gegebenheiten passen besser zu Stadtbahnbetrieben, siehe Abb. 4.11.

Aufgrund der großen, bis sehr großen Bogenradien lässt sich auf einen größeren Anteil an Überlandstrecken mit geraden Abschnitten oder großen Bogenradien schließen, dort sind auch höhere Fahrgeschwindigkeiten möglich. Die berechnete mittlere Fahrgeschwindigkeit stimmt sehr gut zu der nach BOStrab-Trassierungsrichtlinie vorgeschriebenen Entwurfsgeschwindigkeit von $70\ \frac{km}{h}$ für Stadtbahnen.

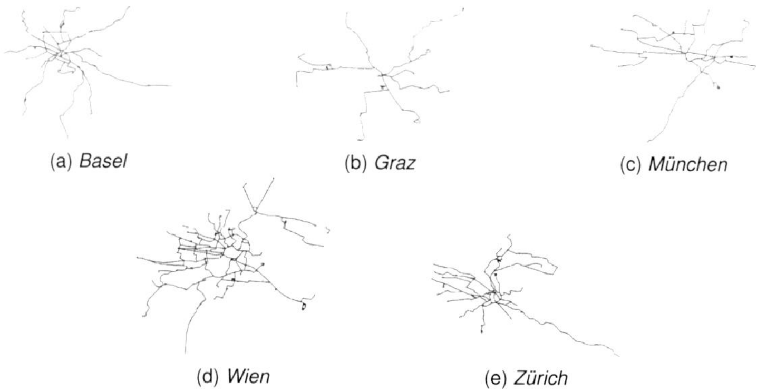

(a) *Basel* (b) *Graz* (c) *München*

(d) *Wien* (e) *Zürich*

Abb. 4.9: *Streckenkarten der Klassen A (Daten aus Open-Street-Map [OSM18])*

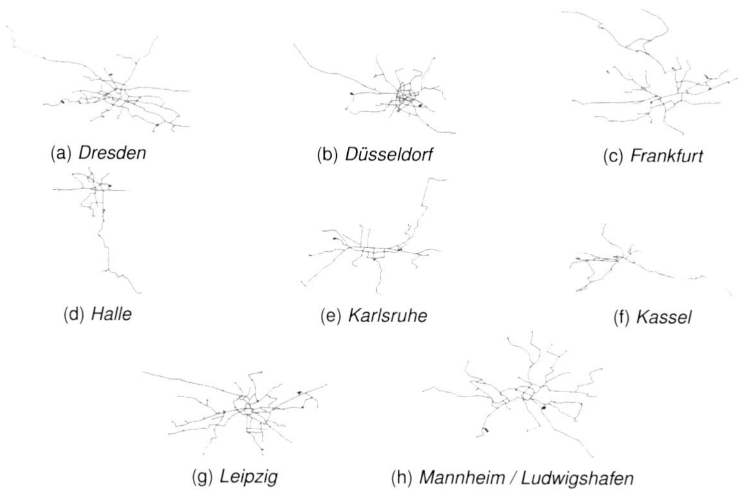

(a) *Dresden* (b) *Düsseldorf* (c) *Frankfurt*

(d) *Halle* (e) *Karlsruhe* (f) *Kassel*

(g) *Leipzig* (h) *Mannheim / Ludwigshafen*

Abb. 4.10: *Streckenkarten der Klassen B (Daten aus Open-Street-Map [OSM18])*

Die untersuchten Verkehrsinfrastrukturen unterscheiden sich im Detail stark voneinander, da die jeweilige urbane Infrastruktur und die damit verbundene Verkehrsplanung ganz eigene Anforderungen an die Streckenführung stellen. Einzelne Netze zeigen einen großen Anteil an engen Bogenradien, andere einen überwiegenden Anteil an großen Radien und geraden Streckenabschnitten.

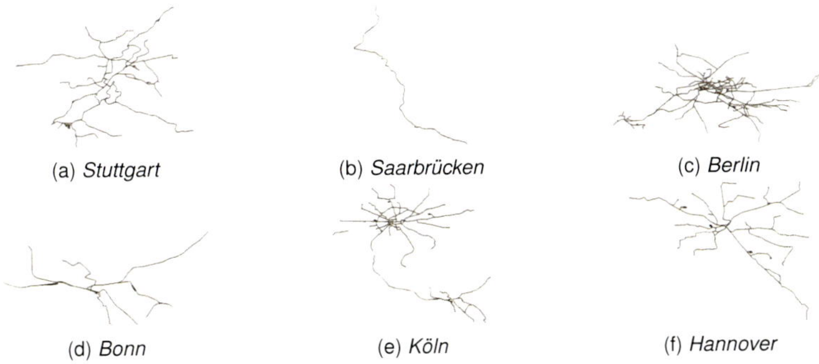

Abb. 4.11: *Streckenkarten der Klassen C (Daten aus Open-Street-Map [OSM18])*

Bzgl. der verwendeten Daten aus Open-Street-Map bleibt anzumerken, dass nicht alle Linien vollständig erfasst sind und somit kleine Abschnitte der Netze nicht berücksichtigt werden konnten. Es wird davon ausgegangen, dass der Anteil fehlender Streckenabschnitte so gering ist, dass die statistische Aussagekraft trotzdem gegeben ist.

Ergebnisdarstellung

Im Folgenden wird für jedes der 19 Verkehrsunternehmen die Verteilung der Bogenradien analysiert. Dabei werden insgesamt 12 Intervalle für Bogenradien gebildet und die relative Häufigkeit der darin vorkommenden Bögen je Verkehrsinfrastruktur berechnet, siehe Abb. 4.12.

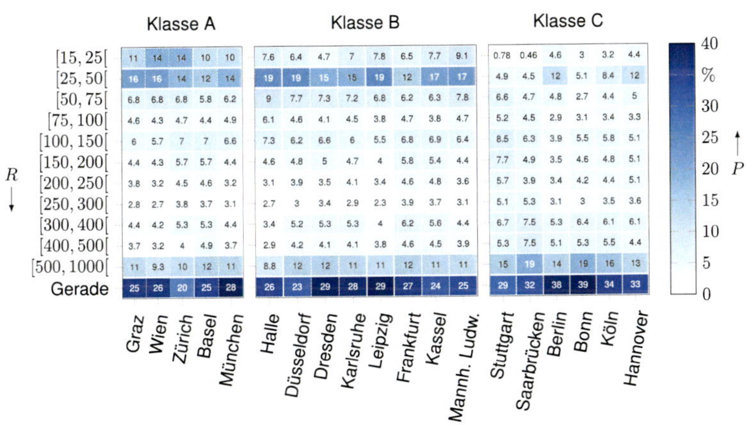

Abb. 4.12: *Matrixdarstellung der relativen Häufigkeiten der Klassen A-C*

Der Anteil sehr kleiner Radien ist vor allem in Netzen der Klasse A, z. B. Wien und Zürich, eindeutig sichtbar. In der Klasse B dominiert vor allem der Bereich $25 \leq R < 50\ m$. Städte mit einem hohen Anteil an Überlandstrecken, Klasse C, besitzen wenige Radien in diesem Intervall. Berlin besitzt bspw. ein sehr großes Netz, bei dem die eindeutige Zuordnung in die vorgestellten

Klassen nicht zutreffend ist. Es ist deutlich zu erkennen, dass der Innenstadtbereich dem Charakter von Klasse A oder B, die Verbindungsachsen die aus dem Stadtkern herauslaufen, jedoch den Gegebenheiten der Klasse C unterliegen.

4.1.2 Referenzfahrstrecken für Simulationsrechnungen

Damit das mathematische Bewertungsverfahren, das in Kap. 6 hergeleitet wird, in der Praxis anwendbar wird, werden reprästentative Versuchsrandbedingungen gesucht, die vor allem auf eine eindeutige Definition von Fahr- und Betriebesszenarien abzielen. Darunter fallen alle charakteristischen Betriebeszustände, die einen nachweislich negativen Einfluss auf den Schwingkomfort haben. Dies sind hauptsächlich Beschleunigungen und Rucke durch häufige Trassierungswechsel in Querrichtung sowie durch Anfahr- und Bremsbeschleunigungen infolge von Haltestellen, Ampeln oder etwaigen unvorhergesehenen Einzelereignissen in Längsrichtung. Zusätzlich haben charakteristische Abfolgen von Trassierungselementen wie z. B. S-Bögen (mit oder ohne Zwischengerade) oder das Vorliegen von Übergangsbögen einen großen Einfluss auf das fahrdynamische Verhalten eines Fahrzeugkonzeptes, dadurch auf die Größenordnung der auftretenden Schwingungen im Fahrgastraum und somit auf das Komfortniveau in diesem speziellen Fahrabschnitt. Da jedes Fahrzeugkonzept unterschiedlich auf diese Gegebenheiten reagiert, lässt sich keine allgemeingültige Aussage über den Einfluss einer Strecke auf den Schwingkomfort treffen. Somit ist es immer die spezifische Kombination aus Fahrzeug, Fahrweg und Betriebesbedingungen (Fahrgeschwindigkeit, Fahrer) die den Schwingkomfort bestimmt.

Algorithmus zur Detektion von Elementfolgen

Zielsetzung des folgenden Abschnittes ist die Bestimmung von charakteristischen Abfolgen einzelner Trassierungselemente, um darauf aufbauend Referenzfahrstrecken zu definieren. In Kap. 4.1.1 wurden die drei Streckentypen A, B und C erarbeitet. Um spezifische Abfolgen von Trassierungselementen detektieren zu können, wurde ein Klassifikationsalgorithmus erarbeitet. Anhand eines iterativen Prozesses und der Überprüfung einfacher mathematischer Bedingungen können verschiedene Dreierfolgen von einzelnen Trassierungselementen eindeutig detektiert werden. Das hierzu notwendige Vorgehen basiert auf der grundlegenden Annahme, dass bereits eindeutig klassifizierte einzelne Trassierungselemente die Ausgangs-Datenbasis zur Analyse von Kombinationsfolgen darstellen. Hierzu wurden Geraden (STR), Bögen (CIR) und Übergangsbögen (CLO) vorher händisch annotiert. Allerdings setzt der Algorithmus zur Folgen-Detektion anstelle von semantischen Klassen numerische Werte voraus. Diese besitzen keine physikalische Aussagekraft. Der Geraden wird ein Wert von 0 zugewiesen. Sie hat eine endliche Länge Δs und einen Radius von $R1 = \infty$, der über die gesamte Elementlänge konstant ist. Ein Übergangsbogen kann entweder ansteigend oder abfallend sein. Steigt dieser im Krümmungsbild an, so wird der Wert $+1$, für fallende Übergangsbögen -1, vergeben. Eine eindeutige Beschreibung eines Übergangsbogens erfordert drei Parameter: die Länge Δs und den Radius $R1$ von dem die Krümmung auf den Radius $R2$ wechselt. Ein Bogenabschnitt kann entweder in positive (rechts) oder negative (links) Richtung gekrümmt sein und erhält den Wert $+2$, respektive -2. Er ist eindeutig über die Elementlänge Δs und den konstanten Radius $R1$ beschreibbar.

Insgesamt werden 6 verschiedene Kombinationen von Trassierungselementen berücksichtigt, siehe Tab. 4.1. Den einfachsten Fall stellt ein Bogen ohne einen vorausgehenden oder nachfolgenden Übergangsbogen dar. Das erste Element $e1$ dieser Dreierfolge ist eine Gerade, $e2$ beschreibt den Bogen vollständig durch die Elementlänge Δs und den Radius $R1$. Das letzte Element $e3$ ist erneut eine Gerade mit der Krümmung $\kappa = 0$ bzw. $R1 = \infty$. Eine der relevantesten Elementfolgen ist der Bogen mit Übergangsbögen, Nr. 2, der aus den Elementen Übergangsbogen-Bogen-Übergangsbogen besteht. Ein Korbbogen, Nr. 3, kann entweder öffnend oder schließend ausgeprägt sein. Von einem geraden Abschnitt springt die Krümmung auf einen größeren Wert, im dritten Element erfolgt ein erneuter Krümmungssprung auf einen dazu verschiedenen Krümmungswert. Es handelt sich um einen sich öffnenden Korbbogen, falls $R(e3) < R(e2)$. Für den Fall $R(e3) > R(e2)$ liegt ein sich schließender Korbbogen vor. Ein S-Bogen, Nr. 4, geht von einer Einlaufgeraden sprunghaft auf einen positiven (negativen) Krümmungswert. Daran anschließend folgt für das dritte Element ein Vorzeichenwechsel und die Trassierung verläuft auf negativer (positiver) Krümmung weiter. Ähnlich hierzu ist ein S-Bogen mit Zwischengerade. Von einem positiven (negativen) Krümmungswert geht die Trassierung in eine Zwischengerade über. In die Analyse gehen nur gerade Zwischenabschnitte mit ein, die fahrdynamisch relevant sind. Die interessierende Elementlänge wird in dieser Arbeit auf das Intervall $10\ m < ds(e2) \leq 40\ m$ begrenzt. Das dritte darauf folgende Element ist ein Bogen negativer (positiver) Krümmung. Die letzte berücksichtigte Elementenfolge ist der C-Bogen. Dieser geht von einer positiven (negativen) über ein gerades Zwischenstück in einen positiven (negativen) und konstanten Krümmungsbereich über. Die Zwischengerade muss auch hier eine bestimmte Länge aufweisen, um fahrdynamisch relevant zu sein, vgl. Tab. 4.1.

Die eindeutige Detektion der charakteristischen Kombinationsmöglichkeiten von Einzelelementen der Trassierung lässt sich anhand eines iterativen Vorgehens vornehmen. Als Beispiel wird hierzu das in Abb. 4.13 gezeigte Krümmungsbild schrittweise durchlaufen. Dabei wird der Vektor η_e gebildet, der die gesamten numerischen Werte aller Einzelelemente im untersuchten Streckenabschnitt beinhaltet.

$$\eta_e = [+2, 0, +1, +2, -1, 0, -2, 0, +2, +2, -1] \tag{4.6}$$

Dieser wird nun von links nach rechts schrittweise durchlaufen, wobei immer die ersten drei Elemente des j-ten Teilelementenvektors $e(j)$ mit den Vergleichsvektoren e_n^+ in Tab. 4.1 abgeglichen werden. Die j-Iterationsschritte ergeben sich aus der Vektorlänge des momentanen Elementenvektors $N_e = 3$ und der gesamten Anzahl der Elemente des betrachteten Krümmungsbildes $N_{\eta_e} = 11$:

$$j = N_{\eta_e} - N_e - 1 = 11 - 3 - 1 = 7 \tag{4.7}$$

Somit kann für für sieben Iterationsschritte jeweils der Teilelementenvektor $e(j)$ abgeglichen werden. Nachdem die ersten beiden Iterationsschritte keine charakteristische Kombination zutage förderten, ergibt sich für den dritten Iterationsschritt $e(3) = [+1, +2, -1]$, was der Kombination Nr. 2 nach Tab. 4.1 und somit einem Übergangsbogen entspricht.

Tab. 4.1: *Übersicht der berücksichtigten Fälle für Dreielement-Folgen*

n	Elementenfolge	$e_n^+ = [e1, e2, e3]$	Bedingung
1	Bogen 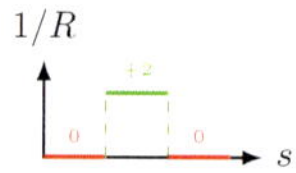	$[0, +2, 0]$	
2	Bogen mit Übergang 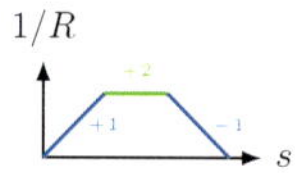	$[+1, +2, -1]$	
3	Korbbogen 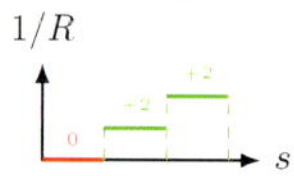	$[0, +2, +2]$	öffnend, wenn $R(e3) < R(e2)$ schließend, wenn $R(e3) > R(e2)$
4	S-Bogen 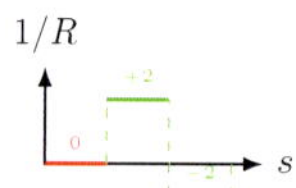	$[0, +2, -2]$	
5	S-Bogen (Zwischengerade) 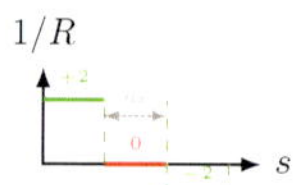	$[+2, 0, -2]$	$10\ m < \Delta s(e2) \leq 40\ m$
6	C-Bogen 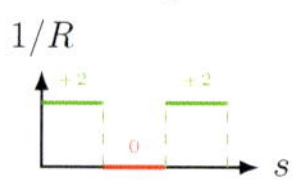	$[+2, 0, +2]$	$10\ m < \Delta s(e2) \leq 40\ m$

Besonders wichtig ist die Berücksichtigung der Gegebenheit, dass die Elementenfolgen nicht ausschließlich im positiven Quadranten liegen. D. h., dass immer eine gleichzeitige Abfrage stattfinden muss, ob die Teilelementenfolge $e(j)$ einem der vordefinierten Vergleichsvektoren e_n^+ oder deren negativem Abbild e_n^- entspricht:

$$e_n^- = e_n^+ \cdot (-1) \tag{4.8}$$

Im sechsten Iterationsschritt des obigen Beispiels ergibt sich:

$$e(6) = [0, -2, 0] \equiv e_1 \cdot (-1) = [0, +2, 0] \cdot (-1) \tag{4.9}$$

Demnach stimmt die Elementenfolge mit der eines Bogens negativer Krümmung überein.

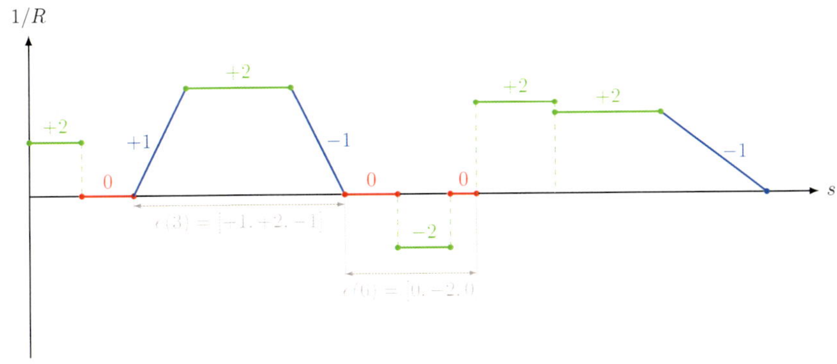

Abb. 4.13: *Beispiel der Anwendung des Algorithmus auf einen Krümmungsverlauf, bestehend aus Einzelelementen*

Durch die schrittweise Klassifikation von Dreielement-Folgen werden jedoch Einzelelemente mehrfach berücksichtigt. Im obigen Beispiel folgt auf den Bogen $e(6)$ im nächsten Iterationsschritt ein S-Bogen mit Zwischengerade und der darin befindliche Anfangsbogen wird erneut erfasst. Die Aussagekraft der Ergebnisse wird davon nicht beeinträchtigt. Vielmehr ist aus fahrdynamischer Sicht relevant, welche Trassierungselemente ein BOStrab-Fahrzeug in welcher relativen Häufigkeit, abhängig von der jeweiligen Streckenklasse, befährt. Auf der nun bestehenden Grundlage können valide Referenzstrecken definiert werden, die den realen Gegebenheiten möglichst nahekommen.

Auswertung der repräsentativen Fahrstrecken

Für jede der drei in Kap. 4.1.1 identifizierten Netztypen wird nun eine der 19 Infrastrukturen als repräsentatives Verkehrsnetz ausgewählt und im weiteren Verlauf detailliert ausgewertet. Dabei sollen charakteristische Kombinationen von Trassierungselementen anhand des eben vorgestellten Algorithmus zur Dreielement-Klassifikation statistisch ausgewertet werden. Aus Klasse A entspricht die Infrastruktur Graz am ehesten dem Mittelwert $\overline{A}$, siehe Abb. 4.14. In Klasse B lässt sich Kassel als geeigneter Kandidat für repräsentative Folgeuntersuchungen festlegen, in Klasse C wurde eine sehr gute Übereinstimmung des Netzes Köln mit dem Mittelwert $\overline{C}$ gefunden. Für jedes der repräsentativen Verkehrsunternehmen wurden die gefundenen Elementfolgen jeweils statistisch in Form von Mittelwerten, Standardabweichungen, Minimal- und Maximalwerten sowie unterschiedlicher Perzentile untersucht. In Graz wurden die Linien 1, $3 \dots 7$, 13 und 26 mit einer gesamten Streckenlänge von $s_{ges} = 60,2\ km$ analysiert. Das längste der untersuchten Netze ist Kassel mit $s_{ges} = 117,6\ km$. Hier wurden die Linien $1 \dots 8$ detailliert untersucht. In Köln wurden aufgrund ihres Stadtbahncharkters ausschließlich die Linien 1 und 3 mit einer Gesamtlänge von $s_{ges} = 47,0\ km$ untersucht.

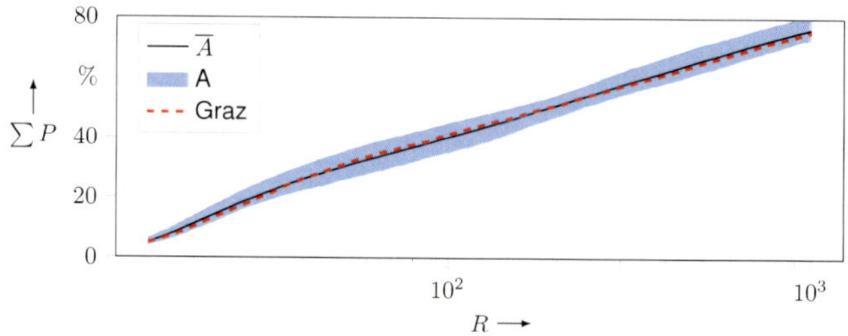

(a) *Verkehrsnetz Graz als repräsentatives Beispiel der Klasse A*

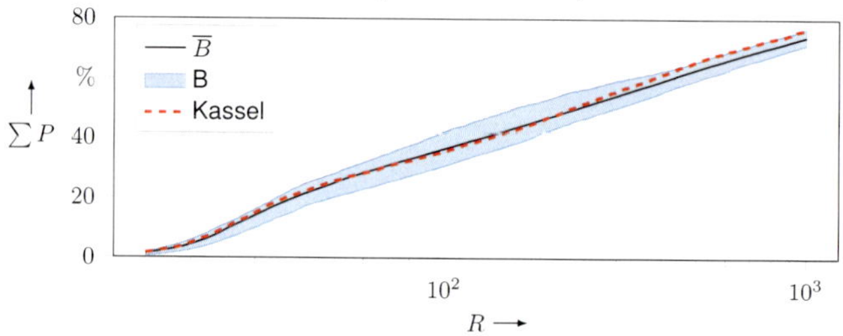

(b) *Verkehrsnetz Kassel als repräsentatives Beispiel der Klasse B*

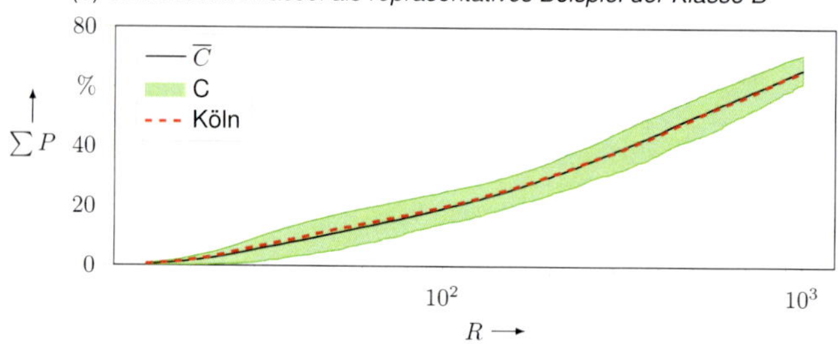

(c) *Verkehrsnetz Köln als repräsentatives Beispiel der Klasse C*

Abb. 4.14: *Vergleich der gewählten Verkehrsnetze mit dem Mittelwert der jeweiligen Klasse*

Am häufigsten wurden Bögen mit Übergängen und einfache Bögen ohne Übergang identifiziert, siehe Tab. 4.2 und Tab. 4.3. In Graz (A) machen Bögen $31\ \%$ und Bögen mit Übergängen $63\ \%$ der detektierten Dreielement-Folgen aus. In Kassel (B) sind nahezu ausschließlich Bögen mit Übergängen erfasst worden, diese machen mit $90\ \%$ den überwiegenden Anteil aus. $6\ \%$ der Kombinationen können Bögen ohne Übergang zugeordnet werden. In Köln (C) wurden $88\ \%$ Bögen mit Übergang und $12\ \%$ Bögen ohne Übergang detektiert.

Komplexe Kombinationsmöglichkeiten wie z. B. S-Bögen wurden in der Kategorie C nicht gefunden, siehe Tab. 4.4. Aufgrund der abnehmenden Genauigkeit der Krümmungsberechnung auf Basis von OSM-Daten im Bereich großer Bogenradien besteht dennoch die Möglichkeit, dass S-Bögen mit sehr großen Bogenradien in der Realität vorliegen, die durch den Algorithmus der Krümmungsberechnung allerdings als Gerade identifiziert wurden.

Tab. 4.2: *Ergebnisse der Dreielement-Klassifikation aller Klassen A-C für das Trassierungselement Bogen*

		Bogen								
		A			B			C		
		e1	e2	e3	e1	e2	e3	e1	e2	e3
		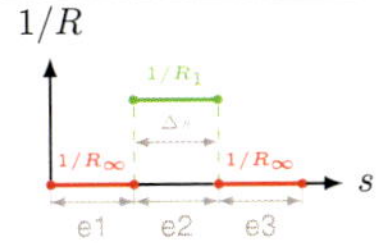								
$R1$	N		71			21			7	
	$\overline{R1}$	∞	267	∞	∞	575	∞	∞	459	∞
	σ_{R1}		206			266			271	
	min	∞	17	∞	∞	35	∞	∞	98	∞
	P_{25}	∞	153	∞		425		∞	309	∞
	P_{50}		207			502			395	
	P_{75}	∞	310	∞		815		∞	614	∞
	max	∞	996	∞	∞	963	∞	∞	871	∞
$R2$	N									
	$\overline{R2}$									
	σ_{R2}									
	min									
	P_{25}									
	P_{50}									
	P_{75}									
	max									
Δs	N		71			21			7	
	$\overline{\Delta s}$	166	30	211	318	59	194	443	128	1223
	$\sigma_{\Delta s}$	184	14	245	332	38	170	422	74	1457
	min	3	4	3	17	19	6	21	34	77
	P_{25}	59	18	73	59	32	53	163	72	374
	P_{50}	107	30	138	276	46	158	250	122	588
	P_{75}	192	37	236	540	72	345	637	183	1427
	max	922	65	1144	1103	171	541	1227	231	4296

Daneben wurden weitaus komplexere Trassierungen in den Kategorien A und B gefunden, siehe Tab. 4.5. Beide zeigen einen geringen Anteil an C-Bögen von lediglich $1\ \%$ bezogen auf die Gesamtdaten. Korbbögen (öffnend und schließend) mit einem Anteil von $1\ \%$ wurden lediglich in Graz (A) gefunden. Vor allem in Kategorie A ist der Anteil an S-Bögen mit $4\ \%$ vergleichsweise groß, in Kassel (B) machen diese insgesamt $2\ \%$ aus, in Kategorie C wurden keine solchen Kombinationsmöglichkeiten gefunden. Lediglich in Kassel (B) wurden 2 S-Bögen mit Zwischengeraden detektiert, dies entspricht einem ebenfalls kleinen Anteil von $1\ \%$. Die Relevanz der komplexen Dreielement-Kombinationen C-Bogen, Korbbogen, S-Bogen und S-Bogen mit Zwischengerade ist aus fahrdynamischer Sicht weitaus größer als die von Bögen mit Übergangsbereichen. Diese Gegebenheiten stellen eine harte Randbedingung für die kinematische Auslegung der Fahrzeuge dar und beeinflussen den Schwingkomfort während der Durchfahrt maßgeblich.

Tab. 4.3: *Ergebnisse der Dreielement-Klassifikation aller Klassen A-C für die Kombination Bogen-Übergangsbogen*

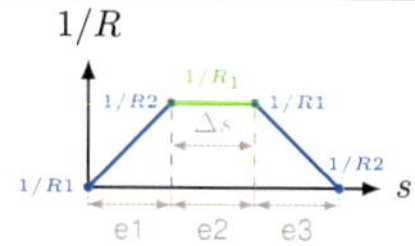

		Bogen-ÜB								
		A			B			C		
		e1	e2	e3	e1	e2	e3	e1	e2	e3
$R1$	N		146			335			53	
	$\overline{R1}$	∞	101	101	∞	248	248	∞	321	321
	σ_{R1}		122	122		226	226		238	238
	min	83	11	11	102	11	11	895	35	35
	P_{25}	∞	29	29	∞	58	58		144	144
	P_{50}	∞	51	51		163	163		251	251
	P_{75}	∞	118	118	∞	411	411		431	431
	max	∞	707	707	∞	980	980	∞	999	999
$R2$	N	146	0	146	335	0	335	53		53
	$\overline{R2}$	101		∞	248		∞	321		∞
	σ_{R2}	122			226			238		
	min	11		14	11		40	35		279
	P_{25}	29		∞	58		∞	144		
	P_{50}	51		∞	163			251		
	P_{75}	118		∞	411		∞	431		
	max	707		∞	980		∞	999		∞
Δs	N		146			335			53	
	$\overline{\Delta s}$	12	40	13	26	63	26	43	104	44
	$\sigma_{\Delta s}$	9	31	9	24	75	21	36	101	34
	min	1	4	1	0	5	1	2	12	3
	P_{25}	6	22	7	9	20	9	22	36	24
	P_{50}	10	32	11	20	35	21	34	72	34
	P_{75}	16	47	17	32	78	36	50	121	56
	max	49	202	46	168	555	129	186	468	195

Für Bögen mit Übergang ist der Schwingkomforteinfluss um mehrere Größenordnungen vergleichsweise geringer, sofern die Übergangsbögen ausreichend lang gestaltet sind und dadurch die Querbeschleunigung bei der Bogeneinfahrt allmählich ansteigen.

Tab. 4.4: *Ergebnisse der Dreielement-Klassifikation aller Klassen A-C für die Kombination S-Bogen*

		S-Bogen						S-Bogen-ZG		
		A			B			B		
		e1	e2	e3	e1	e2	e3	e1	e2	e3
		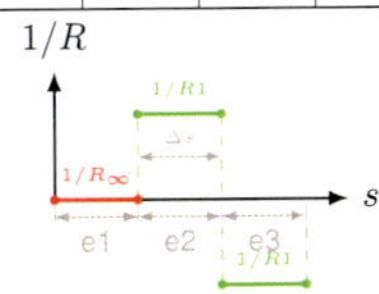						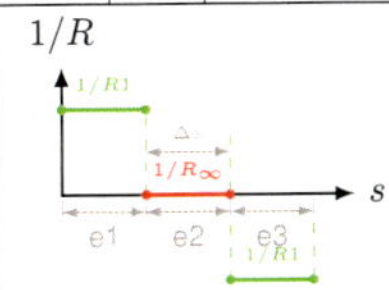		
$R1$	N		9			9			2	
	$\overline{R1}$	∞	225	313	∞	412	413	369	∞	295
	σ_{R1}		218	153		197	256	170		332
	min	∞	38	81	∞	63	175	249	∞	60
	P_{25}		94	205		384	239	309	∞	177
	P_{50}		191	322		409	348	369	∞	295
	P_{75}		234	432		481	380	429	∞	413
	max	∞	757	541	∞	677	949	489	∞	530
$R2$	N									
	$\overline{R2}$									
	σ_{R2}									
	min									
	P_{25}									
	P_{50}									
	P_{75}									
	max									
Δs	N		9			9			2	
	$\overline{\Delta s}$	75	23	33	216	24	25	28	28	42
	$\sigma_{\Delta s}$	60	13	26	267	15	19	33	21	53
	min	3	7	8	9	9	10	5	12	5
	P_{25}	44	13	16	18	13	14	17	20	24
	P_{50}	57	23	23	109	21	17	28	28	42
	P_{75}	67	35	42	350	29	30	40	35	61
	max	177	42	87	741	53	71	51	43	79

Tab. 4.5: *Ergebnisse der Dreielement-Klassifikation aller Klassen A-C für die Kombinationen C- und Korbbogen*

		C-Bogen						Korbbogen-schließend			Korbbogen-öffnend		
		A			B			A					
		e1	e2	e3	e1	e2	e3	e1	e2	e3	e1	e2	e3
		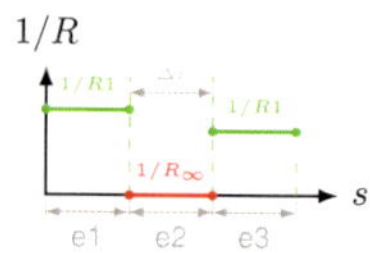						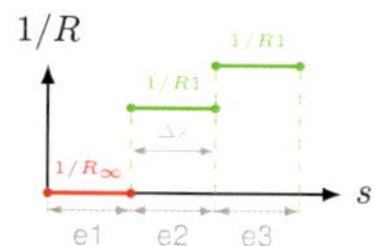			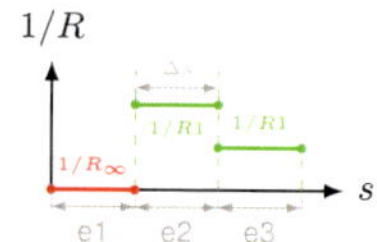		
$R1$	N		1			3			3			3	
	$\overline{R1}$	134	∞	86	297	∞	171	∞	442	372	∞	267	367
	σ_{R1}				332		171		253	195		147	244
	min	134	∞	86	55	∞	33	∞	170	169	∞	176	90
	P_{25}	134		86	108	∞	75	∞	328	279	∞	183	275
	P_{50}	134		86	161		118		486	388		189	460
	P_{75}	134		86	419	∞	240	∞	578	474	∞	313	506
	max	134	∞	86	676	∞	362	∞	671	559	∞	437	552
$R2$	N												
	$\overline{R2}$												
	σ_{R2}												
	min												
	P_{25}												
	P_{50}												
	P_{75}												
	max												
Δs	N		1			3			3			3	
	$\overline{\Delta s}$	29	32	27	17	32	24	95	36	57	119	34	29
	$\sigma_{\Delta s}$				5	4	16	72	24	36	145	10	17
	min	29	32	27	14	29	14	16	14	25	27	27	9
	P_{25}	29	32	27	14	29	15	64	23	37	35	28	23
	P_{50}	29	32	27	14	30	16	112	32	49	44	30	38
	P_{75}	29	32	27	18	33	29	135	47	73	165	37	39
	max	29	32	27	23	36	42	158	61	96	286	45	40

4.2 Betriebsbedingungen

Im folgenden Abschnitt wird auf die streckenspezifischen Betriebsbedingungen eingegangen. Um die tatsächlich vorliegenden Realbedingungen zu erfassen, wurden im Streckennetz der Rhein-Neckar-Verkehrsbetriebe (RNV) in Mannheim, Ludwigshafen und Umgebung fahrdynamische Messungen durchgeführt, da dort Streckenabschnitte sowohl in der Innenstadt als auch auf Überlandstrecken Bestandteil der ausgedehnten Infrastruktur sind. Dies ermöglicht einen beispielhaften Vergleich von innerstädtischen mit Überlandstrecken. Abb. 4.15 zeigt beide Exemplarstrecken, sowie die gesamte Infrastruktur der RNV.

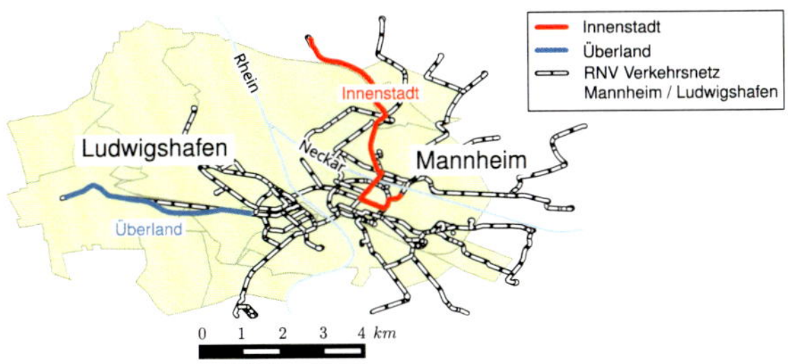

Abb. 4.15: *Gesamtübersicht der Verkehrsinfrastruktur; Innenstadt- und Überlandstrecke (Daten aus OSM [OSM18])*

In Tab. 4.6 sind verschiedene Kriterien aufgeführt, anhand derer beide Strecken hinsichtlich der Betriebesbedingungen charakterisiert werden. Insgesamt wurden $s_{ges} = 5,1\ km$ über $t_{ges} = 677\ s$ auf der Überlandstrecke und $s_{ges} = 8,8\ km$ über $t_{ges} = 1738\ s$ auf der Innenstadtstrecke zurückgelegt. Die max. gemessene Fahrgeschwindigkeit ist auf der Überlandstrecke etwas höher, $v_{max} \approx 58\ km/h$. Auf der innerstädtischen Strecke werden $v_{max} \approx 48\ km/h$ nicht überschritten. In Summe wurde auf der Überlandstrecke sechsmal und in der Innenstadt neunzehnmal an einer Haltestelle angehalten. Die gesamte Anzahl an Stops entspricht der Haltestellenanzahl für die Überlandstrecke. Auf der innerstädtischen Linie wurden insgesamt 23 Stopps erfasst. Die über die Haltestellen hinausgehenden 4 Bremsvorgänge sind auf andere Verkehrsteilnehmer oder Ampeln zurückzuführen, da hier nicht auf eigenem Gleiskörper gefahren wurde. Eine objektive Charakterisierung der Längsdynamik auf der jeweiligen Strecke kann durch den Bezug aller Halte auf den gefahrenen Weg erfolgen. Dadurch ergibt sich die durchschnittliche Anzahl an Stopps pro Kilometer Fahrstrecke. Auf der Überlandstrecke wurden $1,1\ Stopps/km$ festgestellt, in der Innenstadt sind mehr als doppelt so viele beobachtet worden, durchschnittlich $2,6\ Stopps/km$. Dies liegt u. a. an den kürzeren Haltestellenabständen im innerstädtischen Bereich. [Bet16]

Eine weitere Charakterisierung der unterschiedlichen Fahrstrecken kann anhand der prozentualen Verteilung von Bogenradien geschehen. Diese sind in Abb. 4.16 für beide Fahrstrecken nebeneinander aufgetragen. Hierbei ist zu beachten, dass das Intervall von $15\ m < R \leq 25\ m$ vernachlässigt wurde. Aufgrund nur weniger Bögen in diesem Intervall konnte keine statistisch verlässliche Aussage gemacht werden. Wie erwartet, sind im Bereich der Innenstadt kleinere Bogenradien vorzufinden als auf einer Überlandstrecke, in der nur im Übergangsbereich zur Innenstadt allmählich kleinere Radien vorzufinden sind.

Die Überlandstrecke hat eine höhere Verteilung an Bögen mit für Straßenbahnen vergleichsweise großen Radien, mehr als $50\ \%$ der Bögen zeigen Werte von $R > 100\ m$. Die untersuchten BOStrab-Fahrzeuge vollziehen auf Überland- und Innenstadtstrecken 9, respektive $10,5$ Mal pro Kilometer einen Trassierungswechsel. [Bet16]

Tab. 4.6: *Messgrößen und Unterscheidungsmerkmale der Streckentypen, [Bet16]*

Beschreibung	Ergebnis/Streckentyp	Einheit
Gesamte Distanz	5.1 8.8	km
Dauer der Messung	677 1738	s
Max. Fahrgeschwindigkeit	58.1 47.7	$\frac{km}{h}$
Anzahl der Haltestellen	1.2 2.2	$\frac{1}{km}$
Durchschnittlicher Haltestellenabstand	850 380	m
Gesamte Anzahl der Stopps	6 23	–
Anzahl der Stopps pro km	1.1 2.6	$\frac{1}{km}$
Anzahl der Trassierungswechsel pro km	10.5 9.0	$\frac{1}{km}$

Überland — Innenstadt

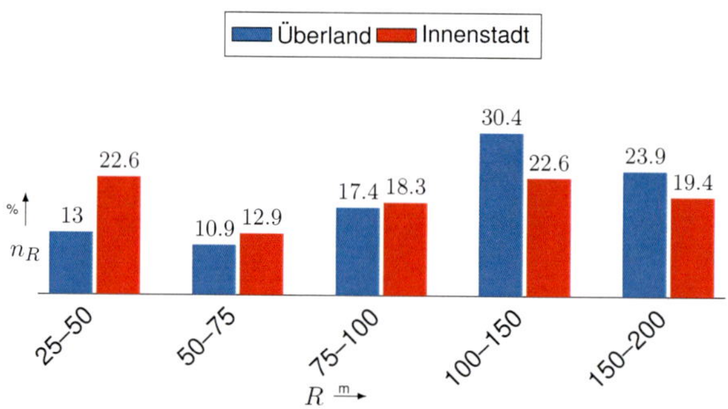

Abb. 4.16: *Prozentuale Verteilung der Bogenradien beider Streckentypen, [Bet16]*

Die stichprobenartige Auswertung zweier Messfahrten im Netz der Rhein-Neckar-Verkehrsbetriebe zeigt, dass die Fahrt in Straßen- und Stadtbahnen zahlreichen Änderungen des Bewegungszustandes, z. B. durch Haltestellen oder Trassierungswechsel, unterworfen ist. Eine Schwingkomfortbewertung anhand des Stands der Forschung und Technik unter Anwendung der Methode zur Bestimmung des kontinuierlichen oder mittleren Komforts nach EN 12299 ist somit nicht möglich, ohne die Grundannahme einer quasi-stationären Fahrt zu verletzen. Zur Anwendung des mittleren Komforts wird eine $300\ s$ lange quasi-stationäre Fahrt ($v = const.$) gefordert. Einige der Inkompatibilitäten die sich bei der Anwendung der bestehenden Schwingkomfortbewertungsverfahren auftun, siehe Kap. 3, werden durch die hier gezeigten Ergebnisse bestätigt.

4.3 Gleislage

Die Gleislage im Straßen- und Stadtbahnbereich ist bis jetzt wenig erforscht. Aus diesem Grund existieren nur wenige Publikationen, die detaillierte Informationen zur Gleislagequalität angeben. Eine allgemeingültige Aussage bezüglich der im BOStrab-Bereich typischen Gleislagequalität ist nicht der Schwerpunkt der vorliegenden Arbeit. Allerdings soll eine Einschätzung hinsichtlich möglicher Gleislagespektren für Fahrzeugsimulationen gegeben werden. Aufgrund der kleinen Bogenradien sowie mangels ausreichend langer Geraden sind große Wellenlängen der Gleislagestörungen hier nicht relevant. Mit der maximalen Fahrgeschwindigkeit von $v = 80\ km/h$ und der unteren Grenzfrequenz von $f = 0,4\ Hz$ ergibt sich die maximal relevante Wellenlänge λ_{max}:

$$\lambda_{max} = \frac{22,2\ m/s}{0,4\ Hz} = 55,55\ m \tag{4.10}$$

In dieser Arbeit wird davon ausgegangen, dass die Gleislage in den meisten Fällen nicht hauptverantwortlich für große Beschleunigungsamplituden ist. Trotzdem sind Gleislagestörungen fahrdynamisch nicht vernachlässigbar und müssen als potenzielle Einflussgröße auf den Schwingkomfort berücksichtigt werden. Somit wird für die in Kap. 4.4 definierten Referenzstrecken auf Basis bekannter Referenzspektren, hier am Beispiel von FREDERICH [Fre84], eine Gleislagequalität festgelegt. Hierzu werden weder sehr gute, noch sehr schlechte Qualitäten ausgewählt. Obwohl es keine Publikationen gibt, die eine Nutzung der hier definierten Gleiszustände bestätigen, sind die nachfolgend dargestellten Leistungsdichtespektren verbreitet. Aus diesem Grund wird für zukünftige Simulationsrechnungen anhand der Referenzstrecken die Berücksichtigung einer mittelschlechten sowie mittelguten Gleislagequalität, analog zu SCHWICKERT [Schw15], festgelegt, siehe Abb. 4.17. Als mögliche Richtwerte für die mittelgute und mittelschlechte Gleislage wurden die Koeffizienten der kubischen Hyperbelfunktion durch Anspassen der Kurve derart ermittelt, sodass die sich daraus ergebende spektrale Leistungsdichte jeweils exakt zwischen der mittleren und guten bzw. schlechten Gleislage eines jeden Gleislagefehlers liegen, siehe Tab. 4.7.

Tab. 4.7: *Koeffizienten der mittelguten und mittelschlechten Gleislage nach* SCHWICKERT *[Schw15] in Anlehnung an* FREDERICH *[Fre84]*

Gleislagefehler	Gleiszustand	Unebenheit a $\left[\frac{mm^2}{m^2}\right]$	Welligkeit b $\left[\frac{1}{m}\right]$
Längshöhenlagefehler Δh	Mittelgut	$1,56 \cdot 10^{-3}$	$1,77 \cdot 10^{-2}$
	Mittelschlecht	$1,11 \cdot 10^{-1}$	$4,76 \cdot 10^{-2}$
Richtungslagefehler Δu	Mittelgut	$2,94 \cdot 10^{-3}$	$2,02 \cdot 10^{-2}$
	Mittelschlecht	$6,04 \cdot 10^{-2}$	$2,82 \cdot 10^{-2}$
Querhöhenlagefehler $\Delta\phi$	Mittelgut	$9,98 \cdot 10^{-11}$	$3,90 \cdot 10^{-3}$
	Mittelschlecht	$8,17 \cdot 10^{-9}$	$1,02 \cdot 10^{-2}$
Spurweitenfehler Δs	Mittelgut	$2,42 \cdot 10^{-2}$	$6,57 \cdot 10^{-2}$
	Mittelschlecht	$8,73 \cdot 10^{-2}$	$1,02 \cdot 10^{-1}$

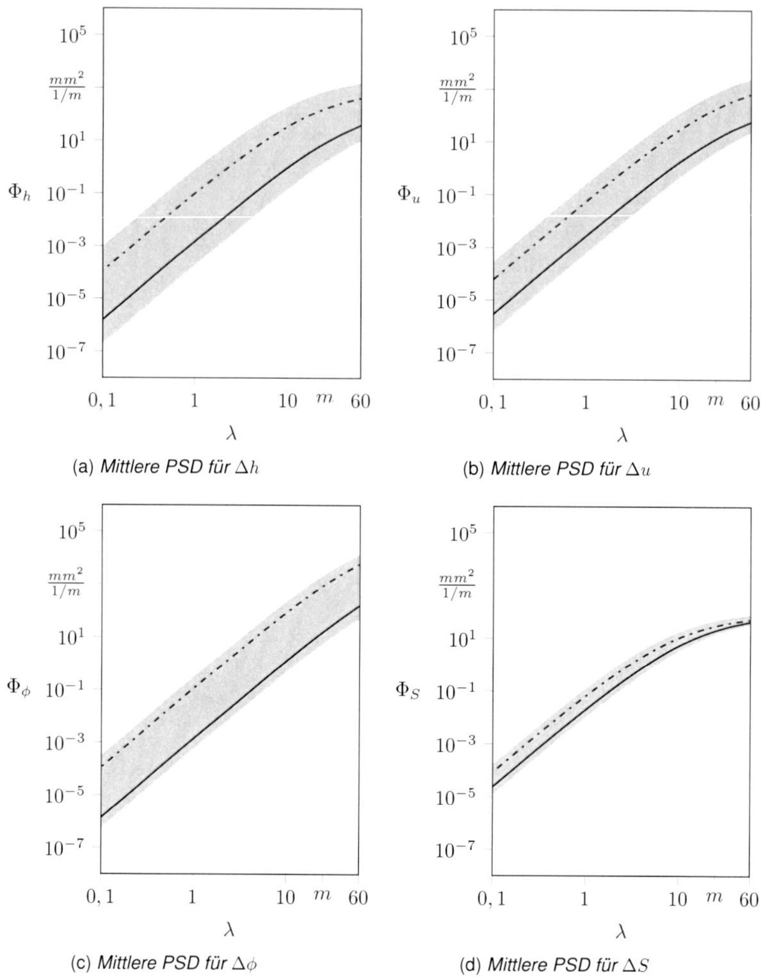

(a) *Mittlere PSD für* Δh

(b) *Mittlere PSD für* Δu

(c) *Mittlere PSD für* $\Delta \phi$

(d) *Mittlere PSD für* ΔS

FREDERICH [Fre84] —— Mittelgute Gleislage - - - Mittelschlechte Gleislage

Abb. 4.17: *Mittlere spektrale Leistungsdichten für Straßenbahnen nach* FREDERICH *[Fre84]*

Allerdings muss die Eignung der mittelguten und mittelschlechten Gleislagequalität als potenzielle Referenzqualitäten noch durch zukünftige Studien bestätigt oder für den Fall mangelnder Passgenauigkeit validierte Parameter erarbeitet werden. Außerdem ist die Verwendung gemessener Gleislagefehler in der Mehrkörpersimulation ebenfalls möglich und im Zweifelsfall der synthetischen Generierung der Gleislage auf Basis der soeben dargestellten Referenzspektren vorzuziehen.

4.4 Definition von Referenzfahrstrecken

Die Festlegung mehrerer Referenzstrecken für Simulationsrechnungen hat den Zweck unter Vergleichsbedingungen den Schwingkomfort von BOStrab-Fahrzeugen numerisch zu ermitteln. Deswegen werden hier vor allem die Dreielement-Folgen in den Referenztrassen verankert, die einen ausreichend hohen Schwingungspegel hervorrufen. Aus diesem Grund wird nicht ausschließlich die Häufigkeit der einzelnen gefundenen Dreielement-Folgen, sondern auch deren Einfluss auf den Schwingkomfort beachtet. Gerade solch komplexe Kombinationen wie C-Bögen oder Korbbögen können weitaus negativere Auswirkungen auf das fahrdynamische Verhalten und somit auch auf den Schwingkomfort haben als Bögen mit Übergängen. Komplexe Kombinationen treten nicht in allen untersuchten Verkehrsnetzen auf und bei einer Strecken-normierten Betrachtung finden sich manche nur sehr selten je Streckenkilometer wieder, siehe Abb. 4.18.

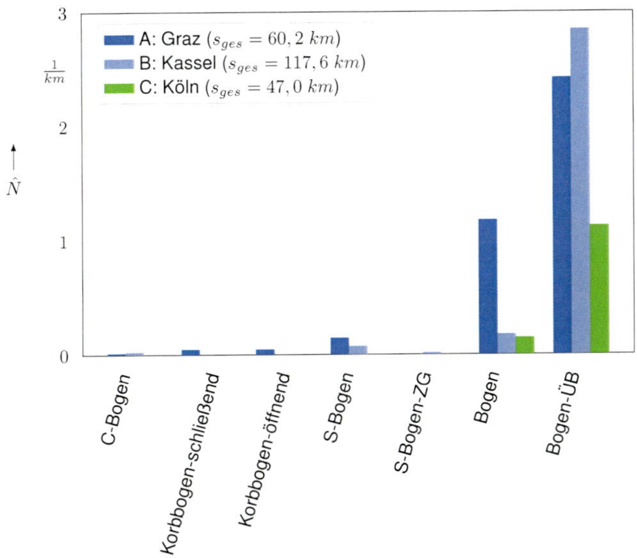

Abb. 4.18: *Vergleich der spezifischen Anzahl $\hat{N}$ der Elementkombinationen pro km Fahrstrecke*

Die streckenbezogene Häufigkeit $\hat{N}$ je Netztyp beschreibt die Anzahl der jeweiligen Kombinationsmöglichkeiten pro Streckenkilometer und ergibt sich anhand der Gesamtanzahl N der gefundenen Kombinationen und der Länge der Gesamtstrecke s_{ges}:

$$\hat{N} = \frac{N}{\sum \Delta s} = \frac{N}{s_{ges}} \tag{4.11}$$

Am häufigsten sind Bögen mit Übergangsbögen zu finden. Diese treten zwischen ein- und dreimal je km auf. In Graz (A) ist ein signifikant hoher Anteil an Bögen ohne Übergang zu finden. Mehr als einmal je km ist diese Kombination zu finden, weitaus häufiger, als in den weiteren untersuchten Infrastrukturen.

Alle weiteren Kombinationen wie C-Bögen, Korbbögen und S-Bögen stellen Spezialfälle dar, die nur vereinzelt auftreten. Jedoch haben gerade diese für die Fahrzeuge anspruchsvollen Trassierungsverläufe einen großen Einfluss auf die Fahrdynamik. Aus den statistischen Größen, die im vergangenen Abschnitt ermittelten wurden, lassen sich zwei Referenzstrecken ableiten. Aufgrund des höheren Anteils an kurzen, engen Bögen wurden die Klassen A und B zur Referenzstreckendefinition herangezogen, da diese eine höhere Schwingkomfortrelevanz aufweisen. Zur Definition wurden weitestgehend die Mittelwerte aus Tab. 4.2 bis Tab. 4.5 verwendet. Außerdem wird je eine der in Graz und Köln gefundenen Dreielement-Folgen in dieser Strecke berücksichtigt werden. Falls eine Folge in einer der drei untersuchten Infrastrukturtypen nicht vorgekommen ist, wird diese entsprechend vernachlässigt. Dabei werden entweder die Mittelwerte von ds, $R1$ und $R2$ oder die Extremwerte, z. B. kleinster Bogenradius für $min(R1)$ oder kurze Länge eines Zwischenbogens $min(ds)$, verwendet.

4.4.1 Referenzstrecke A

Für ein Straßenbahnnetz kann in zukünftigen Analysen mittels Mehrkörpersimulation die nachfolgend definierte Referenzstrecke A als stellvertrend herangezogen werden, siehe Tab. 4.8. Die Parameter wurden auf Basis der Grazer Infrastruktur definiert, die den mittleren Stellvertreter aller Krümmungsdaten in der Streckenklasse A beschreibt.

Daraus ergibt sich ein repräsentativer Krümmungsverlauf für die Referenzstrecke A, siehe Abb. 4.19. Ferner ergibt sich auf Basis der statistischen Extremwerte der vorangegangenen Untersuchung des Streckentyps A der kleinste befahrbare Bogenradius zu $R_{min} = -17\ m$. Sollte dieser für ein bestimmtes Fahrzeugkonzept nicht eingehalten werden können, so ist der physikalisch mögliche Mindestradius zu wählen. Außerdem beschreibt Tab. 4.8 die Einhüllende eines selbst zu definierenden Fahrgeschwindigkeitsprofils durch Mindest- v_{min} und Maximalgeschwindigkeit v_{max}. Der somit aufgespannte Zielkorridor, den es beim Entwerfen eines fahrzeugspezifischen Geschwindigkeitsprofils einzuhalten gilt, ist in Abb. 4.19 (unten) eingezeichnet. Der Geschwindigkeitsübergang je Band ist sinnvoll und anhand der BOStrab-Vorgaben zu wählen.

Tab. 4.8: *Abfolge der definierten Referenzstrecke A*

Elementtyp	Δs $[m]$	$R1$ $[m]$	$R2$ $[m]$	v_{min} $[\frac{m}{s}]$	v_{max} $[\frac{m}{s}]$	Dreielement-Folge
STR	200	∞	∞	15,6	19,4	Einlaufgerade
CLO	12	∞	100			
CIR	40	100		6,5	8,1	Bogen-ÜB
CLO	13	100	∞			
STR	40	∞		15,6	19,4	Bogen
CIR	30	-17		2,7	3,3	
STR	40	∞		15,6	19,4	
CIR	36	442		13,6	17,0	Korbbogen(schließend)
CIR	57	372		12,4	15,6	
STR	40	∞		15,6	19,4	Verbindungsgerade
CIR	30	134		7,5	9,3	
STR	35	∞		15,6	19,4	C-Bogen
CIR	30	100		6,5	8,1	
STR	40	∞		15,6	19,4	
CIR	34	267		10,6	13,2	Korbbogen(öffnend)
CIR	29	367		12,4	15,5	
STR	40	∞		15,6	19,4	
CIR	23	-225		9,7	12,1	S-Bogen
CIR	33	313		11,4	14,3	
STR	150	∞		15,6	19,4	Auslaufgerade

Kleinster befahrbarer Radius R_{min}

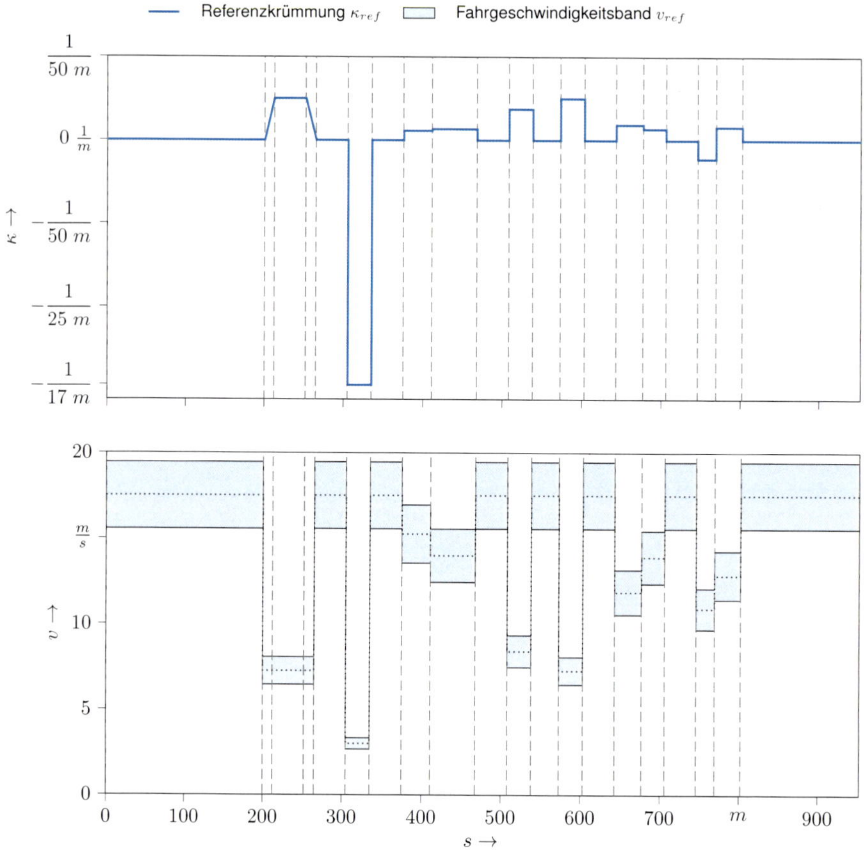

Abb. 4.19: *Horizontaler Krümmungsverlauf (oben) der Referenzstrecke A und dazugehöriges Begrenzungsband des Geschwindigkeitsprofils (unten)*

4.4.2 Referenzstrecke B

Basierend auf den für Kassel ermittelten statistischen Größen wird die Referenzstrecke B definiert, die weitestgehend einem typischen Stadtbahn-Trassierungsverlauf gleicht, siehe Tab. 4.9. Der Streckenverlauf beinhaltet Bögen mit und ohne Übergang, einen C- und einen S-Bogen sowie einen S-Bogen mit Zwischengerade, siehe Abb. 4.20. Der vorgegebene kleinste befahrbare Bogenradius sollte $R_{min} = -35\ m$ sein. Er ergibt sich aus der statistischen Betrachtung des minimalen Bogenradius des Streckentyps B, siehe Tab. 4.3. Sollte dieser bedingt durch das Fahrzeugkonzept spurführungstechnisch nicht möglich sein, so ist der fahrzeugabhängige kleinste befahrbare Bogenradius anzusetzen.

Tab. 4.9: *Abfolge der definierten Referenzstrecke B*

Elementtyp	Δs $[m]$	$R1$ $[m]$	$R2$ $[m]$	v_{min} $[\frac{m}{s}]$	v_{max} $[\frac{m}{s}]$	Dreielement-Folge
STR	200	∞	∞	15,6	19,4	Einlaufgerade
CLO	26	0	248	10,2	12,7	Bogen-ÜB
CIR	63	248				
CLO	26	248	∞			
STR	40	∞		15,6	19,4	Bogen
CIR	60	-35		3,9	4,8	
STR	40	∞		15,6	19,4	Verbindungsgerade
CIR	17	297		11,1	13,9	C-Bogen
STR	30	∞		15,6	19,4	
CIR	24	171		8,4	10,5	
STR	40	∞		15,6	19,4	S-Bogen
CIR	24	-412		13,1	16,4	
CIR	25	413				
STR	40	∞		15,6	19,4	Verbindungsgerade
CIR	28	-369		12,4	15,5	S-Bogen-ZG
STR	28	∞		15,6	19,4	
CIR	42	295		11,1	13,9	
STR	150	∞		15,6	19,4	Auslaufgerade

Kleinster befahrbarer Radius R_{min}

Außerdem wurde analog zu Referenzstrecke A auch für die Referenzstrecke B ein Begrenzungsband für ein selbst zu definierendes Fahrgeschwindigkeitsprofil festgelegt. Eine Festlegung auf ein spezifisches Fahrgeschwindigkeitsprofil ist aufgrund der hohen Variantenvielfalt der verschiedenen Fahrzeugtypen nicht zweckmäßig. Unter Berücksichtigung der konzeptspezifischen Grenzen hinsichtlich der Spurführung kann allerdings ein geeignetes Geschwindigkeitsprofil gefunden werden. Dabei ist auf eine realistische Verknüfung der einzelnen Abschnitte durch passende Rampen zu achten.

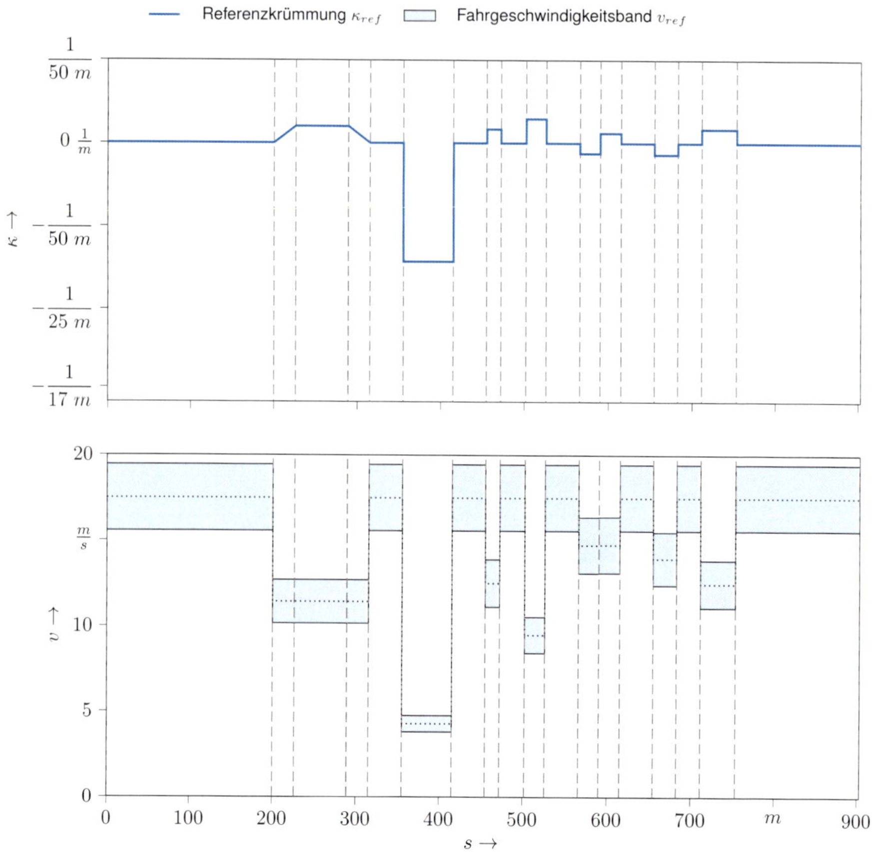

Abb. 4.20: *Horizontaler Krümmungsverlauf (oben) der Referenzstrecke B und dazugehöriges Begrenzungsband des Geschwindigkeitsprofils (unten)*

4.4.3 Betriebs- und Randbedingungen

Auf Basis der in Kap. 4.2 versuchstechnisch hergeleiteten Betriebsbedingungen im Straßen- und Stadtbahnbereich werden im Folgenden weitere charakteristische Randbedingungen zur simulativen Verwendung der Referenzstrecken anhand einzelner Fahrszenarien festgelegt.

Anfahr- und Bremsmanöver

Im Realbetrieb wird die Fahrt sowohl bei Straßen- als auch Stadtbahnen infolge von Haltestellen oder Ampeln häufig unterbrochen. Aus diesem Grund müssen folgende Anfahr- und Bremsmanöver in entsprechenden Simulationsrechnungen ebenfalls Berücksichtigung finden, um dem realen Betriebesablauf Rechnung zu tragen, vgl. Tab. 4.6:

- Referenzstrecke A
  - Mindestens 2, maximal 3 Bremsmanöver
  - Ausnutzung von 80 % der maximalen Brems- und Anfahrbeschleunigung (konzeptabhängig) bei der Rampenkonstruktion der Geschwindigkeitsübergänge
  - Der Mindestabstand beider Manöver sollte ca. $\Delta s = 380\ m$ sein
- Referenzstrecke B
  - Mindestens 1, maximal 2 Bremsmanöver
  - Ausnutzung von 60 % der maximalen Brems- und Anfahrbeschleunigung (konzeptabhängig) bei der Rampenkonstruktion der Geschwindigkeitsübergänge
  - Der Mindestabstand beider Manöver sollte ca. $\Delta s = 850\ m$ sein

Beschleunigungsrampen

Eine weitere fahrzeugabhängige Größe ist das Anfahr- und Bremsvermögen. Die vorgegebenen Fahrgeschwindigkeitsbänder beider Referenzstrecken stellen lediglich die Einhüllende eines zu konstruierenden Geschwindigkeitsprofils dar. Demnach müssen die einzelnen Fahrabschnitte, die durch die jeweiligen Trassierungselemente gegeben sind, durch sinnvolle Geschwindigkeitsübergänge miteinander verbunden werden. Dabei sind die Regeln der BOStrab- [BoS93] bzw. der TRStrab-Trassierung [TRS15] zu beachten. Beispielsweise sollte die zulässige Querbeschleunigung von $a_{q,zul} = 0.98\ \frac{m}{s^2}$ im quasi-stationären Fall nicht überschritten werden. Der maximal zulässige Querruck $\dot{a}_{y,max} = 0,67\ \frac{m}{s^3}$ muss nicht eingehalten werden, da in den Versuchen Ruckwerte gemessen wurden, die im realen Fahrbetrieb unter bestimmten Voraussetzungen eindeutig überschritten werden.

Als Richtwerte für die maximal anzusetzende Längsbeschleunigung wird ein Wert von $a_{x,max} = 1,2\ \frac{m}{s^2}$ festgelegt. Kann dieser konzeptbedingt oder aus sonstigen Gründen bei einem Fahrzeug nicht eingehalten werden, so ist ein physikalisch realistischer Wert anzusetzen, der den tatsächlichen Gegebenheiten folgt. Außerdem soll die maximale Bremsverzögerung einen Wert von $a_{x,max} = 1,5\ \frac{m}{s^2}$ nicht übersteigen. Bis auf den Fall einer Gefahrenbremsung sind höhere Verzögerungswerte in der Regel nicht betriebsüblich.

Gleislagefehler

Obwohl für den Straßen- und Stadtbahnsektor nur wenige verfügbare Daten bzgl. der Gleislagequalität vorliegen, sollte die Schwingungserregung durch Gleislageabweichungen berücksichtigt werden. In Kap. 4.3 wurde der aktuelle Stand der Technik und Forschung diesbezüglich kurz zusammengefasst. Daraus geht hervor, dass für den Straßen- und Stadtbahnbetrieb eine mittelschlechte bzw. mittelgute Gleislage zu erwarten ist. Die synthetischen Gleislagefehler sollen entsprechend der in Tab. 4.7 zusammengefassten Parameter für die kubische Hyperbelfunktion künstlich erzeugt werden. Das Verfahren für die Implementierung der Fourrier-Synthese wurde bereits in Kap. 2.2.1 beschrieben.

Darüber hinaus können zusätzliche Simulationsrechnungen unter Verwendung weiterer Gleislagequalitäten durchgeführt werden, bspw. anhand der in Anhang A.1 gesammelten Parameter für verschiedene Leistungsdichtespektren. Die Verwendung gemessener Gleislagefehler ist, sofern vorhanden, zu empfehlen und soll durch eine Fourriertransformation und anschließende Synthetisierung erfolgen, um potenzielle Einflüsse der Trassierung zu eliminieren.

4.4.4 Erreichbares Schwingkomfortniveau

Es erscheint zunächst als wünschenswert für die vordefinierten Referenztrassen jeweils eine Zielkomfortgröße anzugeben, die alle zu prüfenden Fahrzeuge einhalten müssen. Da sich aber jede der zahlreichen Kombinationsmöglichkeiten aus Fahrzeug und Fahrweg fahrdynamisch jeweils unterschiedlich verhält, ist es nur schwer möglich, eine allgemeingültige und zugleich faire Grenze für vertretbare Schwingkomfortwerte auf einer Referenzstrecke anzugeben. Hierzu müssen aufwändige Studien (entweder messtechnisch oder simulativ) angestellt werden, um die Beschleunigungen und Rucke im Wagenkasten für alle denkbaren Fahrzeug-Fahrweg-Kombinationen zu bestimmen. Demnach ist es sinnvoll und praktikabel, wenn die Verkehrsunternehmen eine obere Schranke, abgeleitet von Simulationsrechnungen der Bestandsfahrzeuge auf der jeweiligen Referenzstrecke, für Vergleiche definieren. Diese sollten dann bei der fahrdynamischen Auslegung des neuen Fahrzeuges unter Verwendung der jeweiligen Referenzstrecke nicht überschritten werden.

Trotzdem muss für jede der hier definierten Fahrszenarien im Mittel mindestens ein guter und im schlechtesten Fall ein durchschnittlicher Schwingkomfort, unabhängig vom jeweiligen Fahrzeugkonzept, angestrebt werden. Spezielle lokale Gegebenheiten, die bekanntlich einen überdurchschnittlich schlechten Schwingkomfort aufweisen, sind separat in Form einer Anforderung als gesondertes Szenario zur Fahrzeugauslegung anzugeben. Demnach sollte jedes Verkehrsunternehmen alle von den Referenztrassen abweichenden, schwingkomfortrelevanten Trassierungsabschnitte (ggf. auch ganze Linien) des eigenen Verkehrsnetzes zur schwingungsdynamischen Auslegung eines neu zu konstruierenden Fahrzeuges festlegen.

5 Datenerhebung- und vorverarbeitung

Bevor die neue Schwingomfortbewertungsmethode in Kap. 6 entwickelt werden kann, muss eine repräsentative Datenbasis erarbeitet werden. Durch den in dieser Forschungsarbeit gewählten Ansatz zur Datenerhebung und der weiteren Verarbeitung werden aussagekräftige Messdaten zum subjektiven Empfinden der Fahrgäste in Straßenbahnen sowie physikalische Größen in mehreren Versuchen parallel zueinander zu erfasst, siehe Abb. 5.1.

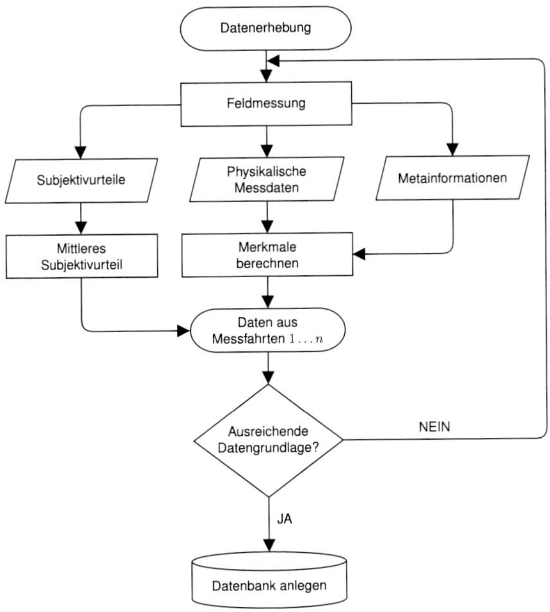

Abb. 5.1: *Teillösungsprozess zur Datenerhebung und -vorverarbeitung*

Dabei muss sichergestellt werden, dass die Subjektivurteile und die physikalischen Messwerte auf geeignete Art und Weise zeitlich synchronisiert werden können. Zusätzlich sollen Metainformationen wie z. B. die horizontale Krümmung, die GPS-Position und die Fahrgeschwindigkeit erfasst werden. Diese dienen der Plausibilisierung der erhobenen Messdaten und ermöglichen das Herstellen einer Ursache-Wirkungs-Beziehung zwischen Subjektivurteilen und Trassierung. Als Zielgröße der Schwingkomfortbewertung sollen ausschließlich mittlere Subjektivurteile herangezogen werden, da die menschliche Wahrnehmung zu komplex und individuell verschieden ist, um allgemeingültig zu sein. Diese werden durch Mittelwertbildung über alle Subjektivurteile je Messstelle bestimmt. Die Datensätze der physikalischen Messdaten werden im nächsten Schritt in charakteristische Merkmale überführt. Dies ist notwendig, da z. B. die Beschleunigungen mit hoher kontinuierlicher Abtastrate erfasst werden und die Subjektivurteile in viel geringerer und ggf. in nicht kontinuierlicher zeitlicher Auflösung vorliegen. Ein einzelnes Sample der Beschleunigungsdaten hat im Vergleich zu einem Subjektivurteil praktisch keine Aussagekraft.

Erst die Aggregation der Datenmenge der Beschleunigungen, z. B. durch ein gleitendes Fenster, geht mit einer Steigerung des Informationsgehalts einher. Beispiele für mögliche aggregierte Merkmale sind Mittelwerte, Mediane, Effektivwerte und viele weitere technisch relevante Größen, die aus Rohdaten abgeleitet werden können. Dieser Prozess wird für alle erhobenen Messdaten der Teilversuche durchgeführt und liefert als Endresultat eine umfangreiche Datenbank, die bereits alle relevanten Merkmale sowie die zu vorhersagende Zielgröße beinhaltet. Diese Datenbank ist die Ausgangsbasis für den Prozess des Maschinellen Lernens. Deswegen muss sichergestellt sein, dass eine ausreichend hohe Anzahl an Trainingsdaten in den Feldmessungen gesammelt wurde. Zusätzlich muss die Datengrundlage eine ausreichende Bandbreite verschiedener Fahrmanöver bieten und das Fahrverhalten mehrerer Fahrzeuge umfassen.

5.1 Messkampagne

Insgesamt wurden drei umfangreiche Feldmessungen in den Netzen der Frankfurter Verkehrsgesellschaft mbH (VGF), der Kölner Verkehrsbetriebe (KVB) und den Würzburger Verkehrsbetrieben (WVV) durchgeführt. Es wurden Messungen mit Personen in sitzender und in stehender Haltung absolviert. Die später entwickelte Methode soll die Körperhaltung bei der Bewertung berücksichtigen.

5.1.1 Messmethode

Unter Bedingungen, die dem realen Fahrbetrieb gleichen, wurden gleichzeitig physikalische Messdaten und Subjektivurteile gemessen. Die Subjektivurteile wurden durch eine speziell zu diesem Zweck entwickelte Smartphone-App erfasst. Dies ermöglicht die Bewertung der einwirkenden Schwingungen durch die Wahl einer Subjektivwertung aus fünf möglichen Komfortklassen des Subjektivurteils ($1 =$ sehr gut, ..., $5 =$ sehr schlecht). Die Entscheidung fiel auf fünf Klassen, da sich diese Skala in der Praxis bereits bewährt hat und aufgrund der Ähnlichkeit zum Schulnotensystem intuitiv ist. Außerdem wurde eine fünfstufige Skala gewählt, da davon ausgegangen wird, dass der Mensch bei zu vielen Wahlmöglichkeiten Probleme bei der Entscheidung hat [Mai11]. Das gewählte Messprinzip bietet über eine zeitliche Synchronisierung die Möglichkeit eine Relation zwischen den objektiven, physikalischen Messdaten und den subjektiven Wertungen einer Stichprobe von Befragten herzustellen, siehe Abb. 5.2.

Sowohl für die physikalischen Messdaten als auch für die Bewertungen der Befragten, werden Zeitstempel erfasst, die auf dem Global Positioning System (GPS) [Mcn02] basieren. Laut DANA [Dan97] liegt der zeitliche Fehler der GPS-Zeit im Bereich von $t_{err} = 340\ ns$, wodurch eine überaus exakte Synchronisierung aller Datenquellen und somit eine spezifische Zuordnung zu einzelnen Schwingungsereignissen möglich ist. Gerade die zeitliche Zuordnung einer Subjektivwertung zu den physikalischen Messdaten ist von entscheidender Bedeutung, da nur so im nachfolgenden Teillösungsprozess des Maschinellen Lernens ein kausaler Zusammenhang zwischen Merkmalen und Zielgröße gefunden werden kann. Der Einsatz des Smartphones zur Erfassung der Subjektivurteile bietet zusätzlich die Möglichkeit, weitere Informationen zu sammeln. So wurden die Haltung und Position zur Fahrtrichtung jedes Einzelnen sowie die GPS-Daten des Mobilgerätes (sofern die Befragten dem zugestimmt hatten) erfasst.

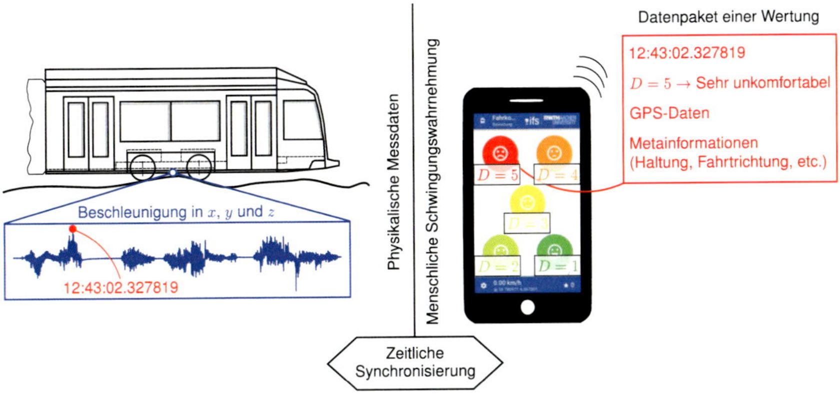

Abb. 5.2: *Lösungsansatz zur parallelen Messung von Beschleunigungen und Subjektivurteilen*

5.1.2 Befragte Personen

Die hinsichtlich ihres Schwingungsempfindens befragten Personen konnten aus organisatorischen Gründen nicht im Hinblick auf eine repräsentative Stichprobe der Bevölkerung der Bundesrepublik Deutschland ausgewählt werden. Insgesamt wurden 37 verschiedene Personen befragt, davon waren drei weiblich und 34 männlich. Die gesamte Stichprobengröße übersteigt die der meisten vergleichbaren Studien, bspw. zusammengefasst in RAKHEJA et al. [Rak10]. Der Altersdurchschnitt lag mit 35 Jahren um 9 Jahre unter dem Bundesdurchschnitt von 2017, siehe Abb. 5.3. Der Mittelwert der Körpergröße der Grundgesamtheit trifft exakt den Bevölkerungsdurchschnitt von 2017 mit $179\ cm$. Bzgl. des Körpergewichtes wurde der Bevölkerungsdurchschnitt um $7\ kg$ unterschritten.

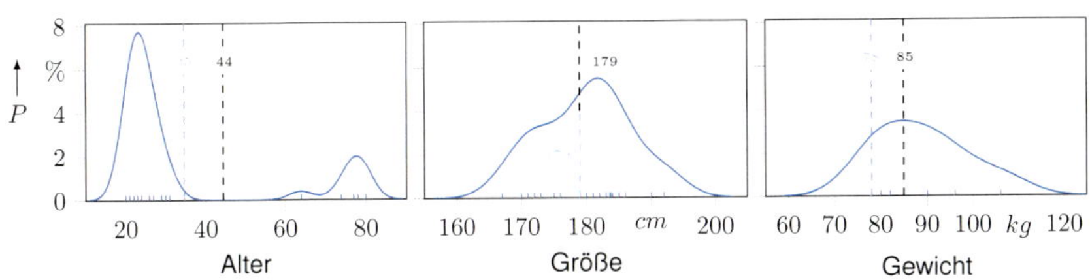

Abb. 5.3: *Statistische Verteilung von Alter, Größe und Gewicht der Befragten*
- - - *Mittelwert* - - - *Bundesdurchschnitt 2017 [Des18a, Des18b]*

Insgesamt wurde eine größere Anzahl an Subjektivurteilen von stehenden Passagieren gesammelt. Das Verhältnis von stehenden zu sitzenden Befragten, bezogen auf die Grundgesamtheit der erhobenen Daten in den drei Städten, beträgt ca. $2:1$. Das Verhältnis zwischen Steh- und Sitzplätzen in Straßenbahnen ist im Schnitt in etwa genauso groß, sodass der überwiegende Anteil der Fahrgäste stehend anzutreffen ist.

5.1.3 Versuchsaufbau der Beschleunigungssensoren

Speziell zur Messfahrt wurde je ein Straßenbahnfahrzeug im Rahmen einer Sonderfahrt von jedem der drei Verkehrsunternehmen bereitgestellt. Der grundsätzliche Versuchsaufbau ist für alle Versuche vergleichbar. Die relevanten Unterschiede werden im folgenden Abschnitt erläutert. In Frankfurt und Köln wurden im jeweils vorderen Wagenkasten in Fahrzeugmitte, entlang der Längsachse insgesamt drei Messstellen (1: vorne, 2: mitte, 3: hinten) vorgesehen, an denen jeweils tri-achsiale Beschleunigungen aufgezeichnet wurden, siehe Abb. 5.4a und Abb. 5.4b.

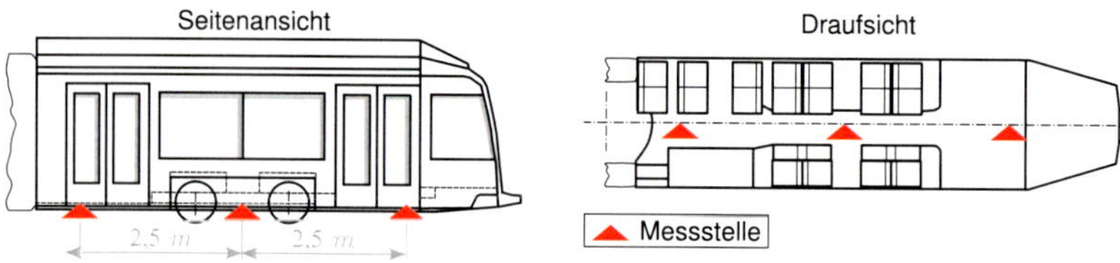

(a) *Anordnung der Messstellen im Frankfurter R-Wagen der Fa. Duewag nach [Bre97]*

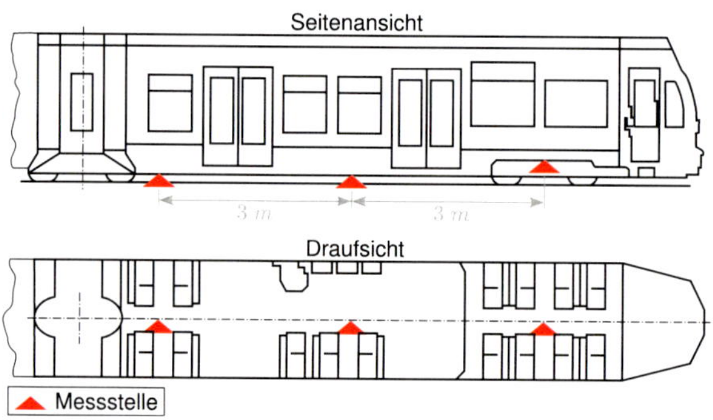

(b) *Anordnung der Messstellen K4000 nach [Mey96]*

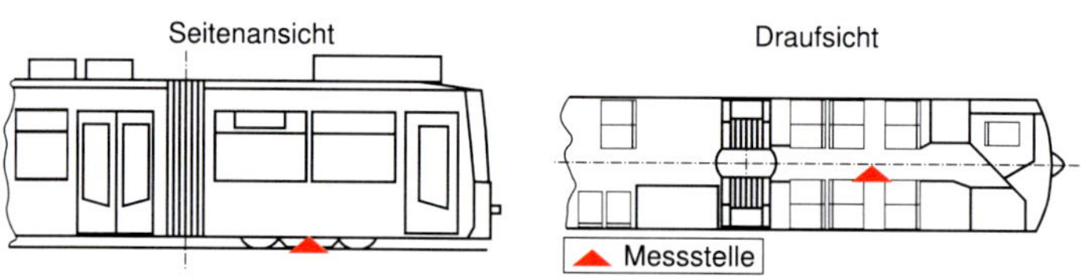

(c) *Anordnung der Messstellen GT-N nach [Wub22]*

Abb. 5.4: *Versuchsaufbau der Messfahrten*

Die drei Messstellen wurden in Frankfurt in einem Abstand von ca. $2,5\ m$ und in Köln von ca. $3\ m$ zueinander angebracht. In Würzburg wurde lediglich eine Messstelle vorgesehen. Diese befand sich in Fahrwerkmitte und die 7 Befragten platzierten sich in sitzender Haltung auf den umliegenden Sitzgruppen, siehe Abb. 5.4c. Die Befragten wurden gleichmäßig auf die Messstellen aufgeteilt, sodass sich ca. drei bis vier Personen um jeweils eine Messstelle befanden, siehe Abb. 5.5. In Frankfurt wurden Versuche in sitzender und stehender Haltung durchgeführt, in Köln ausschließlich in stehender Haltung. Es wurden keine Fahrtrichtungswechsel vollzogen.

Abb. 5.5: *Versuchsteilnehmer bei der Smartphone-Wertung während der Messfahrt in Köln*

Jede tri-achsiale Beschleunigungsmessstelle bestand aus einer schweren Trägerplatte, die mit doppelseitigem Klebeband auf dem Fußboden des Fahrzeugs angebracht wurde. Über einen Würfel mit entsprechenden Gewindebohrungen konnten die Beschleunigungssensoren fest mit der Struktur der Trägerplatte verbunden werden, siehe Abb. 5.6.

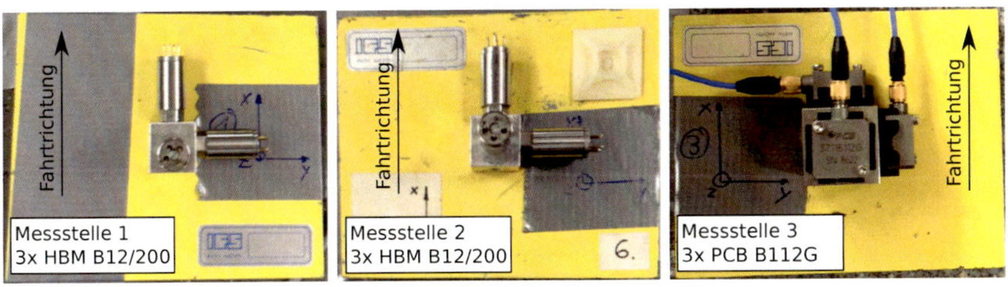

Abb. 5.6: *Sensoren der drei Messstellen inkl. Koppelplatten*

Es wurden zwei verschiedene Sensortypen verwendet. An den Messtellen 1 und 2 kam der Sensortyp HBM B12/200 zum Einsatz. An Messstelle 3 wurde der Beschleunigungsaufnehmer PCB B112G verwendet.

5.1.4 Krümmungsmessung

Die Krümmung des aktuell befahrenen Gleisabschnitts ist eine fahrdynamisch nützliche Information zur Einordnung und Plausibilisierung der gewonnenen Messdaten und Subjektivurteile. Hierzu wurde ein einfaches und mobiles Messsystem auf Basis von Sensormodulen der Firma Tinkerforge [Tin] entwickelt, das die Messung fahrdynamischer und GPS-Daten erlaubt, siehe Abb. 5.7.

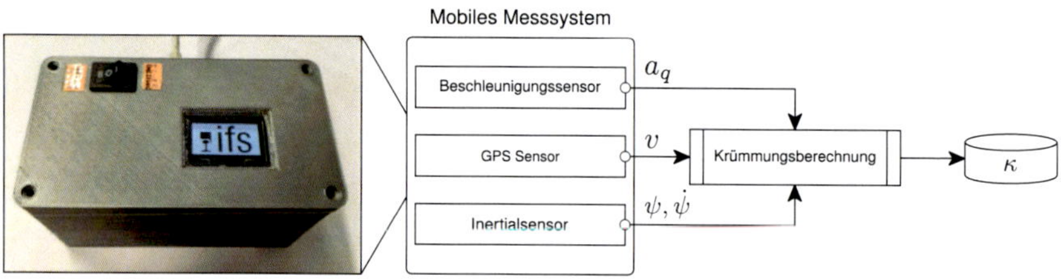

Abb. 5.7: *Mobiles Messsystem zur Sammlung fahrdynamischer Daten*

Das Messsystem wurde auf dem Fußboden des Wagenkastens mittig über dem Fahrwerk platziert, wo auch die anderen Sensoren angebracht waren. Es besteht aus einem Inertialsensor, der die Orientierungswinkel und Winkelgeschwindigkeiten ermittelt. Außerdem lieferte ein GPS-Sensor die Positionsdaten und die Fahrgeschwindigkeit. Zur Berechnung der Trassierung aus solchen fahrdynamischen Daten existieren verschiedene Ansätze, die im Folgenden kurz vorgestellt werden.

Aus einer geometrischen Betrachtung heraus lässt sich die Krümmung besser verstehen. Ein begleitendes Dreibein durchläuft schrittweise die Raumkurve (Trassierungsverlauf). Wird nun die horizontale Krümmung dieser Raumkurve untersucht, reicht die diskretisierte Projektion dieser Kurve in die $xy - Ebene$. Dabei kann von einem Schritt zum nächsten die Winkeldifferenz $d\psi$ berechnet werden, siehe Abb. 5.8. [DH90, Joc03]

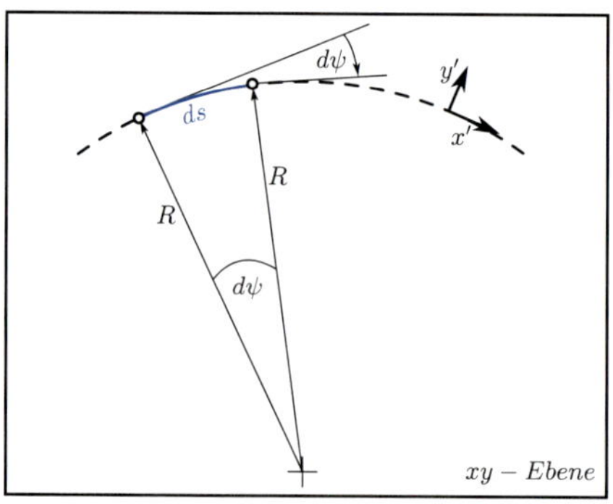

Abb. 5.8: *Geometrische Herleitung der Krümmung, nach [Joc03]*

Die Wegdifferenz ds gibt den in einem Schritt zurückgelegten Weg an. Durch den Bezug von $d\psi$ auf ds leitet sich die Krümmungsdefinition ab: [Joc03, Wil05]

$$\kappa = \frac{d\psi}{ds} \tag{5.1}$$

Messtechnisch lässt sich die Krümmung anhand verschiedener im Fahrzeug ermittelter Messwerte berechnen. Folgende Verfahren sind gebräuchlich und benötigen alle die Fahrgeschwindigkeit v: [Win15]

- GPS-Kurswinkel
- Drehraten eines Inertialsystems (Kreisel)
- Quasistatische Querbeschleunigung
- Differenz der Umfangsgeschwindigkeit von Losradpaaren

Auf Basis des Kurswinkels (engl. Heading) eines GPS-Empfängers ψ_h und der gleichzeitig verfügbaren Fahrgeschwindigkeit v lässt sich die horizontale Krümmung κ bestimmen: [Joc03]

$$\kappa = \frac{\frac{d\psi_h}{dt}}{v} \tag{5.2}$$

Laut JOCH et al. [Joc03] sind lokale Abweichungen der rechnerisch ermittelten Krümmungswerte zum Planungsgrundriss von bis zu $\pm 10\ \%$ zu erwarten. Diese können jedoch reduziert werden. Durch zweifache Differenzierung des Kurvenbandes werden die Start- und Endpunkte der Bögen identifiziert und anschließend wird der Mittelwert zwischen Anfangs- und Endpunkt berechnet. Dadurch wird die Abweichung auf $\pm 2\ \%$ verringert. [Joc03]

Da bei Straßenbahntrassen häufig auf Übergangsbögen verzichtet wird, kann das eben beschriebene Optimierungsverfahren möglicherweise nicht verwendet werden, da der Übergang von der Geraden in einen Bogen im mathematischen Sinne eine nicht differenzierbare Funktion darstellt [Sch80]. In der Realität wird dieser Umstand durch die über den Abstand der Radpaare übersetzte Bewegung und zusätzlich durch die Federstufen entschärft. [Joc03]

Ein ähnlicher Ansatz mit einer hohen Genauigkeit ist die Berechnung der horizontalen Krümmung aus dem Verhältnis der durch ein Inertialsystem gemessenen Drehrate um die z-Achse $\dot{\psi}$ und der Fahrgeschwindigkeit v: [Joc03, Wil05]

$$\kappa = \frac{\dot{\psi}_h}{v} \tag{5.3}$$

Weiterhin lässt sich die quasi-statische Querbeschleunigung a_q zur Berechnung der Krümmung verwenden. Durch Vereinfachung von Gl. (2.5) $u_h = 0$ ergibt sich eine weitere Gleichung zur Krümmungsberechnung in der horizontalen $xy - Ebene$ (v in m/s^2), die auch für kleine Überhöhungen u_h gültig ist: [Win15]

$$\kappa = \frac{a_q}{v^2} \tag{5.4}$$

Letztlich lassen sich, jedoch nur bei Losradpaaren, auch die jeweiligen Umfangsgeschwindigkeiten beider Räder dazu nutzen, die Krümmung in der horizontalen Ebene zu reproduzieren. Hierzu wird die Differenz der Umfangsgeschwindigkeiten beider Räder ΔU sowie der Abstand der beiden Radaufstandspunkte, die Stützweite $2b_0$, verwendet, siehe Abb. 5.9.

$$\kappa = \frac{\Delta U}{v \cdot 2b_0} = \frac{\omega_1 \cdot r_1 - \omega_2 \cdot r_2}{v \cdot 2b_0} \tag{5.5}$$

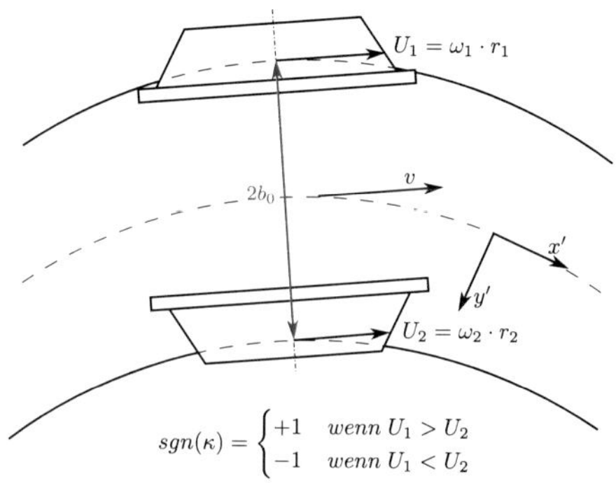

Abb. 5.9: *Berechnung der Krümmung aus den Rad-Umfangsgeschwindigkeiten eines Losradpaares (eigene Darstellung)*

Dabei handelt es sich um eine vereinfachte Betrachtung, die ein ideales und schlupffreies Abrollen beider Losräder voraussetzt. Das Winkelbild ψ_κ der Raumkurve ergibt sich durch die Integration von κ über dem Weg s, siehe Gl. (5.6). [Wil05]

$$\psi_\kappa = \psi_{\kappa,0} + \int_0^{L_s} \kappa \, ds \tag{5.6}$$

Eine Anfangsorientierung $\psi_{\kappa,0}$ berücksichtigt den korrekten Anfangswinkel in Bezug zu dem Referenzsystem. Die erneute Wegintegration des Winkels ψ_κ ermöglicht die Bestimmung der Wegkoordinaten x_s und y_s im kartesischen Koordinatensystem der Ebene xy: [DH90, Wil05]

$$x_s = x_{s,0} + \textstyle\int_0^{L_s} \cos\psi_\kappa \, ds \tag{5.7}$$

$$y_s = y_{s,0} + \textstyle\int_0^{L_s} \sin\psi_\kappa \, ds \tag{5.8}$$

Eine Berechnung der Überhöhung kann anhand der Stützweite $2b_0$, der horizontalen Krümmung κ, der Fahrgeschwindigkeit v, der Querbeschleunigung a_q und der Erdbeschleunigung g durchgeführt werden: [Joc03]

$$u_h = 2 \cdot 2b_0 \cdot \frac{\kappa \cdot v^2 - a_q}{\sqrt{\kappa^2 \cdot v^4 \cdot g^2}} \tag{5.9}$$

In Gl. (5.9) steht g für die Erdbeschleunigung. Eine Berechnung der Überhöhung auf Basis von Drehraten eines Kreisels ist ebenfalls möglich. Allerdings müssen die rotatorischen und translatorischen Verschiebungen relativ zur horizontalen Gleisebene kompensiert werden, z. B. durch die zusätzliche Messung von Federwegen. [Joc03]

Einige der zuvor beschriebenen Verfahren sind zur messtechnischen Krümmungsbestimmung im Wagenkasten ungeeignet. Die Berechnung aus der Wagenkasten-Querbeschleunigung und Fahrgeschwindigkeit, Gl. (5.4), ist zu stark fehlerbehaftet. Aufgrund der vom Fahrzeugkonzept und der jeweiligen Gestaltung der Federstufen abhängigen Querverschiebung, die zusätzlich im Bogen mit einer Wankbewegung überlagert wird, entsteht zu jedem Zeitpunkt der Messung eine unbekannte Verrückung. Diese weicht um den Anteil der relativen Querverschiebung des Messpunktes von der Trajektorie des tatsächlichen Fahrweges ab. Eine Bestimmung der Krümmung auf Basis von Gl. (5.4) würde eine Messung der Querbeschleunigung, möglichst nahe zum Rad-Schiene-Kontakt, erfordern. Hier bietet sich die Verwendung von Achslagerbeschleunigungen an, um die fahrdynamischen Fehlbeträge zu verringern. Die Bestimmung der Krümmung anhand von Gl. (5.5) verursacht messtechnisch betrachtet einen hohen Aufwand hinsichtlich der Anbringung der Sensorik. Zusätzlich sind die Anforderungen an die Genauigkeit der Sensoren sehr hoch und der in der Realität auftretende Schlupf muss aufwendig durch einen zusätzlichen Fehlerterm kompensiert werden, was in einem hohen Aufwand hinsichtlich Zeit und Kosten resultiert.

In der vorliegenden Arbeit wird die horizontale Krümmung ausschließlich auf Basis der Gierrate $\dot{\psi}_\kappa$ und der Fahrgeschwindigkeit v nach Gl. (5.3) messtechnisch ermittelt. Da die aktuell verfügbaren Drehratensensoren vergleichsweise unempfindlich gegenüber translatorischen Fehlereinträgen sind und die messtechnische Erfassung im Wagenkasten einfach umzusetzen ist, sind genaue Ergebnisse bzgl. des Krümmungsverlaufs zu erwarten.

5.1.5 Versuchsdurchführung

Jeder Versuch im jeweiligen Verkehrsunternehmen dauerte ca. eine Stunde und wurde in Versuchsabschnitte von mindestens fünf, maximal zehn Minuten Dauer, abhängig von Haltestellenabständen und anderen betrieblichen Gegebenheiten, unterteilt. Dies entspricht der durchschnittlichen Reisezeit in Straßen- und Stadtbahnen, die laut dem Verband Deutscher Verkehrsunternehmen (VDV) nur in seltenen Fällen 30 Minuten übersteigt [VDV16].

Die Gesamtdauer wurde auf etwa eine Zeitstunde begrenzt, um Ermüdungserscheinungen bei den Versuchsteilnehmern und somit Fehlereinflüsse auf die Subjektivwertungen so gering wie möglich zu halten [Gen10, Hag11, Win15]. Zwischen den Teilversuchen erfolgten in regelmäßigen Abständen Pausen, in denen keine Wertungen abgefragt wurden.

Frankfurt

Während der Versuchsfahrt in Frankfurt wurden hauptsächlich die Linien 11, 12 und 14 befahren, siehe Abb. 5.10. Während aller 9 Teilversuche wurden die Befragten darum gebeten, immer dann eine Wertung abzugeben, wenn sich der persönliche, subjektive Schwingkomforteindruck verändert hat.

Daraus folgt, dass die Wertungen der Personen regellos mit gelegentlich längeren Abständen abgegeben wurden. Folglich ist die kausale Zuordnung zwischen Subjektivurteilen und physikalischen Messdaten eine besondere Herausforderung.

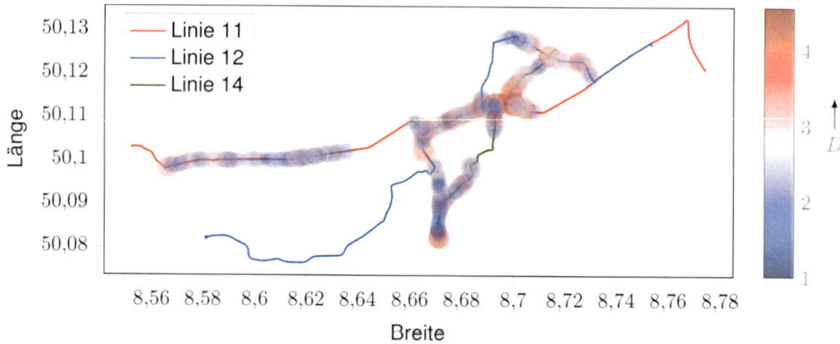

Abb. 5.10: *Wertungen auf den befahrenen Linien der Versuchsstrecke Frankfurt*

Köln und Würzburg

Eine erste Auswertung der in Frankfurt ermittelten Versuchsdaten ergab, dass zeitweise nur wenige Subjektivurteile abgegeben wurden, da sich aus Sicht der Befragten der persönliche Schwingkomforteindruck nicht deutlich änderte. Wie in Kap. 3 beschrieben, ist es das Ziel dieser Arbeit, das mittlere Subjektivurteil als Zielgröße für die Schwingkomfortbewertung zu verwenden. Aus diesem Grund wurden die Subjektivurteile während der Messfahrten in Köln und Würzburg alle $5\ s$ periodisch abgefragt, um eine häufigere und zeitlich äquidistante Wertung der Teilnehmer zu forcieren.

In Köln wurden während der 8 Teilversuche einzelne Abschnitte der Linien 1, 3, 7, 9 und 13 befahren, siehe Abb. 5.11. Die Versuchspersonen befanden sich ausschließlich in stehender Körperhaltung.

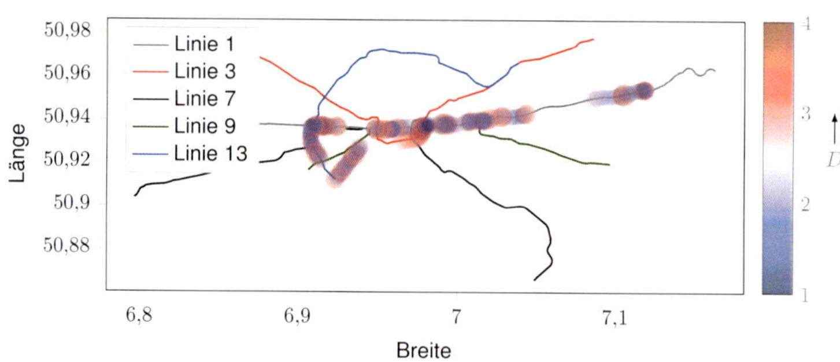

Abb. 5.11: *Wertungen auf den befahrenen Linien der Versuchsstrecke Köln*

Während der Messfahrt in Würzburg wurden 7 Teilversuche durchgeführt, bei denen größtenteils die Linie 2 und ein kurzer Abschnitt der Linie 5 befahren wurde, siehe Abb. 5.12. Alle Befragten befanden sich ausschließlich in sitzender Haltung.

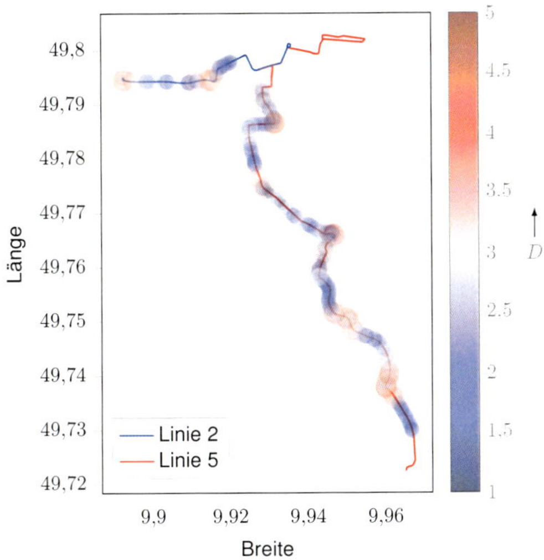

Abb. 5.12: *Wertungen auf den befahrenen Linien der Versuchsstrecke Würzburg*

5.2 Datenvorbereitung und -aggregation

Bevor die verschiedenen Algorithmen trainiert werden können, müssen die im Rahmen der zuvor beschriebenen Messfahrten gesammelten Daten gezielt vorbereitet werden. Da die Subjektivurteile in Frankfurt regellos abgegeben, und im Gegensatz dazu die physikalischen Messdaten in zeitlich konstanter, hoher Abtastrate von $f_s = 1000\ Hz$ erfasst wurden, ist eine unmittelbare Gegenüberstellung dieser Daten nicht möglich.

Vielmehr hat ein einzelner erfasster Beschleunigungswert praktisch keinen Informationsgehalt bezüglich des wahrgenommenen Schwingkomforts. Erst die Zusammenfassung aller Daten innerhalb eines Zeitintervalls macht es möglich, einen Zusammenhang zwischen Physik und menschlicher Wahrnehmung herzustellen. Die physikalischen Daten werden in sogenannte Merkmale überführt. Diese sind z. B. bereits bekannte charakteristische Größen zur Beschreibung von Beschleunigungen wie bspw. RMS-Werte. Die Subjektivurteile werden zu einem Mittelwert zusammengefasst, da, wie in Kapitel 3 festgelegt, der mittlere Schwingkomfort und nicht der Komforteindruck eines Individuums untersucht werden soll.

5.2.1 Mittleres Subjektivurteil

Die Berechnung des mittleren Schwingkomforts wurde innerhalb eines gleitenden Fensters durchgeführt, wobei verschiedene Kriterien die Validität des detektierten, mittleren Schwingkomforturteils sichern, die in Kap. 5.2.2 näher erläutert werden. Der mittlere Komfort D berechnet sich durch die Bildung des Mittelwertes aller n im identifizierten Relevenzfenster erfassten Subjektivurteile δ_i:

$$D = \frac{1}{n} \sum_{i=1}^{n} \delta_i \qquad (5.10)$$

5.2.2 Fensterfunktion und Relevanzfilterung

Der Einsatz von gleitenden Fenstern ist in der Statistik sowie der Signalanalyse weit verbreitet. Die Zusammenfassung der Daten wird durch Anwendung einer oder mehrerer mathematische Zielfunktionen, z. B. Median, Standardabweichung oder RMS-Wert, erreicht. Weit verbreitet ist der gleitende Mittelwert, dessen Ergebnis einer einfachen Tiefpassfilterung entspricht. Ein gleitendes Fenster lässt sich durch zwei Zeitgrößen parametrieren. Die Fensterbreite T begrenzt das Signal auf einen Ausschnitt ebendieser Breite, worin auch die Zielfunktion auf die Daten angewandt wird. Die Fortschrittsweite τ gibt das Zeitinkrement an, um das das Fenster pro Iterationsschritt voranschreitet. Für $\tau < T$ kommt es zu einer Überlappung der einzelnen Fenster von $\Delta t = T - \tau$. Soll bspw. die Spanne der betrachteten Daten berechnet werden, so muss schrittweise in jedem Fenster die absolute Differenz zwischen Maximum und Minimum berechnet werden, siehe Abb. 5.13.

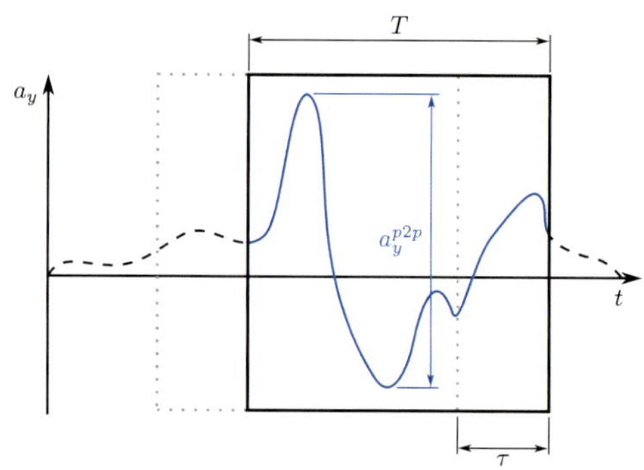

Abb. 5.13: *Gleitendes Fenster am Beispiel der Berechnung des Spitze-Spitze-Wertes a_y^{p2p} für die gemessene Querbeschleunigung a_y*

In diesem Beispiel würde aufgrund der kleinen Fortschrittsweite τ in beiden dargestellen Fenstern der exakt gleiche Wert berechnet werden. Aus diesem Grund müssen je nach Anwendungsfall geeignete Parameter für diese beiden Größen gewählt werden, um möglichst aussagekräftige Ergebnisse zu erreichen.

Aufgrund der deterministischen Natur der Subjektivwertungen (insbesondere in Frankfurt) kommt eine triviale, kontinuierliche Auswertung innerhalb eines gleitenden Fensters nicht infrage. Würde eine gleitende Fensterung gleichzeitig auf die Subjektivurteile der Befragten und die physikalsichen Messdaten bezogen, ergäbe sich eine fälschliche Relation zwischen menschlicher Wahrnehmung und Beschleunigung. Aufgrund der Reaktionszeit folgt eine latente Wertung der Befragten, wodurch eine Art Phasenverschiebung zwischen Ursache und Wirkung besteht. Diese ist allerdings nicht konstant, da sie bei instationärer Anregung ereignisabhängig ist, und somit nicht als allgemeine Kontante bei der Auswertung berücksichtigt werden kann.

Aus der Literatur sind Versuchsfahrten bekannt, die eine kontinuierliche Auswertung vornehmen, z. B. LAURIKS et al. [Lau03], allerdings wurde dabei darauf geachtet, dass die Versuchsteilnehmer alle fünf Sekunden ihre Bewertung des vergangenen Zeitintervalls angeben. Die abgegebenen Wertungen streuten selbstverständlich ebenfalls um den Abfragezeitpunkt, jedoch beziehen sie sich eindeutig auf ein bestimmtes Zeitfenster kontinuierlicher, wenig stoßhaltiger Anregung. Diese Herangehensweise ist für quasi-stationäre Bewegungszustände, wie sie hauptsächlich im Vollbahnbereich üblich sind, kausal korrekt. Im Straßen- und Stadtbahnbetrieb ist eine deterministische Wertung und deren Zuordnung zu einem Einzelereignis der Schlüssel zur Beschreibung des hochgradig instationären Fahrbetriebes. Aus diesem Grund wurde im Rahmen dieser Arbeit das Verfahren der Relevanzfilterung[1] entwickelt, um die Subjektivwertungen auf die physikalischen Ursachen beziehen zu können.

Bei der Relevanzfilterung werden, im Gegensatz zum klassischen Vorgehen, die Einflussgrößen und das mittlere Subjektivurteil nicht in einem deckungsgleichen, fortschreitenden Zeitfenster bestimmt. Ziel der Relevanzfilterung ist vor allem die Berücksichtigung von Zeitintervallen die eine möglichst hohe Relevanz zur Beschreibung des Schwingkomforts haben und den Zusammenhang zwischen Ursache und Wirkung exakt wiedergeben. Somit muss zunächst eine mathematische Vorgehensweise zur Identifikation der relevanten Subjektivurteile gefunden werden.

Aus diesem Grund wurden in einem gleitenden Zeitfenster der Fensterbreite $T = 5\ s$ und Fortschritsweite $\tau = 0.1\ s$ die Anzahl der abgegebenen Wertungen gezählt. Falls nicht mindestens $P = 70\ \%$ der Befragten einer Messstelle eine Wertung in dem aktuell betrachteten Fenster abgegeben hatten, wurde dieser Zeitbereich als nicht valide betrachtet und somit auch nicht berücksichtigt. In allen verbleibenden Fenstern wurde jeweils das mittlere Subjektivurteil D_j und die Standardabweichung σ_j berechnet. D_j bezieht sich auf die zeitliche Mitte der im j-ten Intervall betrachteten, einzelnen Subjektivwertungen δ, siehe Abb. 5.14. Als Nächstes wird ein Zeitfenster der Breite $T = 5\ s$ aufgespannt, das von dem ermittelten Zeitwert t_j des mittleren Subjektivurteils D_j fünf Sekunden in die Vergangenheit blickt. Basierend auf den als Ursache für die Subjektivurteile relevanten Teilmengen $\mathbb{D}_j$ jedes Beschleunigungssignales werden nun 45 verschiedene Mermale berechnet.

[1] Der Begriff Relevanzfilter wird in verschiedenen Fachdisziplinen, in unterschiedlichen Kontexten verwendet, bspw. in der Informatik oder der Psychologie. In dieser Arbeit bezeichnet der Begriff ein neu entwickeltes heuristisches Verfahren zur Aggregation der gesammelten Subjektivurteile.

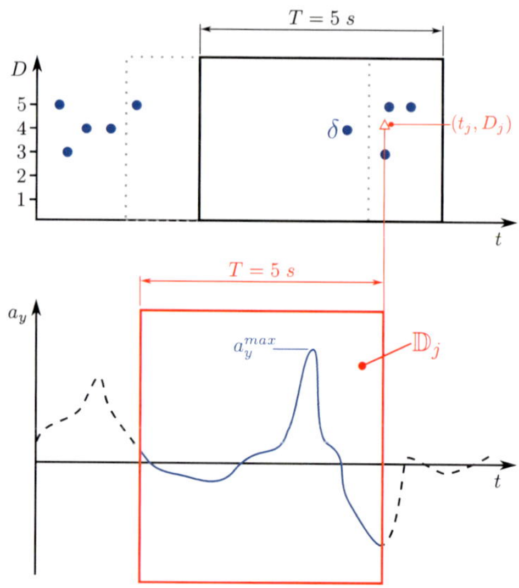

Abb. 5.14: *Schematische Darstellung der Relevanzfilterung, Mittelung der Subjektivurteile (oben) und Berechnung der Merkmale bis* $5\ s$ *in die Vergangenheit (unten)*

Ein weiteres Kriterium zur Sicherstellung der Aussagekraft der gebildeten Mittelwerte ist die Beschränkung der später für das Maschinelle Lernen verwendeten mittleren Subjektivurteile anhand der Standardabweichung σ_j je Interval. Um Intervalle, die einen widersprüchlichen Mehrheitsentscheid darstellen würden, auszuschließen, wurde eine obere Schranke für die Standardabweichung von $\sigma(D) \leq 0,5$ festgelegt, was einer halben Klassenbreite hinsichtlich der Wertungsskala entspricht. Dadurch werden ausschließlich repräsentative Mittelwerte aus denjenigen Zeitfenstern berücksichtigt, in denen sich die Wertenden einig waren. Gleichzeitig erfolgt dadurch eine Beschränkung der Daten, sodass abschließend ca. ein Drittel der generierten Mittelwerte durch die zuvor durchgeführte gleitende Fensterbewertung erhalten bleibt. Der Umfang der so generierten Daten umreißt genau die kausale Bewertung der verantwortlichen fahrdynamischen Ereignisse, ohne diese mehrfach zu berücksichtigen.

Anhand des soeben beschriebenen Verfahrens der Relevanzfilterung kann eine aussagekräftige Datengrundlage für das Maschinelle Lernen generiert werden. Diese trägt den besonderen Gegebenheiten im BOStrab-Betrieb Rechnung, da die Aggregation der Beschleunigungsmessdaten der latenten Wertung der Befragten folgt. Vor allem die regelbasierte Bestimmung des mittleren Schwingkomforturteils je Messstelle führt zu einer repräsentativen Zielgröße zur Modellbildung.

5.2.3 Berechnung der Merkmale

Ein Merkmal ist eine Information, die eine bestimmte Eigenschaft, z. B. eines technischen Systems, beschreiben kann [Ras17]. Grundsätzlich wird zwischen qualitativen (z. B. Farbe) und quantitativen Merkmalen (z. B. Druck) unterschieden [Tou09].

Die in Tab. 5.1 aufgelisteten Merkmale wurden je Beschleunigungsmessstelle innerhalb des durch Relevanzfilterung identifizierten Zeitfensters berechnet, indem die entsprechende Teilmenge $\mathbb{D}$ verschiedenen Berechnungsverfahren unterzogen wurde.

Tab. 5.1: *Übersicht der verschiedenen Merkmale;* $\zeta \in \{x, y, z\}$

Ungefiltert[2]	Gefiltert	Gleichung	Beschreibung
$a^{max}_{\zeta,raw}$	a^{max}_{ζ}	(5.12)	Absoluter Maximalwert der Beschleunigung
	a^{p2p}_{ζ}	(5.13)	Spitze-Spitze Wert der Beschleunigung
$RMS_{\zeta,raw}$	RMS_{ζ}	(2.45)	Effektivwert der Beschleunigung
$VDV_{\zeta,raw}$	VDV_{ζ}	(5.14)	Vibration Dose Value der Beschleunigung
$S^{max}_{\zeta\zeta,raw}$	$S^{max}_{\zeta\zeta}$	(2.27)	Maximalwert Leistungsdichtespektrum der Beschleunigung im Frequenzbereich $f < 0 \leq 25\ Hz$
$k_{\zeta,raw}$	k_{ζ}	(5.16)	Scheitelfaktor der Beschleunigung
$IF_{\zeta,raw}$	IF_{ζ}	(5.17)	Instationaritätsfaktor der Beschleunigung
	$\dot{a}^{RMS}_{\zeta}$	(5.19) & (2.45)	Effektivwert des Rucks
	$\dot{a}^{max}_{\zeta}$	(5.19) & (2.45)	Maximaler Ruck

Aus den 15 allgemeinen Merkmalen für ungefilterte und gefilterte Beschleunigungen aus Tab. 5.1 ergeben sich unter Berücksichtigung der drei Raumrichtungen insgesamt 45 verschiedene Merkmale. Diese basieren auf Erkenntnissen des Stands der Technik und Forschung und werden teilweise innerhalb verschiedener Schwingkomfortbewertungsverfahren oder Methoden zur Schwingungsbewertung verwendet, z. B. der Vibration Dose Value (VDV), der Effektivwert – auch Root Mean Square (RMS) genannt – und der Spitze-Spitze-Wert, welcher eine Beschleunigungsspanne beschreibt [ISO97, EN09]. Der Scheitelfaktor und der Instationaritätsfaktor werden hauptsächlich im Bereich der Bewertung stoßhaltiger Signale und deren Schädigungseintrag in den menschlichen Körper verwendet [VDI02, Gri07, Moh04]. Um neben zeitlich basierten Merkmalen auch die Frequenzabhänigkeit der Beschleunigung abzubilden, wurde die maximale spektrale Leistungsdichte im Frequenzbereich von $0 < f \leq 25\ Hz$ nach [Kna10] berechnet. Außerdem wurden maximale Absolutbeschleunigungen und der Effektivwert sowie der Maximalwert des Rucks bestimmt. Um die komplexen Schwingungsvorgänge während der Fahrt in einem Fahrzeug innerhalb der Trainingsdaten für das Maschinelle Lernen abzudecken, wurden die jeweiligen Merkmale sowohl auf Basis gefilterter als auch ungefilterter Beschleunigungen ermittelt, da eine Filterung auch immer einen Informationsverlust bedeutet. Zur Filterung der horizontalen Beschleunigungen wurde die Filterfunktion W_d nach EN 12299, siehe Abb. 2.23c, und zur Frequenzgewichtung der vertikalen Schwingungsrichtung die Funktion W_b, Abb. 2.23a, benutzt. Zur Berechnung der Spitze-Spitze-Werte wurde W_p, siehe Abb. 2.23d, herangezogen.

[2] Da sehr hochfrequente Signalanteile für den Schwingkomfort praktisch keine Rolle spielen, vgl. Kap. 2.3, wurden die hier als ungefiltert aufgeführten Beschleunigungen trotzdem einer Tiefpassfilterung unterzogen, die Bezeichnung als ungefiltert allerdings zur Vereinfachung beibehalten. Dabei werden bis zur Eckfrequenz von $f_L = 200\ Hz$ alle Signalanteile voll berücksichtigt, wodruch der Grundcharakter der Rohdaten erhalten bleibt und aus quasi-statische Beschleunigungen berücksichtigt bleiben.

Absoluter Maximalwert

Im betrachteten Zeitintervall j und der sich daraus ergebenden Teilmenge der Beschleunigungsmessdaten $\mathbb{D}_j$, liegt das absolute Maximum a_ζ^{max} der diskreten Beschleunigungsfunktion $f_j(t, |a_\zeta|)$ an der Stelle $(t_0, a_{\zeta,0})$ für alle $(t, |a_\zeta|) \in \mathbb{D}_j$:

$$f_j(t_0, a_{\zeta,0}) \geq f_j(t, |a_\zeta|) \qquad \forall \qquad t, |a_\zeta| \in \mathbb{D}_j \tag{5.11}$$

Der entsprechende Extremwert ist folglich:

$$a_\zeta^{max} = \max(|a_\zeta|) = a_{\zeta,0} \tag{5.12}$$

Spitze-Spitze-Wert

Die Beschleunigungsspanne, auch Spitze-Spitze-Wert, beschreibt die absolute, messbare Differenz zwischen Minimal- und Maximalwert des betrachteten Signalausschnitts:

$$a_\zeta^{p2p} = |\max(a_\zeta) - \min(a_\zeta)| \tag{5.13}$$

Vibration Dose Value

Eine weitere Schwingkomfortbewertungsgröße, die in der ISO 2631 genutzt wird, ist der Vibration Dose Value VDV_ζ, Gl. (5.14). Die Analogie zum RMS-Wert, Gl. (2.45), ist direkt ersichtlich mit dem Unterschied, dass die Beschleunigungen nicht mit der zweiten, sondern der vierten Potenz in die Gleichung eingehen. Zusätzlich wird nicht die zweite, sondern die vierte Wurzel verwendet, um VDV_ζ zu berechnen. [Gri90, ISO97]

$$VDV_\zeta = \sqrt[4]{\frac{T}{N}\sum_{i=1}^{N} a_{\zeta,i}^4} \tag{5.14}$$

Dabei beschreibt T die Dauer des zu bewertenden, diskreten Messsignals in Sekunden und N die Anzahl der diskreten Messwerte. Bei konstanter Abtastrate f_s und Zeitdauer T ergibt sich N zu:

$$N = T \cdot f_s \tag{5.15}$$

Scheitelfaktor

Der Scheitelfaktor k_ζ (engl. Crest Factor) dient zur Bewertung der Signalcharakteristik und lässt sich durch das Verhältnis zwischen Spitzenwert der frequenzgewichteten Beschleunigung a_ζ^{max} und dazugehörigem Effektivwert berechnen [Gri07]:

$$k_\zeta = \frac{a_\zeta^{max}}{RMS_\zeta} \tag{5.16}$$

Da die menschliche Schwingungswahrnehmung laut GRIFFIN [Gri90] je nach Fahrsituation besser durch RMS_ζ oder den Maximalwert der Beschleunigung a_ζ^{max} repräsentiert wird, kann anhand des Scheitelfaktors eine Fallunterscheidung vorgenommen werden. Für ein niedriges k_ζ beschreibt der Effektivwert die Wahrnehmung am besten, für ein großes k_ζ korreliert der Spitzenwert der Beschleunigung am besten mit der menschlichen Wahrnehmung [Gri90].

Instationaritätsfaktor

Der Instationaritätsfaktor IF_ζ wurde zur Analyse stoßhaltiger Signale bei der Bewertung von Ganzkörperschwingungen entwickelt. Er bezieht die Kurtosis $Ku(a_\zeta)$ des gemessenen Beschleunigungssisgnales auf die Kurtosis eines Sinussignals $Ku_{sin} = 1,5$: [DIN12, Moh04]

$$IF_\zeta = \sqrt[4]{\frac{Ku(a_\zeta)}{Ku_{sin}}} = \sqrt[4]{\frac{Ku(a_\zeta)}{1,5}} \tag{5.17}$$

Die Kurtosis $Ku(a_\zeta)$ wird über das zentrale Moment vierter Ordnung $m_4(a_\zeta)$ und die Standardabweichung σ_ζ berechnet. Sie beschreibt die Formabweichung (Wölbung) einer der Häufigkeitsverteilung von a_ζ in Bezug zur Gaußschen Normalverteilung: [Kna10, Moh04]

$$Ku(a_\zeta) = \frac{m_4(a_\zeta)}{\sigma_\zeta^4} = \frac{1}{n}\sum_{i=1}^{N}\left(\frac{a_{\zeta,i} - \overline{a}_\zeta}{\sigma_\zeta}\right)^4 \tag{5.18}$$

Ruck

Der Ruck $\dot{a}_\zeta$ ist eine Größe, die vor allem bei abrupten, stoßhaltigen Anregungen von Interesse ist. Durch die Ableitung der Beschleunigung a_ζ nach der Zeit t ergibt sich der Ruck. In der vorliegenden Arbeit wird allerdings nicht die Rohdatenbeschleunigung, sondern eine tiefpassgefilterte Beschleunigung $a_\zeta^{W_j}$ herangezogen: [Mar08]

$$\dot{a}_\zeta = \frac{da_\zeta^{W_j}}{dt} \tag{5.19}$$

Hierbei wurde, um eine möglichst strenge Beschränkung zu erreichen, ein Butterworth-Tiefpassfilter achter Ordnung W_j mit einer Eckfrequenz von $F_l = 5\ Hz$ verwendet, siehe Abb. 5.15. [AST17]

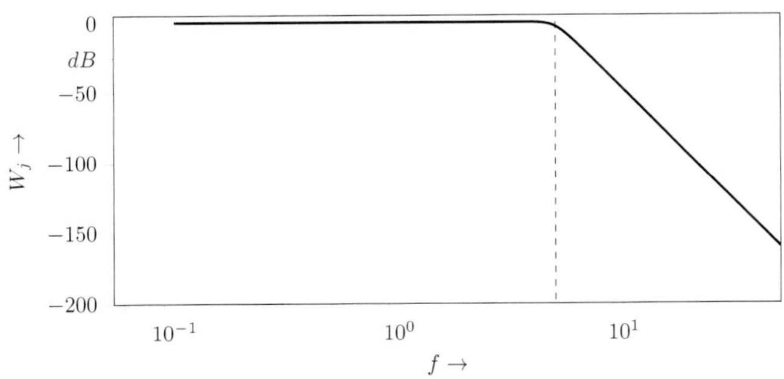

Abb. 5.15: *Frequenzgang des $5\ Hz$ Butterworth-Tiefpassfilters achter Ordnung*

Somit werden nur niederfrequente Beschleunigungsanteile zur Ruckberechnung nach Gl. (5.19) herangezogen. Die Wahl der verwendeten Filtereckfrequenz basiert auf dem aktuellen Stand der Wissenschaft zur Ruckberechnung in Schienenfahrzeugen, siehe Kap. 2.2.1.

5.2.4 Datenbasis

Nachdem im vorangegangenen Abschnitt jedes Merkmal hergeleitet und anhand der in Kap. 5.2.2 beschriebenen Relevanzfilterung berechnet wurde, wird im folgenden die Datenbasis je Merkmalstyp dargestellt. Es erfolgt eine Gesamtbetrachtung aller Messdaten über sämtliche Messstellen. Die Summenhäufigkeit $\sum H$ der einzelnen RMS-Werte, siehe Abb. 5.16, und VDV-Werte, siehe Abb. 5.17, wird, jeweils basierend auf gefilterten und ungefilterten Beschleunigungen sowie je Raumrichtung dargestellt. Die gewählte Form der Darstellung ermöglicht den Vergleich zwischen stehender (Rot) und sitzender Haltung (Blau). In Form von Boxplots werden die Quartile, der Median und die Extremwerte aufgetragen und im unteren Teil jeder Grafik beschreiben die zwei Kurven jeweils die Summenhäufigkeit eines Merkmals. Auf der Abszisse ist der entsprechende Wert des betrachteten Merkmals aufgetragen, die logarithmische Ordinate bezieht sich auf die Summenhäufigkeit.

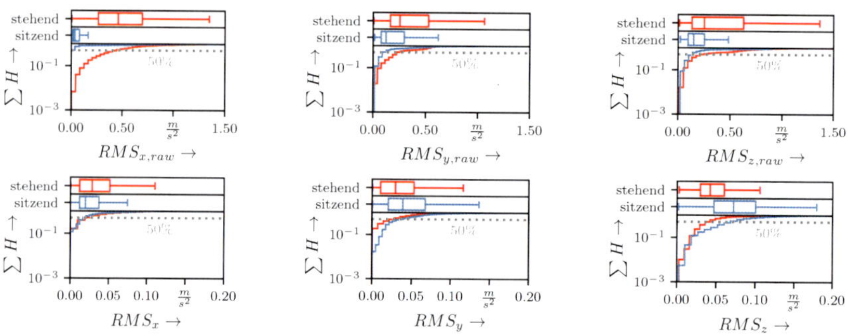

Abb. 5.16: *Summenhäufigkeit* $\sum H$ *der* RMS*-Merkmale*

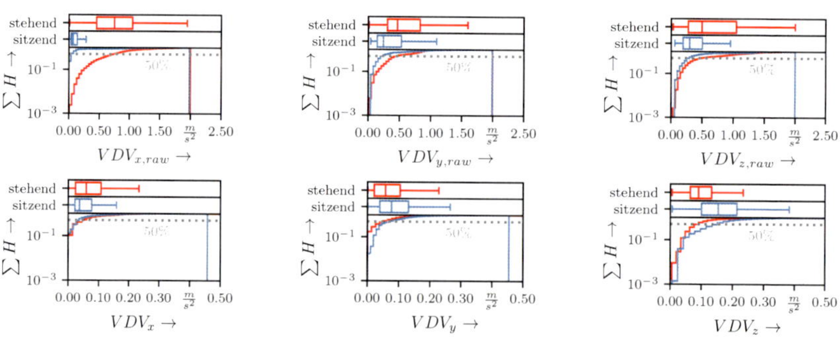

Abb. 5.17: *Summenhäufigkeit* $\sum H$ *der* VDV*-Merkmale*

Eine isolierte Betrachtung der Merkmale je Raumrichtungen und Filterung zeigt, dass die RMS- und VDV-Werte einen ähnlichen Trend aufweisen. Dies ist darauf zurückzuführen, dass der mathematische Berechnungsweg, bis auf die unterschiedlichen Exponenten, identisch ist. Da bei dem Vibration Dose Value die vierte Potenz, siehe Gl. (5.14), verwendet wird, liegen die Summenhäufigkeiten im Bereich leicht höherer Werte im Vergleich zu den Effektivwerten. Bei diesen wird die zweite Potenz angesetzt. Der dargestellte Wertebereich für die stehende Haltung grenzt sich deutlich von dem der sitzenden ab. So ergeben sich vor allem für die horizontale Schwingungsrichtung kleinere RMS-, bzw. VDV-Werte als bei der vertikalen Schwingungsrichtung. Schlüssig ist auch, dass der Wertebereich für gefilterte Beschleunigungsmerkmale enger wird, da quasi-statische Beschleunigungsanteile bei der Frequenzgewichtung abgeschnitten werden. Für die absoluten Maximalwerte der Beschleunigungen ergeben sich ähnliche Verteilungsfunktionen je Raumrichtung, siehe Abb. 5.18.

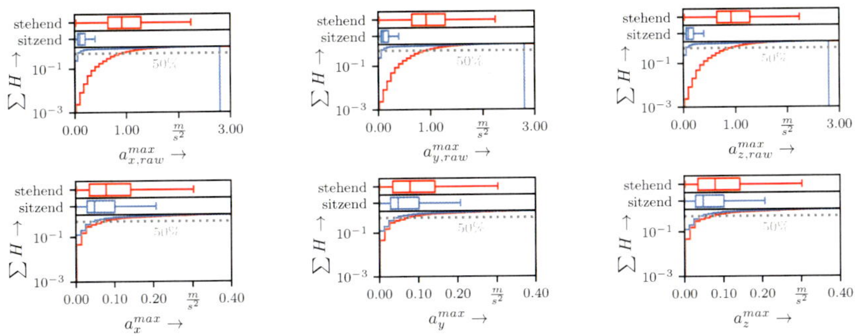

Abb. 5.18: *Summenhäufigkeit* $\sum H$ *der absoluten Maximalbeschleunigungen*

Der Wertebereich für die sitzende Haltung ist auch hier deutlich enger gefasst und prägt sich hauptsächlich im Bereich kleiner Werte aus. Dies resultiert aus dem geringeren Datenumfang für die sitzender Haltung. Darüber hinaus könnte die Ursache für eine Wertung im Sinne der Relevanzfilterung (sitzende Haltung) besser durch ein anderes Merkmal beschrieben werden. Dies soll der mittels Maschinellem Lernens entwickelte Algorithmus anhand der selbst erlernten Zusammenhänge selbstständig herausfinden und abhängig von den zum Wertungszeitpunkt stattfindenden Gegebenheiten die relevanten Merkmale zur Lösungsfindung verwenden. Auch bei den maximalen Beschleunigungen ist zu sehen, dass die Spanne der Rohdatenbeschleunigungen breiter als die der gefilterten ist. Die Verteilung der Merkmale für gefilterte und ungefilterte Scheitelfaktoren $k_\zeta, k_{\zeta,raw}$, sind in Abb. 5.19 dargestellt.

Erneut sind die Verteilungsfunktionen frequenzgewichteten Ursprungs auf ein engeres Band begrenzt, allerdings liegt der Gesamtwertebereich nicht wie bei den zuvor betrachteten Merkmalen nahe Null, sondern tendiert zu größeren Werten. Wiederum ist die Verteilung der Merkmale mit Ursprung in den Rohdaten über einen größeren Wertebereich erstreckt. Interessanterweise ergeben sich nur geringe Unterschiede zwischen den berechneten Instationaritätsfaktoren. Bei diesem Merkmalstypus macht die Filterung zwar einen sichtbaren, aber weniger deutlichen Unterschied, siehe Abb. 5.20.

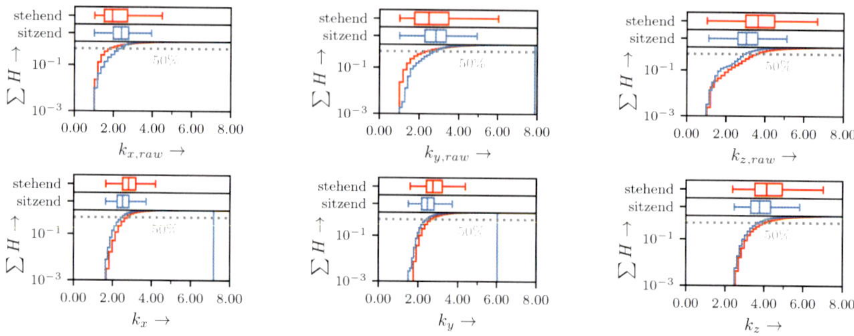

Abb. 5.19: *Summenhäufigkeit $\sum H$ der Scheitelfaktoren*

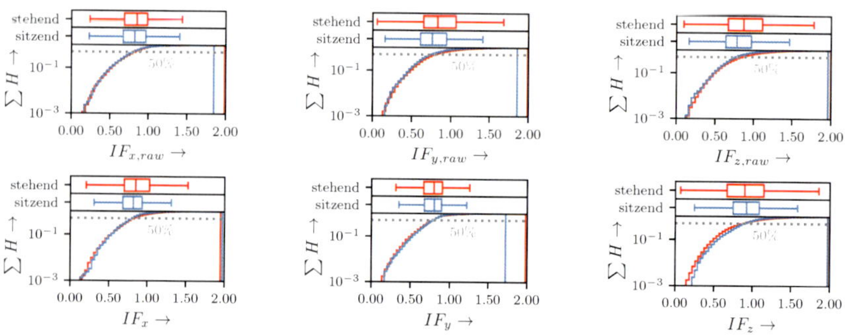

Abb. 5.20: *Summenhäufigkeit $\sum H$ der Instationaritätsfaktoren*

Die erfassten Spitze-Spitze-Werte zeigen beide Körperhaltungen ähnliche Verteilungsverläufe, siehe Abb. 5.21. Der größte Unterschied ergibt sich für die Längsrichtung.

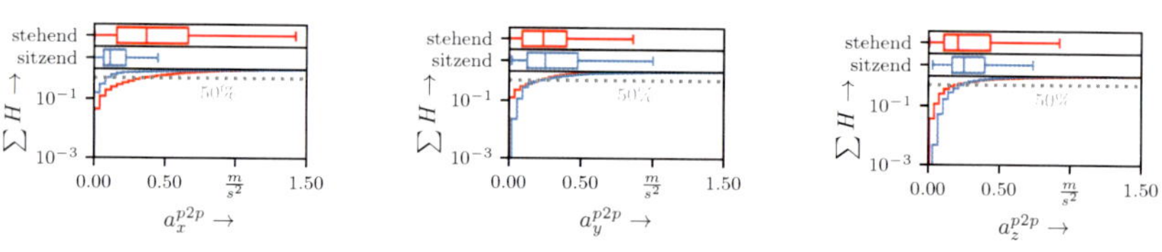

Abb. 5.21: *Summenhäufigkeit $\sum H$ der $p2p$-Merkmale*

Eine Betrachtung der Ruckwerte, siehe Abb. 5.22, zeigt, dass die Querrichtung sowie die vertikale Schwingungsrichtung maßgeblich für maximale Rucke verantwortlich sind. Die Längsrichtung scheint eine untergeordnete Rolle zu spielen. Für die Effektivwerte der Rucke zeigen sich analoge Häufigkeitsverteilungen. Es ist offensichtlich, dass der Wertebereich der effektiven Ruckwerte in einer kleineren Größenordnung liegt als der des Maximalwertes. Ein signifikanter Unterschied zwischen stehender und sitzender Haltung ist nicht festzustellen, jedoch sind für fie Quer- und Vertikalrichtung in sitzender Position leicht höhere Werte messbar.

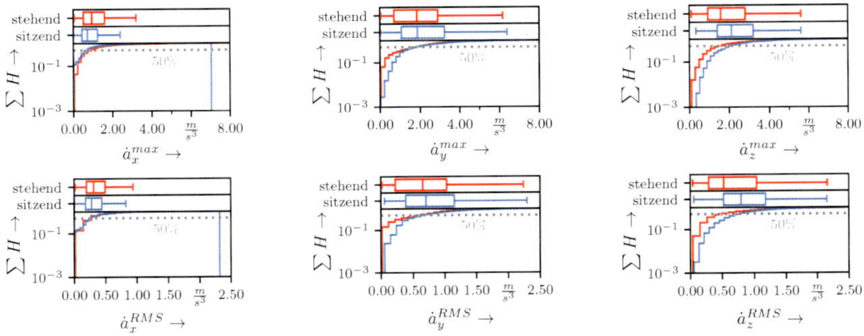

Abb. 5.22: *Summenhäufigkeit* $\sum H$ *der Ruckmerkmale*

Die Unterschiede in der Verteilung der maximalen spektralen Leistungsdichte im Frequenzband zwischen 0 und $25\ Hz$ für gefilterte und ungefilterte Beschleunigungen werden maßgeblich durch die Frequenzgewichtung beeinflusst, siehe Abb. 5.23. Wie auch schon bei den zuvor untersuchten Merkmalen festgestellt, bewirkt eine Filterung eine Verdichtung des Wertebereichs hin zu kleineren Werten im Vergleich zu den aus den ungefilterten Beschleunigungen gewonnenen Leistungsdichtespektren. Nennenswerte allgemeine Unterschiede zwischen sitzender und stehender Haltung sind nicht festzustellen.

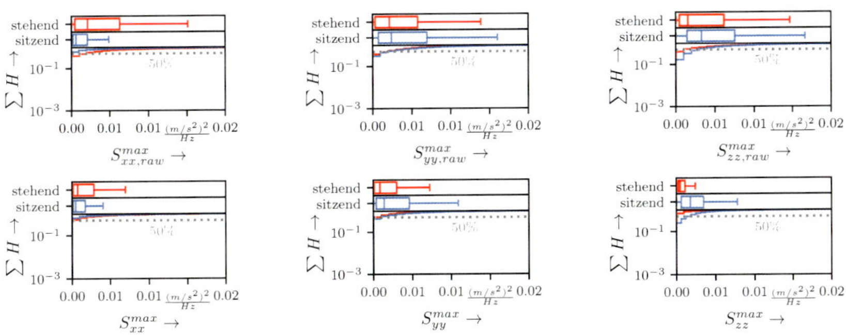

Abb. 5.23: *Summenhäufigkeit* $\sum H$ *der* $S_{\epsilon\epsilon}$*-Merkmale*

5.2.5 Schwingkomfortwahrnehmung und Trassierung

Die erfassten Messdaten für die horizontale Krümmung κ können zur Abschätzung des Einflusses der Streckenführung auf die Schwingkomfortwahrnehmung herangezogen werden, siehe Abb. 5.24. Bei der grafischen Darstellung wurde auf eine Unterscheidung des Vorzeichens der Krümmungswerte verzichtet. Jedoch wurde eine Unterteilung in stehende und sitzende Fahrgäste durchgeführt, da die Haltung der Personen sowie die unterschiedliche Koppelung des menschlichen Körpers über verschiedene Kontaktflächen relevant ist. Die gewählte Darstellungsform ermöglicht die qualitative Einordnung der Häufigkeit der subjektiven Wertungen (flächige Ausdehung jeder Kurve) bezogen auf den Absolutwert der horizontalen Krümmung.

Im Bereich sehr guter bis guter Komfortwerte $1 \leq D < 3$ verdichten sich die Krümmungswerte bei stehenden wie sitzenden Fahrgästen hin zu sehr großen Bogenradien oder geraden Streckenabschnitten. Mit einer Verschlechterung des Schwingkomforts spielen kleinere Bogenradien eine wachsende Rolle, obwohl auch Geraden und Bögen mit großen Radien sehr schlechte Schwingkomfortwerte aufweisen, z. B. bedingt durch Anfahr- und Bremsvorgänge.

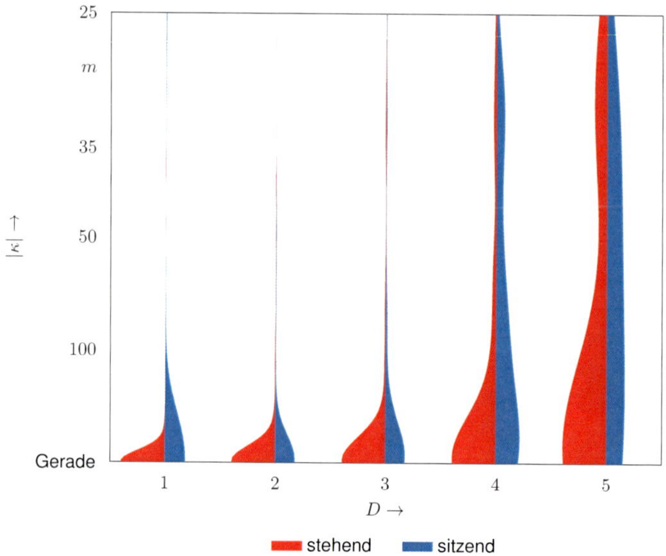

Abb. 5.24: *Zusammenhang zwischen Subjektivurteilen und horizontaler Krümmung* κ

Durch die in der vorliegenden Arbeit in Zusammenhang gebrachten Messdaten bestätigt sich die Annahme, dass der Schwingkomfort im BOStrab-Betrieb, neben anderen fahrdynamischen Einflüssen, stark von der Trassierung abhängt. Ein trassierungsabhängiger Unterschied zwischen sitzenden und stehenden Schwingkomfort-Befragten lässt sich nicht feststellen.

5.2.6 Korrelationsbetrachtung

Der zuvor erarbeitete Datensatz wird im Folgenden eingehend untersucht, um die Struktur der Daten und bereits erkennbare Zusammenhänge deutlich zu machen. Eine kurze und übersichtliche Darstellung der wechselseitigen Zusammenhänge zwischen einer Variablen X_1 und einer anderen X_2 ermöglicht die Bestimmung der Kreuzkorrelation r_{X_1,X_2} [Tou09]:

$$r_{X_1,X_2} := \frac{\sum_{j=1}^{n}(X_{1,j} - \overline{X_1})(X_{2,j} - \overline{X_2})}{\sqrt{\sum_{j=1}^{n}(X_{1,j} - \overline{X_1})^2 \sum_{j=1}^{n}(X_{2,j} - \overline{X_2})^2}} \tag{5.20}$$

In Gl. (5.20) bezeichnet $\overline{X}_1$ z. B. den Mittelwert des Merkmalsvektors mit dem Index 1.

Kreuzkorrelation der Merkmale (sitzend)

Abb. 5.25 stellt die Korrelationsmatrix durch eine farbige Markierung jedes Eintrages dar. Werte, die sehr stark Richtung strenge Korrelation tendieren, nehmen in ihrem Rotwert zu. Umgekehrt verhält es sich mit nicht korrelierten Werten, die zunehmend stärkere Blautöne aufzeigen. Es ist offensichtlich, dass nahezu alle Merkmale, die aus Beschleunigungen der gleichen Raumrichtung gewonnen wurden, miteinander korrelieren. Vor allem VDV- und RMS-Werte weisen wechselseitig hohe positive Korrelationskoeffizienten auf. Dies ist maßgeblich auf die sehr ähnliche mathematische Formulierung beider Größen und deren Anwendung auf dieselben Rohdaten zurückzuführen. Weiterhin korrelieren Beschleunigungsmaximalwerte und RMS-Werte gleicher Raumrichtung, wohingegen die Scheitel- und Instationaritätsfaktoren weitaus geringere positive Korrelationskoeffizienten mit anderen Merkmalen aufzeigen. Die Plausibilität der berechneten Merkmale scheint gegeben zu sein, vor allem weil die Korrelationen für gleiche Raumrichtungen stark ausgeprägt sind und zusätzlich negative Korrelationskoeffizienten für die meisten Merkmale unterschiedlicher Raumrichtungen vorliegen. Eine differenzierte Untersuchung der Korrelation der Zielgröße D mit den Merkmalen, ist in der eben gezeigten Darstellung nicht deutlich grafisch darzustellen, da die Beschleunigungen stärker linear miteinander korrelieren, als mit dem mittleren Subjektivurteil. Aus diesem Grund wird für die sitzende und stehende Haltung die Kreuzkorrelation der Zielgröße mit den Merkmalen in einer gesondert dargestellten Analyse durchgeführt, um die gefundenen Zusammenhänge zu verdeutlichen.

Kreuzkorrelation der Merkmale (stehend)

Die einzelnen Merkmale korrelieren untereinander in einer ähnlichen Art und Weise, wie es bei der sitzenden Haltung der Fall war, siehe Abb. 5.26. Vor allem die Korrelation der Merkmale gleicher Schwingungsrichtung, die einen ähnlichen mathematischen Zusammenhang auf dieselben Rohdaten anwenden, ist sehr hoch. Die Plausibilität der einzelnen Korrelationswerte der verschiedenen Merkmale ist gegeben.

Kreuzkorrelation der Merkmale mit der Zielgröße

Alle Kreuzkorrelationen der Merkmale mit D sind in Tab. 5.2 aufgelistet. Als einziges Merkmal für die sitzende Haltung zeigt $k_{y,raw}$ einen nennenswerten Korrelationskoeffizienten bzgl. der Zielgröße D. Mit $r_{k_{y,raw},D} = 0,110$ liegt jedoch ein vergleichweise niedriger Wert vor. Alle anderen Kreuzkorrelationen sind mit Werten nahe Null als unkorreliert zu bezeichnen.

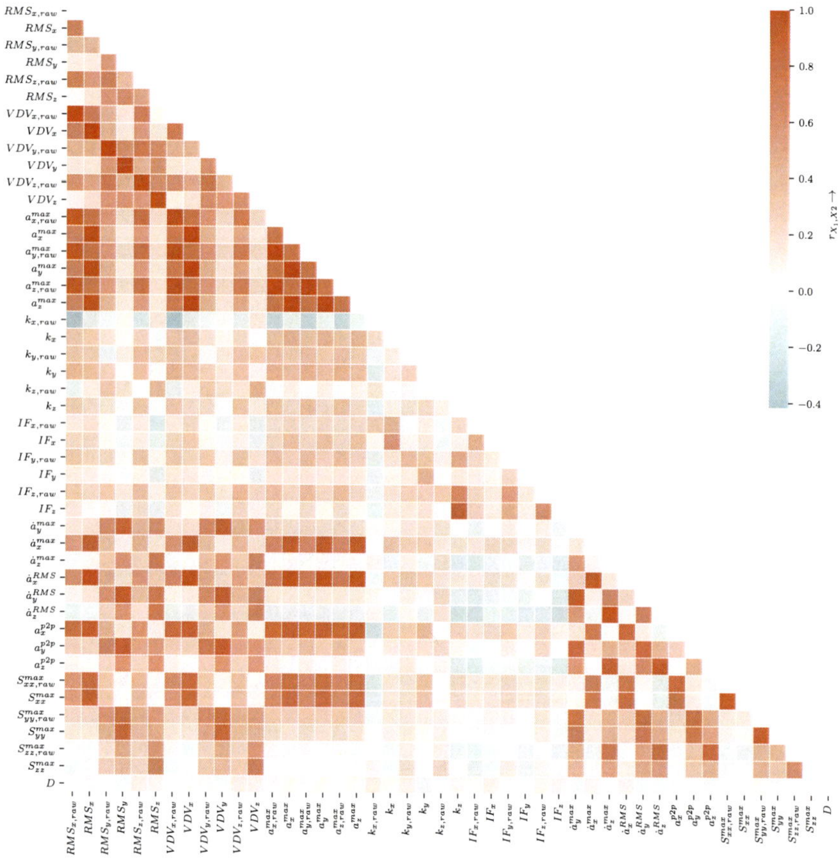

Abb. 5.25: *Korrelation der Merkmale und Zielgröße für die sitzende Haltung*

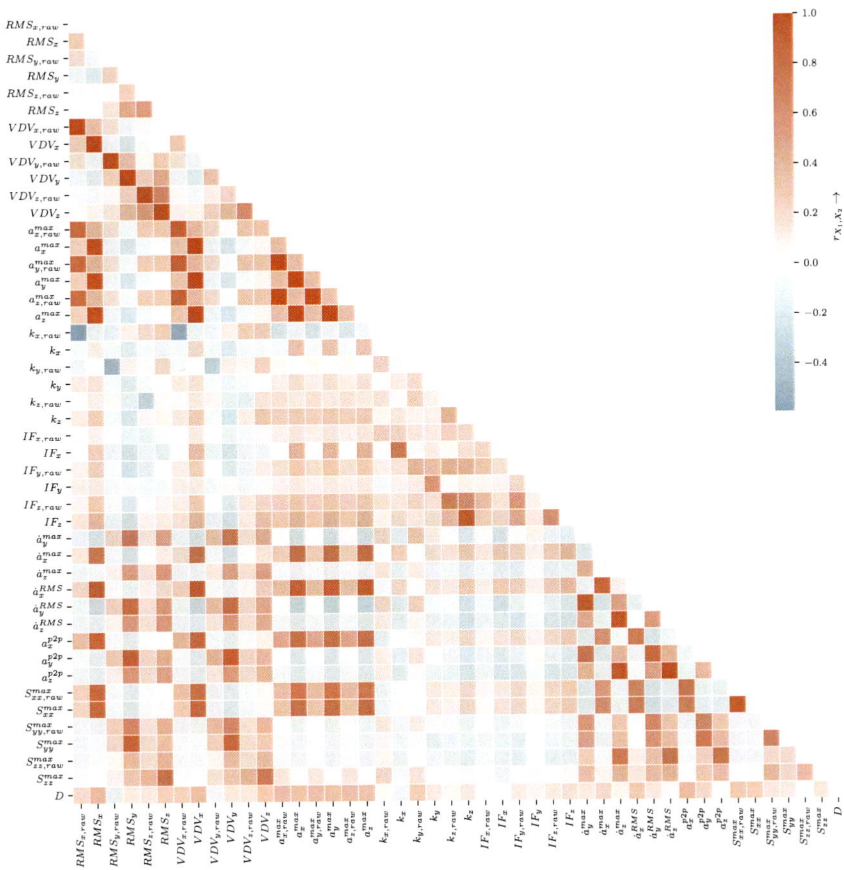

Abb. 5.26: *Korrelation der Merkmale und Zielgröße für die stehende Haltung*

Tab. 5.2: *Kreuzkorrelationen zwischen Merkmalen und Zielgröße D*

(a)

	sitzend	stehend
$a^{max}_{x,raw}$	0,030	0,340
a^{max}_{x}	0,039	0,312
$a^{max}_{y,raw}$	0,030	0,340
a^{max}_{y}	0,039	0,312
$a^{max}_{z,raw}$	0,030	0,340
a^{max}_{z}	0,039	0,312
a^{p2p}_{x}	-0,019	0,383
a^{p2p}_{y}	-0,011	0,193
a^{p2p}_{z}	-0,052	0,018

(b)

	sitzend	stehend
$RMS_{x,raw}$	-0,016	0,211
RMS_{x}	0,023	0,373
$RMS_{y,raw}$	0,005	-0,134
RMS_{y}	-0,031	0,118
$RMS_{z,raw}$	0,087	0,139
RMS_{z}	0,054	0,259
$VDV_{x,raw}$	-0,009	0,251
VDV_{x}	0,028	0,345
$VDV_{y,raw}$	0,022	-0,065
VDV_{y}	-0,033	0,136
$VDV_{z,raw}$	0,090	0,142
VDV_{z}	0,066	0,271

(c)

	sitzend	stehend
$k_{x,raw}$	0,095	0,046
k_{x}	0,048	-0,086
$k_{y,raw}$	0,110	0,269
k_{y}	-0,064	0,131
$k_{z,raw}$	-0,020	0,074
k_{z}	0,055	0,129
$IF_{x,raw}$	0,048	-0,006
IF_{x}	0,084	-0,005
$IF_{y,raw}$	0,026	0,116
IF_{y}	-0,046	0,084
$IF_{z,raw}$	0,069	0,126
IF_{z}	0,058	0,175

(d)

	sitzend	stehend
$\dot{a}^{max}_{x}$	0,056	0,213
$\dot{a}^{max}_{y}$	-0,043	0,136
$\dot{a}^{max}_{z}$	-0,017	0,067
$\dot{a}^{RMS}_{x}$	0,053	0,283
$\dot{a}^{RMS}_{y}$	-0,039	0,117
$\dot{a}^{RMS}_{z}$	-0,031	0,034
$S^{max}_{xx,raw}$	-0,005	0,293
S^{max}_{xx}	0,002	0,262
$S^{max}_{yy,raw}$	0,047	0,147
S^{max}_{yy}	0,011	0,136
$S^{max}_{zz,raw}$	-0,022	0,015
S^{max}_{zz}	0,006	0,173

Allerdings bedeuten geringe Korrelationswerte keineswegs, dass keine Kausalität der Merkmale mit dem mittleren Subjektivurteil vorliegt, sondern vielmehr, dass diese möglicherweise nichtlinear ist [Ting11, Hel10]. Im Vergleich zu den Korrelationskoeffizienten aller Merkmale der stehenden Haltung mit der Zielgröße besteht für die sitzende Haltung eine größere Unschärfe, vor allem durch die Entfernung der Messstelle (Fußboden) zu den Befragten. Demgegenüber korrelieren vor allem die Merkmale der stehenden Haltung gut mit der Zielgröße. Daraus ergibt sich, dass ein linearer Zusammenhang zwischen den Merkmalen und dem mittleren Komfort wahrscheinlicher wird, je näher die Befragten zur Messstelle positioniert waren. Vor allem die Effektivwerte der gefilterten Längsbeschleunigung RMS_x und Längsrucke $\dot{a}_x^{RMS}$ scheinen vorwiegend linear mit der Zielgröße D in Zusammenhang zu stehen. Die Merkmale der Quer- und Vertikalrichtung zeigen vergleichsweise niedrigere Korrelationskoeffizienten. Im Gegensatz dazu zeigen die absoluten Maximalwerte der Beschleunigungen aller Raumrichtungen eine gute Korrelation mit der Zielgröße.

5.3 Zwischenfazit

Nachdem in diesem Kapitel die Daten explorativ analysiert wurden und eine lineare Korrelation großer Teile der Merkmale mit der Zielgröße D, vor allem für die stehende Haltung, festgestellt wurde, wird davon ausgegangen, dass die generierten Merkmale plausibel und für das Training von Machine-Learning-Modellen geeignet sind. Folgende Schlussfolgerungen sind kritisch in die Entwicklung der Methoden des Maschinellen Lernens bzw. in die Methodenentwicklung in Kap. 6 einzubeziehen:

- Die Relevanzfilterung bietet eine sehr gute Möglichkeit, einzelne Subjektivurteile verschiedener Versuchsteilnehmer einem bestimmten Ereignis zuzuordnen. Dennoch besteht die Möglichkeit, dass Wertungen, die unterschiedlichen Ereignissen gelten, zufällig in ein gemeinsames Fenster der Breite $T = 5\ s$ gefallen sind. Dadurch entstehen ggf. Mittelwerte, die nicht der tatsächlichen Mehrheitswahrnehmung entsprechen. Eine eindeutige Zuordnung zwischen regellos abgegebenen Subjektivwertungen und deren Ursachen ist somit nicht zweifelsfrei möglich. Im Folgenden wird aufgrund der zusätzlichen Beschränkungen auf Mittelwerte mit einer Standardabweichung von unter einer halben Klassenbreite davon ausgegangen, dass der Fehler vernachlässigbar klein ist.
- Auch der Einfluss der Trassierung auf den wahrgenommenen Schwingkomfort in BOStrab-Fahrzeugen wurde beleuchtet. Immer kleinere Bogenradien führen zu immer schlechteren Schwingkomfortbewertungen. Auch auf geraden Streckenabschnitten, existieren Bereiche mit einem sehr schlechten Schwingkomfort durch Anfahren oder Bremsen.
- Die Korrelationskoeffizienten für stehende Fahrgäste sind höher als für sitzende. Eine Ursache für diese Unschärfe ist unter Umständen der größere Abstand zwischen Fuß- und Sitzkontaktflächen je Versuchsperson zur Beschleunigungsmessstelle. Da die Fahrzeugbeschleunigungen auf dem Fußboden mittig bezogen auf die Fahrzeuglängsachse gemessen wurden und die Sitzgruppen bis zu zwei Meter Abstand dazu hatten, sind ggf. weitere schwingungsdynamische Effekte in den Messsignalen wiederzufinden oder zusätzliche fahrdynamische Einflüsse nicht abgebildet.

Bspw. ist der Effekt von Wank- oder Schlingerbewegungen mit zunehmendem Abstand zur Messstelle, abhängig von der Position im Wagenkasten, deutlich spürbarer. Außerdem ist die Dämpfungswirkung der Sitzpolsterung ein potenzieller Unschärfefaktor, der in dieser Arbeit nicht betrachtet wird.

- Hinsichtlich der Kausalität zwischen Merkmalen und Zielgröße ist ein vorwiegend nicht-linearer Zusammenhang zu vermuten, der sich vor allem bei der sitzenden Haltung in sehr niedrigen Korrelationskoeffizienten wiederspiegelt. Aus diesem Grund sollten Machine-Learning-Algorithmen zur Vorhersage des mittleren Schwingkomforts verwendet werden, da diese auch hochgradig nicht-lineare Zusammenhänge abbilden können. Weniger komplexe lineare Regressionsmodelle sollten ebenfalls hinsichtlich ihrer Eignung zur Schwingkomfortvorhersage in BOStrab-Fahrzeugen überprüft werden, da sie einfach interpretierbar und aktueller Stand der Technik im Bereich des Schwingkomforts sind.

6 Maschinelles Lernen

In der Vergangenheit wurden zur Schwingkomfort-Modellierung häufig lineare Modelle verwendet, z. B. die Multiple Lineare Regression (MLR), da sie für den Endanwender einfach zu verwenden und interpretieren sind. In der vorliegenden Arbeit werden neben der Multiplen Linearen Regression (MLR) Techniken des Maschinellen Lernens zur Schwingkomfortvorhersage verwendet. Mehr denn je bieten die Methoden dieses wiederbelebten Forschungsgebietes leistungsfähige Ansätze zur Lösung komplexer, hochdimensionaler Probleme. In der Forschung existieren bereits vielversprechende Erkenntnisse aus dem Automobilbereich sowie allgemein aus dem Transportwesen, z. B. KNAUER [Kna10], NGUYEN et al. [Ngu20] und CIESLAK et al. [Cie20]. Eine Modellbildung mittels MLR wird dennoch durchgeführt, um einen Vergleich des Stands der Technik und Forschung mit den komplexen ML-Verfahren durchführen zu können. Alle Algorithmen werden hinsichtlich ihrer Genauigkeit auf Basis von Validierungsdaten geprüft und aufgrund der identischen Bewertungsskala mit dem Wertzifferverfahren verglichen.

In den vier Teilschritten des Maschinellen Lernens, Train-Test-Split, Lernen, Validierung und Vorhersage, wird schrittweise das neue Schwingkomfortbewertungsmodell erarbeitet, siehe Abb. 6.1.

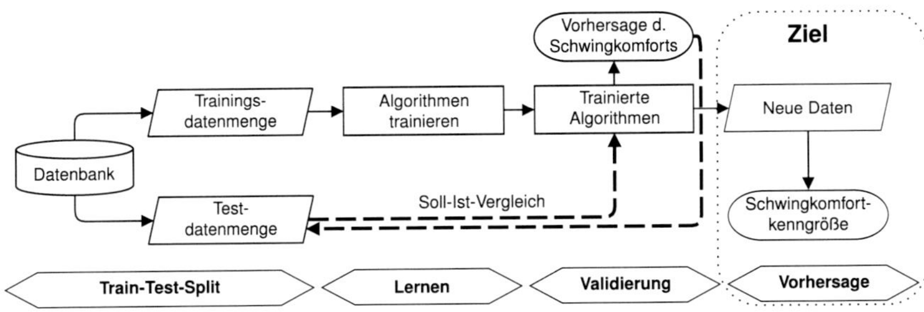

Abb. 6.1: *Teillösungsprozess des Maschinellen Lernens*

Im Zuge des Train-Test-Split-Verfahrens werden die in der Datenbank, siehe Kap. **??**, befindlichen Merkmale sowie die mittleren Subjektivurteile durch eine zufällige Auswahl der einzelnen Datenpaare in eine Trainings- und Testdatenmenge aufgeteilt. Anschließend werden die verschiedenen Algorithmen unter der ausschließlichen Verwendung der Trainingsdaten angelernt. Der Anteil der Trainingsdaten ist größer als der Anteil der Testdaten.

In der vorliegenden Arbeit wird eine alternative Form der Validierung auf Basis der für den Algorithmus unbekannten Testdaten appliziert, die im Bereich des Maschinellen Lernens aktueller Stand der Technik ist. Auf spätere Validierungsversuche kann demnach in Gänze verzichtet werden, da die Testdaten den Algorithmen unbekannt sind und eine Überanpassung[1] des jeweiligen Modells auf bekannte Daten verhindert wird. Die so erreichte Generalisierbarkeit gewährleistet es auch, zukünftig mit unbekannten, neuen Daten aussagekräftige Schwingkomfortprognosen mit dem neu entwickelten Bewertungsverfahren durchführen zu können.

[1] Überanpassung bedeutet, dass der verwendete ML-Algorithmus die zum Training verwendeten Daten auswendig lernt und somit bei der Vorhersage neuer, unbekannter Daten nur ungenaue Vorhersagen treffen kann.

Außerdem beschränkt sich diese Arbeit ausschließlich auf überwachte Lernalgorithmen, da der Schwingkomfort messtechnisch ermittelt werden konnte und somit auf Basis charakteristischer Merkmale aus den Beschleunigungen darauf trainiert werden kann, diese vorherzusagen. In Kap. 5.2.3 werden vor allem Merkmale ausgewählt, die möglichst vielversprechend hinsichtlich ihrer Aussagekraft bzgl. des Schwingkomforts sind, u. a. solche, die bereits in entsprechenden Normen und Richtlinien verwendet werden, vgl. Kap. 2. Dadurch sind $m = 45$ verschiedene Merkmale zur Schwingkomfortvorhersage vorhanden. Entsprechend der neu entwickelten Methode der Relevanzfilterung, siehe Kap. 5.2.2, sind aussagekräftige Referenzdaten der Zielgröße des mittleren Schwingkomforts D vorhanden. Grundsätzlich wird beim überwachten Maschinellen Lernen zwischen Regression und Klassifikation unterschieden. Entsprechend wären die Rohdaten der Subjektivurteile direkt aus der Smartphone Applikation für eine Klassifikation geeignet, da diese als semantische Werte wie „sehr gut", „gut", „mittelmäßig", „schlecht" oder „sehr schlecht" vorliegen. Allerdings wurden diese durch die Relevanzfilterung in mittlere Subjektivwerte überführt, um einen Mehrheitsentscheid je Messstelle zu berücksichtigen und die allgemeine Aussagekraft der Daten zu erhöhen. Da diese in Kap. 5 berechneten Zielwerte des mittleren Schwingkomforts D nun als rationale Zahlen vorliegen, muss die Schwingkomfortvorhersage in Form einer Regression erfolgen.

6.1 Auswahl der Algorithmen

In dieser Arbeit werden Regressionen mittels Multipler Linearer Regression (MLR) [Uya13] und des auf Entscheidungsbäumen beruhenden Modells XGBoost (eXtreme Gradient Boosting) [Che16] durchgeführt [Myl04]. Hierzu werden die in Kap. 5.2.3 hergeleiteten physikalischen Merkmale als Eingangsgröße des Modells sowie der durch Relevanzfilterung, siehe Kap. 5.2.2, bestimmte mittlere Schwingkomfort als Zielgröße verwendet. Da die MLR bereits erfolgreich zur Schwingkomfortvorhersage eingesetzt wird, z. B. bei Verfahren für den Komfort in Übergangsbögen oder den Komfort bei diskreten Ereignissen nach EN 12299, soll dieses Regressionsverfahren ebenfalls im Bereich von Straßen- und Stadtbahnen angewendet werden. XGBoost ist ein weitaus komplexeres sogenanntes Gradient Boosting Verfahren, das seit einigen Jahren viele Machine-Learning-Wettbewerbe auf der Plattform Kaggle[2] [Xgb21] dominiert und sehr gute Ergebnisse sowohl in angewandeten Wissenschaften als auch in der Grundlagenforschung bspw. zur Signalidentifikation des Higgs Bosons aus verrauschten Daten des Large Hadron Collider liefert [Che16]. Beim Gradient Boosting werden mehrere „schwache" Algorithmen miteinander kombiniert, wodurch ein sogenanntes Ensemble entsteht, was meist zu sehr exakten Ergebnissen führt. Auch im Bereich der Schwingungsvorhersage existieren Beispiele, die eine hohe Performanz von XGBoost nahelegen, bspw. in der Vorhersage von Bodenvibrationen infolge von Sprengungsarbeiten im Bergbau [Qiu21]. Aufgrund des guten Verhältnisses zwischen Rechenintensität und Genauigkeit [Che16] wird XGBoost neben der MLR als weiteres Verfahren zur Vorhersage des Schwingkomforts in Straßenbahnen ausgewählt. Das detaillierte Vorgehen zur Aufteilung der gesammelten Daten in Test-, Trainings- und Validierungsdatensätzen sowie die Trainingsmethodik beider Algorithmen werden im Folgenden vorgestellt.

[2] Kaggle ist eine Plattform für Datenwissenschaftler (Data Scientists) die u. a. Data-Science-Wettbewerbe veranstaltet. Teilweise loben Unternehmen hohe Prämien für die ersten Platzierungen aus. Weiterhin bietet Kaggle frei verfügbare Datensätze, Cloud-basierte Programmierumgebungen und Lehrmaterialien an.

6.2 Train-Test-Split

Bevor die verschiedenen Algorithmen trainiert werden, erfolgt eine Aufteilung der gesamten Daten in verschiedene Untermengen, siehe Abb. 6.2. Alle Algorithmen werden lediglich anhand der Trainingsdaten angelernt, die Testdaten bleiben zur späteren Überprüfung der trainierten Algorithmen unberührt. Werden die einzelnen Werte der Testdatenmenge überwiegend mit hoher Treffsicherheit prognostiziert, so liegt ein Algorithmus vor, der auch auf Basis unbekannter Daten den Schwingkomfort zufriedenstellend vorhersagen kann. In der vorliegenden Arbeit werden die ermittelten Merkmalsmatrizen $\mathbf{X}$ und die Zielgrößenvektoren der mittleren Komfortwerte D aller Versuche zusammengefasst und in zwei Datensätze entsprechend der Haltung (sitzend, stehend) aufgeteilt. Außerdem wird eine Messfahrt je Haltung als Validierungsdatensatz zurückgestellt, die später in Kap. 7.2 zur beispielhaften Auswertung von Beschleunigungsdaten verwendet wird. Die restlichen Daten werden mit einem Train-Test-Split-Verhältnis von 80 % Trainingsdaten und 20 % Testdaten jeweils für die sitzende und stehende Haltung aufgeteilt. Die Zuordnung erfolgte zufällig.

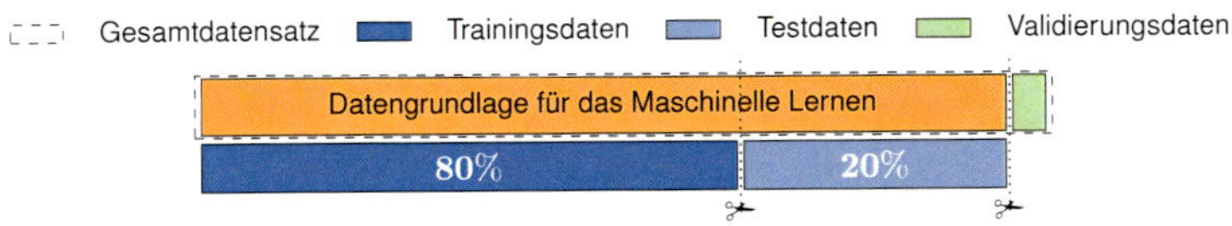

Abb. 6.2: *Aufteilung der erhobenen Daten*

6.3 Multiple Lineare Regression

Bei der Multiplen Linearen Regression (MLR) wird die Vorhersage der Zielvariablen D auf Basis mehrerer durch die Koeffizienten β gewichteten m Merkmale $X_1, \ldots, X_m$ durchgeführt. Insgesamt stehen dem Regressionsalgorithmus n Beobachtungen für alle Merkmale X und die Zielgröße D zur Verfügung. So lässt sich der mittlere Schwingkomfort anhand Gl. (6.1) modellieren: [Tou09, Ras17]

$$\begin{aligned} D &= \beta_1 X_1 + \cdots + \beta_m X_m + \rho \\ &= \beta \cdot X + \rho \end{aligned} \tag{6.1}$$

Häufig wird dabei $X_1 = 1$ gesetzt, wodurch der D-Achsenabschnitt lediglich über die Konstante β_1 ausgedrückt werden kann. [Tou09, Ras17]

Zur Lösung linearer Regressionsprobleme wird für gewöhnlich das Prinzip der kleinsten Quadrate eingesetzt, das nachfolgend anhand einer Einfachen Linearen Regression beschrieben wird, allerdings analog für die MLR funktioniert, siehe Abb. 6.3. Grundsätzlich wird eine lineare Funktion gesucht, die die einzelnen Wertepaare mit den kleinsten quadratischen Abweichungen beschreibt. Für jeden Punkt der untersuchten Daten $P_i = (X_i, D_i)$ existiert ein entsprechender Punkt $\hat{P}_i = (X_i, \hat{D}_i)$, der auf der Ausgleichsgeraden liegt. [Gau87, Sch09]

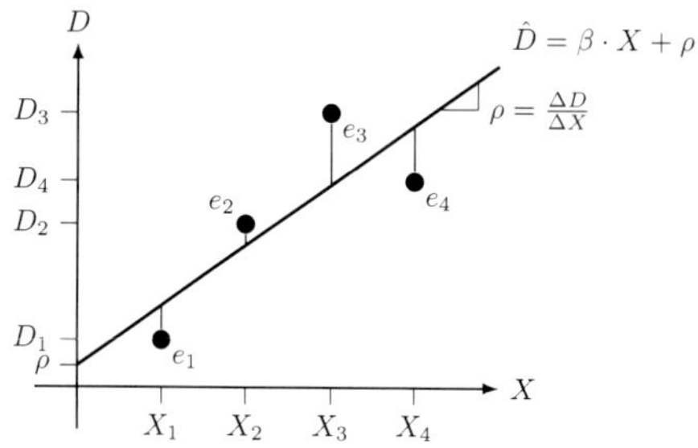

Abb. 6.3: *Einfache Lineare Regression, nach [Tou09]*

Der entsprechende Funktionswert $\hat{D}_i$ lässt sich anhand folgender Gleichung bestimmen: [Tou09]

$$\hat{D}_i = \rho + \beta X_i \tag{6.2}$$

Hieraus lässt sich eine eindeutige Differenz zwischen dem beobachteten Punkt und dem durch die Ausgleichsgerade beschriebenen Punkt berechnen. Diese wird auch als Residuum e_i oder Fehlerglied bezeichnet, wobei $0 < i \leq n$: [Tou09]

$$e_i = D_i - \hat{D}_i = D_i - \rho - \beta \cdot X_i \tag{6.3}$$

Der Optimierungsalgorithmus strebt die Minimierung der Residuen an und muss demnach das folgende Problem lösen: [Tou09]

$$\min \sum_{i=1}^{n} e_i^2 = \min \sum_{i=1}^{n} (D_i - \rho - \beta \cdot X_i)^2 \tag{6.4}$$

Die soeben für die einfache Lineare Regression hergeleitete Vorgehensweise wird analog zur Lösung der Multiplen Linearen Regression verwendet, allerdings höherdimensional, entsprechend der Anzahl an Merkmalen.

Einfach nachzuvollziehende Zusammenhänge haben ihre Berechtigung und Vorzüge im Ingenieurwesen. Daher wurde neben neuartigen Machine-Learning-Techniken eine Multiple Lineare Regression implementiert. Da die Berücksichtigung aller 45 Merkmale den Vorteil der Einfachheit einer Regressionsgleichung aufwiegen würde, musste eine Vorauswahl aus allen vorliegenden Merkmalen getroffen werden. In Anlehnung an die EN 12299, in der RMS-Werte zur Berechnung des Mittleren Komforts und Spitze-Spitze-Werte zur Bewertung des Komforts bei diskreten Ereignissen verwendet werden, wurde die Multiple Lineare Regression auf ebendiese Merkmale beschränkt. Da die RMS-Werte nach EN 12299 einer Frequenzgewichtung unterworfen werden, die den quasi-statischen Anteil der Beschleunigungen herausfiltert, wurden die hier verwendeten RMS-Werte auf Basis von Beschleunigungen berechnet, die mit einem Tiefpassfilter von $f_L = 200\ Hz$ gefiltert wurden. Somit werden hochfrequente Signalanteile vernachlässigt und trotzdem der Charakter der Rohdaten weitestgehend beibehalten. Der Frequenzbereich von $f > 200\ Hz$ wird als für den Schwingkomfort irrelevant angenommen, vgl. Kap. 2.3.

Neben den Tiefpass-gefilterten RMS-Werten gehen Spitze-Spitze-Werte a_ζ^{p2p} der mittels W_p frequenzgewichteten Beschleunigungen für die x- und y-Richtung mit ein, die nach Gl. (2.80), allerdings mit $T = 5\ s$ bestimmt wurden. Die Spitze-Spitze-Beschleunigung der z-Richtung wurde als vernachlässigbar angenommen, vgl. Tab. 5.2. Die Koeffizienten der MLR, Gl. (6.5), wurden anhand des oben beschriebenen Optimierungsverfahrens bestimmt, vgl. Tab. 6.1.

$$D = RMS_{x,raw} \cdot \alpha_x + RMS_{y,raw} \cdot \alpha_y + RMS_{z,raw} \cdot \alpha_z + a_x^{p2p} \cdot \beta_x + a_y^{p2p} \cdot \beta_y + \rho \qquad (6.5)$$

Tab. 6.1: *Koeffizenten der Multiplen Linearen Regression für sitzende und stehende Fahrgäste*

Haltung	α_x $\left[\frac{s^2}{m}\right]$	α_y $\left[\frac{s^2}{m}\right]$	α_z $\left[\frac{s^2}{m}\right]$	β_x $\left[\frac{s^2}{m}\right]$	β_y $\left[\frac{s^2}{m}\right]$	ρ $[-]$
sitzend	$0,5$	$1,0$	$0,2$	$0,4$	$0,6$	$0,8$
stehend	$0,8$	$0,5$	$0,2$	$0,6$	$0,8$	$1,2$

In sitzender Lage ist nach Gl. (6.5) die Quer- und in stehender Haltung vor allem die Längsrichtung für die Bestimmung des Schwingkomforts entscheidend. Der Fehlerterm ρ ist für beide Haltungen mit Werten nahe eins plausibel, da sich somit im Ruhezustand ($a_\zeta = 0$) immer ein sehr guter Komfort (sitzend: $D = 0,8$, stehend: $D = 1,2$) als Lösung ergibt.

6.4 Entscheidungsbaumalgorithmus

Ein Entscheidungsbaum (engl. Decision Tree) besteht aus einer baumartigen Struktur, die einzelne Entscheidungspfade beschreibt. Jeder mögliche Pfad führt zu einem eindeutigen Ergebnis. Eine solche Baumstruktur kann entweder zur Regression oder Klassifikation von Daten verwendet werden. Die Erzeugung (Induktion) eines Entscheidungsbaumes erfolgt in einem iterativen Verfahren und beginnt beim Wurzelknoten (Bottom-up). Während jedes Iterationsschrittes wird nun ein Merkmal gesucht, das eine Vorhersage der Zielgröße D mit der höchst möglichen Wahrscheinlichkeit und dem größt möglichen Informationsgewinn (engl. Information Gain, kurz IG) ermöglicht. Ein Maß für die bestmögliche Klassifizierung, also ob die Zielgröße anhand der untersuchten Merkmale korrekt vorhergesagt wurde, kann bspw. anhand der Entropie[3] erfolgen. Somit können die Daten erstmalig nach dem Wurzelknoten in zwei weitere Datenmengen unterteilt werden, wonach eine erneute Zerteilung der Daten an den jeweils nachfolgenden Kindknoten vorgenommen wird. Dies wird solange fortgeführt, bis der sog. Blattknoten erreicht wird. Wird der eben beschriebene Algorithmus nicht durch vordefinierte Randbedingungen beschränkt, so bilden sich u. U. sehr tiefe und breite Baumstrukturen aus. Ein weiterer negativer Effekt durch den sehr hohen Detailgrad des Baumes ist die sog. Überanpassung, wodurch der Algorithmus einerseits die Trainingsdaten nahezu perfekt vorhersagen kann, andererseits dadurch nicht mehr generalisierbar ist und mit Neudaten nicht umgehen kann. Daher werden die Bäume in der Praxis durch das sog. Pruning (Ausästen) in ihrer maximalen Tiefe beschränkt. [Ras17, Ng18]

[3] Der Begriff Entropie wird nicht ausschließlich in der Physik verwendet, sondern ist auch in der Informationstheorie wiederzufinden, und beschreibt dort den mittleren Informationsgehalt einer Nachricht. [Sha48]

Ein trainiertes XGBoost-Modell, das auf mehreren Entscheidungsbäumen basiert, besteht aus einer endlichen Anzahl schwacher Klassifikatoren bzw. Regressoren, auch Ensemble genannt. In den aktuell gängigen Verfahren werden hierbei vor allem Entscheidungsbäume verwendet. Das Ensemble dieser schwachen Modelle liefert herausragende Ergebnisse in einer großen Anzahl von Anwendungsfällen und schlägt meistens andere Algorithmen wie z. B. Random Forests, vgl. [Kna10]. Bei geringem Einsatz von Rechenleistung werden sehr exakte Resultate erreicht. Aus diesem Grund wird in der vorliegenden Arbeit die Vorhersage des mittleren Schwingkomforts mit XGBoost vorgenommen [Che16].

Die besten Ergebnisse zur Vorhersage des mittleren Schwingkomforts in BOStrab-Fahrzeugen konnten mit einem acht Blätter tiefen Baum erreicht werden. Während der Optimierung wird iterativ versucht, den quadratischen Fehler (engl. Mean Square Error, kurz MSE) zu minimieren. Dieser berechnet sich aus den Soll-Werten D und den Vorhersagen $\hat{D}$:

$$\text{MSE}(D, \hat{D}) = \frac{1}{n}\sum_{i=0}^{n-1}(D_i - \hat{D}_i)^2 \tag{6.6}$$

Während des Trainings geschieht die schrittweise Zerteilung der Trainingsdaten in sinnvolle Teilmengen unter Beachtung der maximalen Baumtiefe. Zur Veranschaulichung des resultierenden Ensembles werden die ersten beiden Bäume des Ensembles grafisch dargestellt, siehe Abb. 6.4 & 6.5.

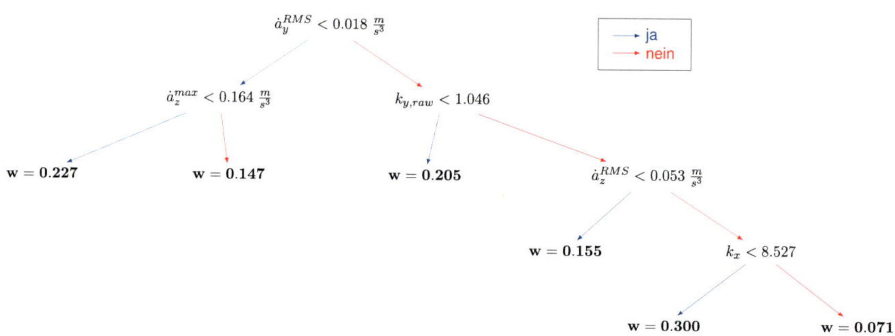

Abb. 6.4: *Struktur des ersten Entscheidungsbaums (stehende Haltung)*

Beginnend vom Wurzelknoten kann die Auswertung der aktuellen Merkmale beginnen. Wird die Bedingung eines Knotens erfüllt (ja), so kann auf diesem Pfad zum nächsten Knoten weiter gegangen werden. Wird diese nicht erfüllt (nein), so wird der entsprechende Pfad weiter verfolgt. Diese Prozedur wird solange durchlaufen, bis man am Ende des aktuellen Baumes angekommen ist, an dem die Gewichtung w steht.

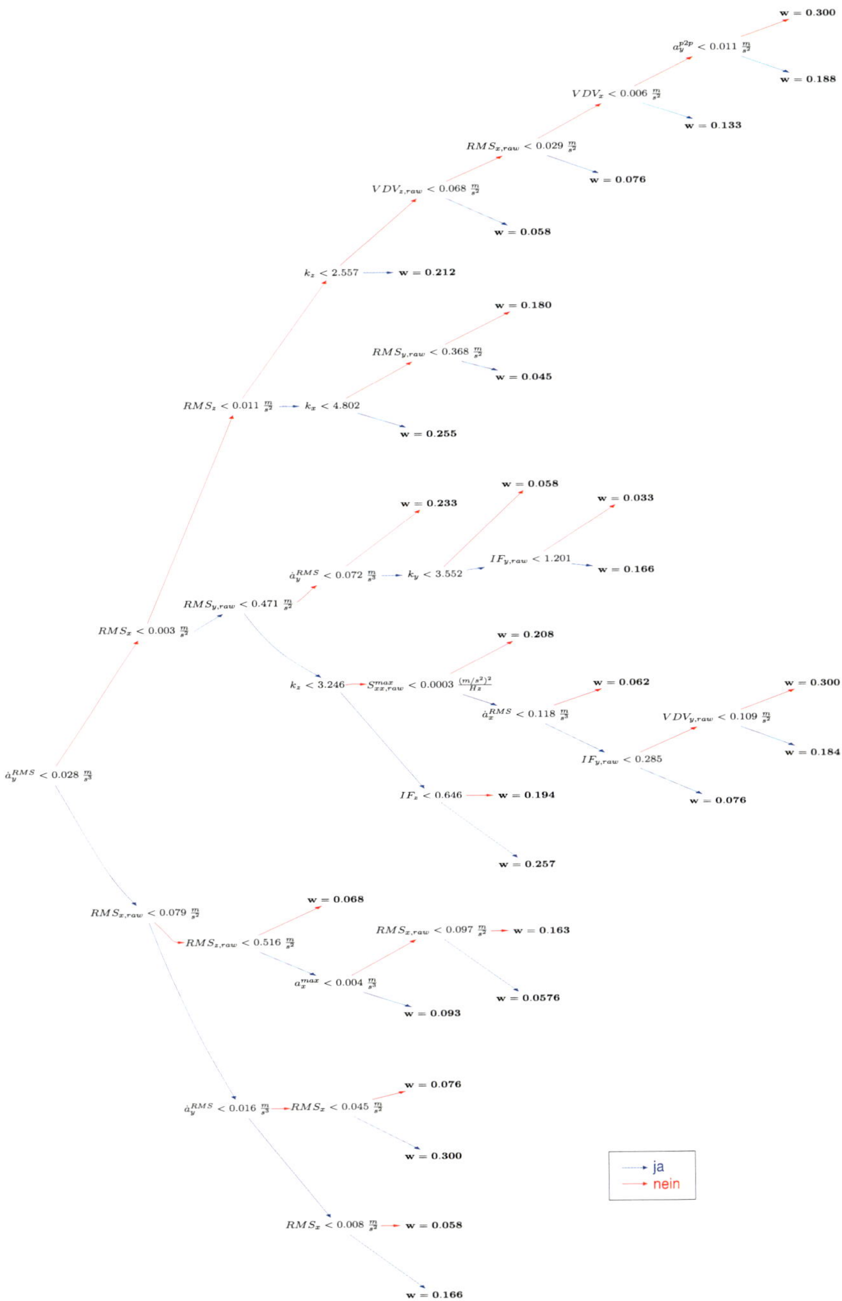

Abb. 6.5: *Struktur des zweiten Entscheidungsbaums (stehende Haltung)*

XGBoost verwendet einen additiven Ansatz, bei dem solange neue Bäume zum Ensemble hinzugefügt werden, bis die Genauigkeit nicht weiter verbessert werden kann. Die Bestimmung der Zielgröße D_i lässt sich entsprechend des baumspezifischen Funktionsraumes $\mathcal{F}$ als die Summe der einzelnen Entscheidungsfunktionen f_k aller K Bäume darstellen, Gl. (6.7). [Che16]

$$D_i = \sum_{k=1}^{K} f_k(X_i), f_k \in \mathcal{F} \tag{6.7}$$

Die Bestimmung des resultierenden Endergebnisses der Vorhersage des Ensembles aller Entscheidungsbäume erfolgt demnach durch die Kummulation der Gewichte w jeder ausgewerteten Baumstruktur q anhand Gl. (6.8). [Che16]

$$f(X) = w_{q(X)} \tag{6.8}$$

6.5 Bewertung und Validierung

Im Folgenden werden die vier trainierten Modelle (MLR und XGBoost, jeweils für stehende und sitzende Fahrgäste) anhand verschiedener Bewertungsmetriken und Verfahren hinsichtlich ihrer Exaktheit geprüft. Um einen Vergleich mit einem hauptsächlich im Nahverkehr etablierten Schwingkomfortbewertungsverfahren anstellen zu können, wird das Wertzifferverfahren auf alle bestehenden Messdaten ebenfalls angewandt. In der Schienenfahrzeugdynamik ist es gängige Praxis, dass die Wertziffern lediglich für quasi-stationäre Fahrzustände ermittelt werden. Um eine ausreichend große Datenmenge zum Vergleich mit den entwickelten ML-Algorithmen beizubehalten, wurde das Wz-Verfahren dennoch auf die im BOStrab-Betrieb stark repräsentierten nicht stationären Fahrzuständen, die sich ebenfalls in den Messdaten widerspiegeln, angewendet. Die Wz-Werte wurden anhand des in Kap. 2.6.2 beschriebenen Verfahrens innerhalb eines gleitenden Fensters der Breite $T = 5\ s$ und Fortschrittsweite von $\tau = 0.1\ s$, unabhängig von der Stationaritätsbedingung, bestimmt. Die Zeitpunkte der zum Vergleich herangezogenen Wertziffern entsprechen den durch Relevanzfilterung ermittelten mittleren Subjektivurteilen. Alle weiteren Wz-Werte brauchen nicht mit in die Auswertung aufgenommen werden, da hierzu kein gemessener Referenzwert für den mittleren Schwingkomfort existiert.

6.5.1 Streuung der Vorhersagen

Eine erste Einschätzung hinsichtlich Genauigkeit und Streuung der Vorhersagen lässt sich grafisch vornehmen. Durch Auftragung von Vorhersage (Abszisse) über Messung (Ordinate) als Streudiagramm lässt sich sowohl die Qualität der Prognosen für jeden Algorithmus als auch ein Vergleich der verschiedenen Verfahren miteinander vornehmen.

Stehende Haltung

Die Streudiagramme der Vorhersagen und gemessenen Schwingkomforturteile für stehende Fahrgäste sind in Abb. 6.6 aufgeführt. Außerdem gibt die Größe der eingezeichneten Marker Aufschluss über die Standardabweichung der durch Relevanzfilterung gewonnenen mittleren Subjektivwertungen, was die Identifikation von Ausreißern erleichtert.

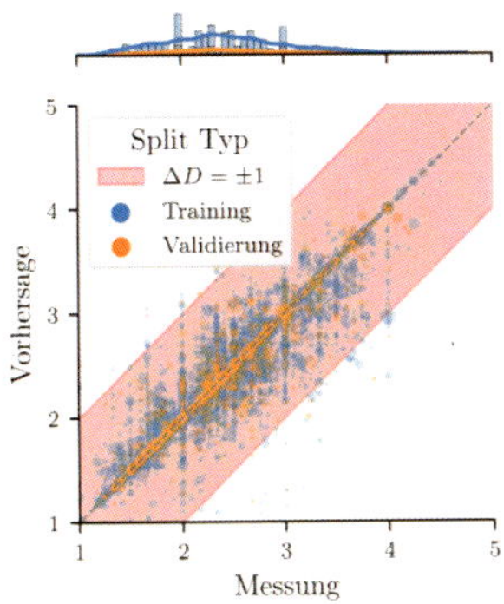

(a) *XGBoost*

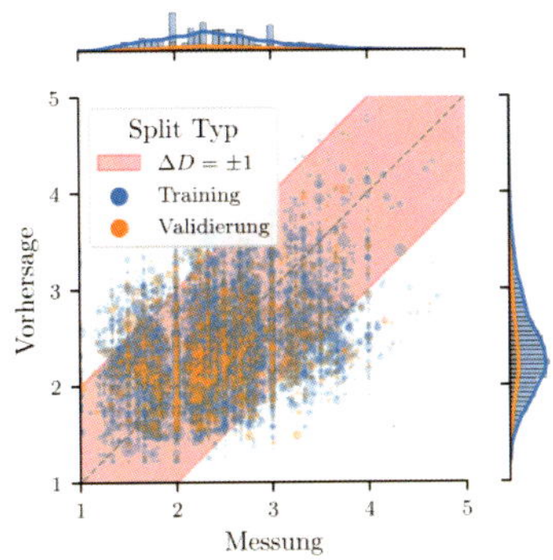

(b) *MLR*

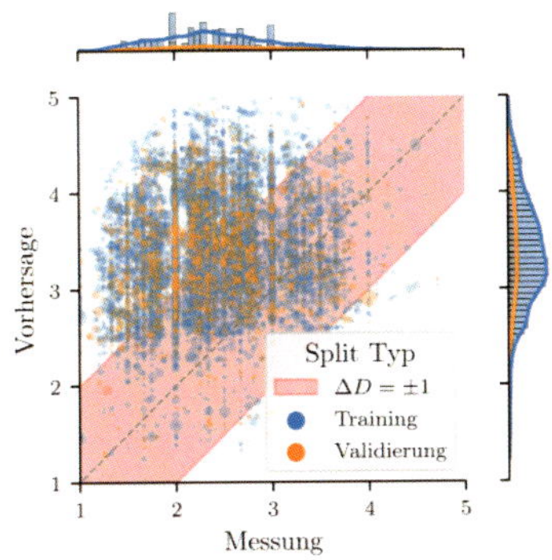

(c) *Wz-Verfahren*

Abb. 6.6: *Streudiagramme der verschiedenen Algorithmen für stehende Fahrgäste*

Bei einer perfekten Prognose liegen die Werte ausschließlich auf einer ansteigenden Ursprungsgeraden (gestrichelte Linie), da Messung und Vorhersage einander exakt entsprechen. Beide entwickelten Algorithmen ermöglichen die Vorhersage des mittleren Schwingkomforts. Allerdings sind gravierende Unterschiede hinsichtlich Streuung und Genauigkeit zu erkennen. Vor allem XGBoost ermöglicht eine sehr genaue Vorhersage bei geringer Streuung, wohingegen die MLR ein deutlich breiteres Streuband aufweist. In den gezeigten Grafiken wird zwischen Trainings- und Testdaten (Validierung) unterschieden. Die Streuung der Validierung liegt in der gleichen Größenordnung wie die Streuung der Trainingsdaten, was auf die grundsätzliche Reproduzierbarkeit, allgemeine Anwendbarkeit sowie eine ausreichend hohe Genauigkeit der Algorithmen hindeutet. Das Wertzifferverfahren hingegen zeigt Ergebnisse mit einer Tendenz zu schlechteren Komfortvorhersagen. Die Übereinstimmung zwischen Vorhersage und Messung ist nur teilweise festzustellen. Vor allem, wenn die Befragten einen sehr guten bis guten Schwingkomfort bewertet haben, scheint das Wertzifferverfahren mit bis zu zwei Wertungspunkten überzukompensieren.

Sitzende Haltung

Die Vorhersagen aller drei Modelle für die sitzende Haltung wurden ebenfalls in Form von Linearitätsdiagrammen grafisch dargestellt, siehe Abb. 6.7.

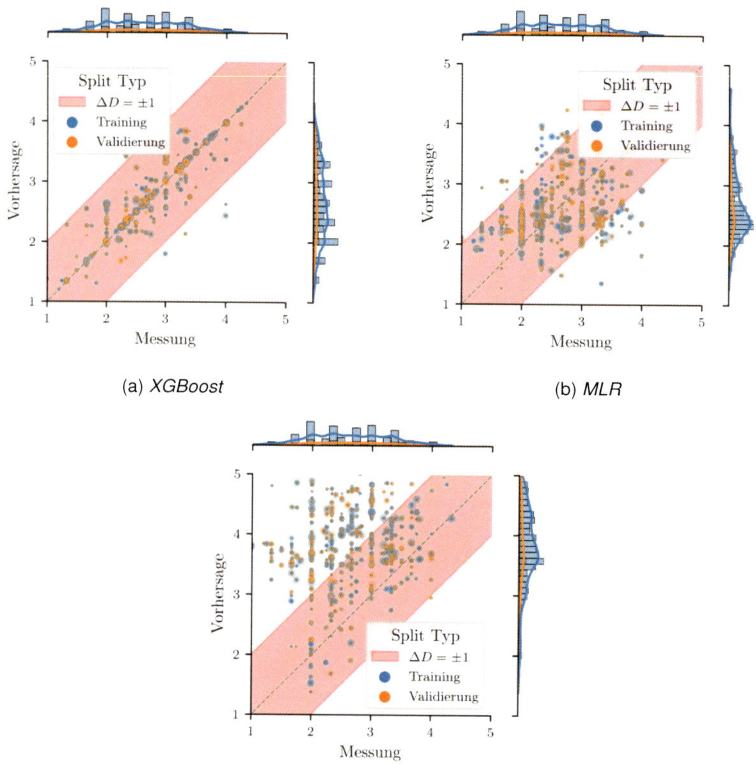

(a) *XGBoost*

(b) *MLR*

(c) *Wz-Verfahren*

Abb. 6.7: *Streudiagramme der verschiedenen Algorithmen für sitzende Fahrgäste*

Erneut zeigt sich, dass XGBoost in der Lage ist, sehr gute Vorhersagen zu treffen. Die Streuung liegt größtenteils innerhalb plus-minus einer Klassenbreite. Die Multiple Lineare Regression weist eine deutlich höhere Streuung auf, wie auch schon bei der sitzenden Haltung festzustellen war. Das Wz-Verfahren zeigt ein ähnlich abweichendes Verhalten in Bezug zur Messung. Grundsätzlich kann geschlussfolgert werden, dass sowohl XGBoost als auch MLR in der Lage sind, den Schwingkomfort für sitzende Personen vorherzusagen, obwohl diese sich bis zu $1,5\ m$ von den Messstellen entfernt befunden haben. Dies deutet darauf hin, dass auf spezielle und aufwändig anzubringende Vorrichtungen zur Applikation der Sensorik auf den Sitzen, zumindest im Nahverkehr, verzichtet werden kann. Eine genaue Quantifizierung des gemachten Fehlers ist aufgrund fehlender Vergleichsdaten mit Sitz-Messvorrichtungen jedoch nicht möglich. Auf den hierzu notwendigen und aufwändigen Versuchsaufbau wurde in dieser Arbeit verzichtet.

6.5.2 Genauigkeit der Vorhersagen

Die Anwendbarkeit beider entwickelten Algorithmen lässt sich durch die Bestimmung verschiedener Bewertungsgrößen durchführen. Hierzu wurden jeweils für die stehende sowie sitzende Haltung vier Bewertungsmetriken bestimmt und mit dem Wertzifferverfahren verglichen. Die Genauigkeit der Modellvorhersagen $\hat{D}$ wird nachfolgend anhand von vier gewählten Metriken eingeordnet.

Bestimmtheitsmaß R^2

Das Bestimmtheitsmaß R^2 beschreibt die Güte einer Regressionsanpassung für n Vorhersagewerte. Dabei wird die Quadratsumme aller Abweichungen von Vorhersage $\hat{D}_i$ und wahrem Wert D_i auf die Quadratsumme der Differenz jedes wahren Wertes D_i zum Gesamtmittel $\overline{D}$ bezogen: [Tou09]

$$R^2(D, \hat{D}) = 1 - \frac{\sum_{i=1}^{n}(D_i - \hat{D}_i)^2}{\sum_{i=1}^{n}(D_i - \bar{D})^2} \tag{6.9}$$

Außerdem stehen Korrelationskoeffizient $r_{D,\hat{D}}$, Gl. (5.20), und Bestimmtheitsmaß in folgendem Zusammenhang:

$$R^2(D, \hat{D}) = r^2_{D,\hat{D}} \tag{6.10}$$

Maximaler Fehler ME

Der maximale Fehler einer Regression beschreibt die größte gefundene, absolute Differenz zwischen D_i und $\hat{D}_i$:

$$\text{ME}(D, \hat{D}) = max(|D_i - \hat{D}_i|) \tag{6.11}$$

Mittlerer Absolutfehler MAE

Die durchschnittliche Abweichung zwischen Beobachtung und Prognose kann mittels MAE bestimmt werden:

$$\text{MAE}(D, \hat{D}) = \frac{1}{n}\sum_{i=0}^{n-1}\left|D_i - \hat{D}_i\right| \tag{6.12}$$

MAE gibt lediglich Aufschluss über die absolute mittlere Abweichung, jedoch nicht über eine positive oder negative Differenz zu den gemessenen Subjektivurteilen.

Mittlerer quadratischer Fehler MSE

Der mittlere quadratische Fehler (engl.: Mean Squared Error) ermöglicht die Quantifizierung der Qualität eines Regressionsmodells und beschreibt die Streuung der n Vorhersagen in Bezug zu den wahren Werten. Die mathematische Herleitung erfolgte bereits in Form von Gl. (6.6). Außerdem gehen Ausreißer stärker gewichtet in diese Metrik mit ein, als es bspw. bei MAE der Fall ist.

Genauigkeit für die stehende Haltung

Eine Übersicht der Ergebnisse der vier Metriken ist in Tab. 6.2 nach Test und Trainingsdaten sowie Algorithmus aufgeschlüsselt. Nennenswerte Abweichungen in den Ergebnissen der Trainings- und Testdaten sind nicht zu erkennen, was die Generalisierbarkeit der entwickelten Algorithmen bestätigt. Vor allem die sehr geringen Werte für MAE und MSE zeigen die hohe Leistungsfähigkeit von XGBoost. Die größte gefundene Abweichung in den Testdaten, ME $= 1,757$, übersteigt die Breite von zwei Wertungsklassen nicht. In vergleichbaren Studien, in denen ebenfalls Fahrgäste befragt wurden, bspw. LAURIKS et al. [Lau03], wurden nach Anwendung des Verfahrens für den kontinuierlichen Komfort nach EN 12299 geringere Werte für das Bestimmtheitsmaß R^2 bestimmt. Trotz ihrer Einfachheit scheint auch die MLR in der Praxis verwendbare Ergebnisse zu liefern. Allerdings besitzt das Wertzifferverfahren, allein anhand der vier Metriken beurteilt, keine Gültigkeit im Nahverkehr.

Tab. 6.2: *Vergleich der Modelle anhand unterschiedlicher Metriken (stehend)*

Algorithmus	R^2	ME	MAE	MSE
	Testdaten			
XGBoost	0,870	1,757	0,096	0,049
MLR	-0,062	2,106	0,499	0,393
Wz	-2,517	2,877	0,987	1,303
	Trainingsdaten			
XGBoost	0,878	1,876	0,093	0,046
MLR	-0,080	2,415	0,509	0,408
WZ	-2,382	3,117	0,975	1,279

Genauigkeit für die sitzende Haltung

Für die sitzende Haltung ergeben sich ähnliche Tendenzen hinsichtlich der berechneten Metriken, siehe Tab. 6.3. Auch hier zeigt XGBoost seine Stärke hinsichtlich der Genauigkeit der Vorhersagen. Über alle Trainingsdaten wurde ein maximaler absoluter Fehler von ME $= 1,559$ bestimmt. Insgesamt ist auch die Streuung der Schwingkomfortvorhersagen von XGBoost für sitzende Personen sehr gering.

Tab. 6.3: *Vergleich der Modelle anhand unterschiedlicher Metriken (sitzend)*

Algorithmus	R^2	ME	MAE	MSE
		Testdaten		
XGBoost	0,835	1,559	0,132	0,076
MLR	-0,150	2,196	0,591	0,504
Wz	-2,815	3,173	1,135	1,721
		Trainingsdaten		
XGBoost	0,830	1,559	0,128	0,074
MLR	-0,149	2,196	0,584	0,507
WZ	-2,816	3,173	1,115	1,672

MLR ist ebenfalls ein praktikabeler Ansatz zur Schwingkomfortvorhersage und liefert trotz der lediglich fünf verwendeten Merkmale Ergebnisse mit zufriedenstellender Genauigkeit. Das Wertzifferverfahren kann auch für die Schwingkomfortvorhersage für sitzende Fahrgäste keine Ergebnisse in ausreichend hoher Genauigkeit liefern, obwohl es auf Basis von Subjektivurteilen sitzender Versuchspersonen entwickelt wurde.

6.6 Zusammenfassung und Fazit

Im vorliegenden Kapitel wurden zwei Algorithmen zur Schwingkomfortbewertung entwickelt, die basierend auf physikalischen Merkmalen aus Messdaten das mittlere Subjektivurteil vorhersagen. Die MLR ist ein seit Langem eingesetztes einfaches Verfahren zur statistischen Modellierung. Da sich das Maschinelle Lernen seit einigen Jahren immer weiter etabliert und auch weiterentwickelt hat, wurde XGBoost als einfacher wie robuster und leistungsfähiger Ansatz gewählt. Vorgänger des Verfahrens sind sogenannte Random Forests, die in früheren Forschungsarbeiten bereits erfolgreich angewandt wurden, z. B. Knauer [Kna10].

XGBoost und MLR wurden aufgrund der identischen Bewertungsskala, analog zum Schulnotensystem, dem Wertzifferverfahren gegenübergestellt. Alle drei Verfahren wurden hinsichtlich ihrer Anwendbarkeit und Genauigkeit anhand der in der Statistik und Data Science etablierten Metriken für Regressionsalgorithmen untersucht. Die mit Abstand besten Ergebnisse erzielt der moderne ML-Algorithmus XGBoost. Die MLR ist zwar in der Lage, den Schwingkomfort in Straßen und Stadtbahnen überwiegend zufriedenstellend vorherzusagen, reicht allerdings nicht an die Genauigkeit von XGBoost heran. Das Wertzifferverfahren zeigt eine Tendenz zu sehr konservativ (unkomfortabel) geschätzten Schwingkomfortwerten. Ein guter Schwingkomfort wird nur selten vorhergesagt, was zu sehr großen Abweichungen zwischen Messung und Prognose führt. Eine Erklärung hierfür könnte sein, dass Wz im Vollbahnbereich entwickelt wurde, lediglich drei Merkmale (Wz_x, Wz_y, Wz_z) berücksichtigt und sich folglich nicht in ausreichendem Maße an die sich ständig wechselnden Fahrzustände von BOStrab-Fahrzeugen anpassen kann.

Vor allem komplexe, überlagerte Schwingungszustände werden somit nicht abgebildet, wohingegen XGBoost durch die Betrachtung von insgesamt 45 unterschiedlichen physikalischen Merkmalen zu sehr guten Vorhersagen kommt. Der neu entwickelte Ansatz ist dadurch in der Lage, mehrdimensionale Bewegungszustände sehr genau zu bewerten.

Abschließend kann aufgrund der teilweise fehlenden Übereinstimmung mit den gemessenen Subjektivwerten nicht davon ausgegangen werden, dass Wz uneingeschränkt im Straßen- und Stadtbahnbereich gültig ist. Alle weiteren in Kap. 2 beschriebenen Schwingkomfortbewertungsmodelle sind aufgrund ihrer Ähnlichkeit zu Wz ebenfalls infrage zu stellen. Wohingegen moderne Techniken des Maschinellen Lernens die Abbildung der Komplexität des Straßen- und Stadtbahnbetriebes und dessen genaue Schwingkomfortanalyse ermöglichen. Die Ergebnisse von Kap. 6.5.2 zeigen, dass der Schwingkomfort in stehender sowie sitzender Haltung innerhalb von BOStrab-Fahrzeugen mit beiden neu entwickelten Methoden und besonders genau mittels XGBoost vorhergesagt werden kann.

7 Gesamtbewertungsmethodik

Abschließend werden die im Rahmen der vorliegenden Forschungsarbeit gewonnenen Erkenntnisse, zu einem Vorschlag für eine Gesamtbewertungsmethodik zusammengeführt. In Kap. 6 wurden zwei Schwingkomfortbewertungsalgorithmen speziell für den BOStrab-Betrieb entwickelt. Haupteinfluss auf den Schwingkomfort hat im Nahverkehr die Streckenführung in Kombination mit dem Fahrgeschwindigkeitsprofil. Repräsentative Referenzfahrstrecken, basierend auf den Betriebesbedingungen für Straßen- und Stadtbahnen, wurden in Kap. 4 definiert und können zur fahrdynamischen Auslegung von Fahrzeugen oder der Schwingkomfortbewertung von Bestandsfahrzeugen im Rahmen von Mehrkörpersimulationen herangezogen werden.

7.1 Synthese zu einer Gesamtvorgehensweise

Im Folgenden werden, basierend auf den in den vergangenen Kapiteln erarbeiteten Erkenntnissen, Aspekte zur Formulierung einer Gesamtvorgehensweise vorgeschlagen, siehe Abb. 7.1.

7.1.1 Versuchsrandbedingungen

Grundsätzlich kann eine Schwingkomfortbewertung simulativ oder durch einschlägige Messkampagnen durchgeführt werden. Die Abtastrate der Beschleunigungen sollte unter Einhaltung des Nyquist-Shannon-Kriteriums [Sha49, Uns00] die Vorgabe $f > 200\ Hz$ erfüllen, da die für den Schwingkomfort relevanten Schwingungen im Frequenzbereich bis zu $0 < f \leq 100\ Hz$ liegen, der auch quasi-statische Beschleunigungen mit einschließt. In der Mehrkörpersimulation ist es ohne Weiteres möglich, verschiedenste Fahrszenarien zu simulieren und somit ein möglichst breites Spektrum an Lastkollektiven abzudecken. Die in Kapitel 4.1.2 definierten Referenzfahrstrecken bilden eine solide Grundlage, da sie zwei typische Verkehrsinfrastrukturen abbilden. Vor allem, wenn keine reale Vergleichsstrecke, z. B. im Rahmen einer Ausschreibung, angegeben wird, geben die Referenzfahrstrecken einen ersten Anhaltspunkt für charakteristische Fahrstreckendefinitionen vor. Wird hingegen eine Vergleichsstrecke vorgegeben, so soll diese den Referenzfahrstrecken immer vorgezogen werden, da sie das reale Fahrverhalten in der Simulation am ehesten verkörpert. Im Rahmen von Messfahrten muss ebenfalls darauf geachtet werden, dass repräsentative Fahrstrecken bzw. Teilabschnitte befahren werden. Sofern möglich, müssen die Fahrszenarien so nah wie möglich denen des Realbetriebes entsprechen. Ist im Rahmen einer Messfahrt keine Untersuchung des für das zu untersuchende Fahrzeug real vorliegenden Fahrbetriebes möglich, so sollte anstatt oder zumindest ergänzend eine Simulationsstudie mittels Mehrkörpersimulation angestrebt werden. Außerdem müssen mehrere tri-achsiale Messstellen für die Beschleunigungssensorik auf dem Fußboden so gewählt werden, dass an relevanten Stellen im Fahrgastraum das fahrdynamische Verhalten des Wagenkastens positionsabhängig vollständig abgebildet wird. Somit liegt zur weiteren Komfortbewertung ein möglichst breites Beschleunigungsspektrum vor und eventuelle vom Fahrzeugkonzept abhängige Schwingkomfortprobleme können identifiziert werden. Die messtechnischen Anforderungen hinsichtlich der Sensorik sollen, wie in EN 12299 definiert, umgesetzt werden.

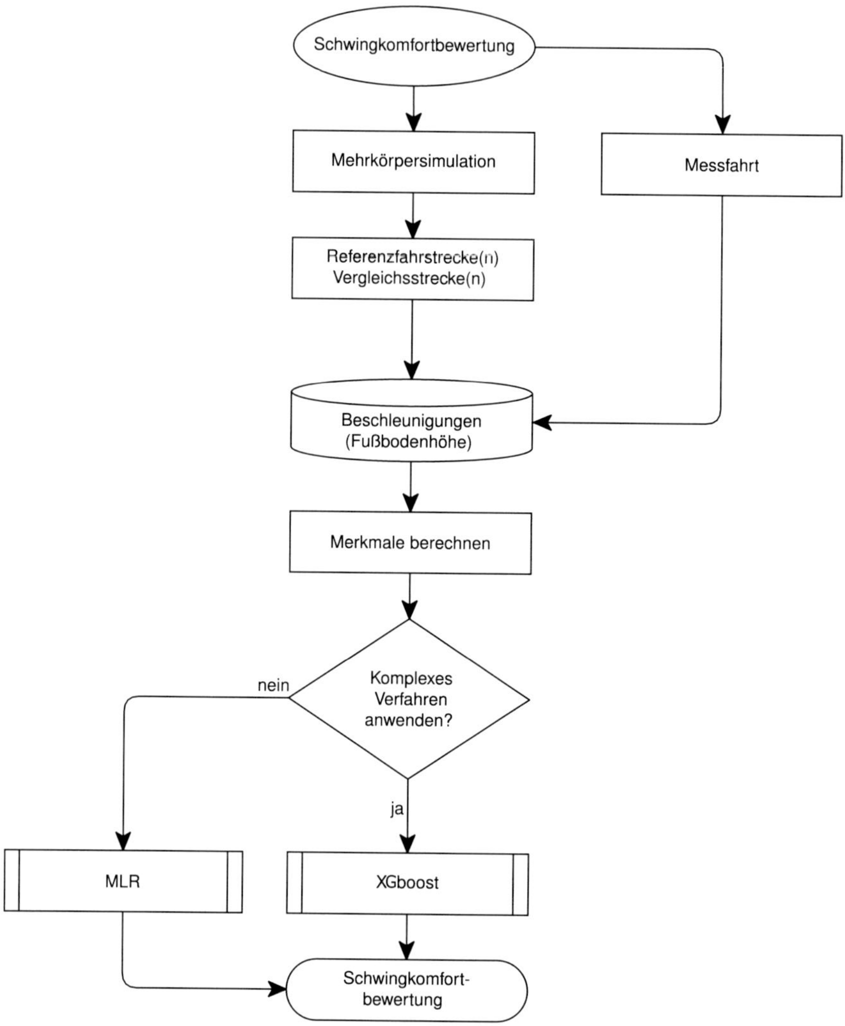

Abb. 7.1: *Gesamtvorgehen zur Schwingkomfortbewertung für BOStrab-Fahrzeuge*

7.1.2 Modellbasierte Schwingkomfortbewertung

Auf Basis der durch Simulation oder Messung erhobenen Beschleunigungszeitreihen können wie in Kapitel 5.2.3 beschrieben die einzelnen Merkmale berechnet werden. Diese fließen entweder in das komplexe, genauere Verfahren XGBoost oder das einfachere, weniger genaue Verfahren MLR ein. Bei Letzterem ist der Berechnungsweg trivial, da lediglich die Merkmale, beschrieben in Kap. 6.3, mittels Gl. (6.5) in die Schwingkomfortkenngröße D überführt werden können.

MLR-Gleichung für sitzende Fahrgäste

Für sitzende Fahrgäste berechnet sich der Schwingkomfort nach Gl. (7.1):

$$D = 0,5 \cdot RMS_{x,raw} + 1,0 \cdot RMS_{y,raw} + 0,2 \cdot RMS_{z,raw} + 0,4 \cdot a_x^{p2p} + 0,6 \cdot a_y^{p2p} + 0,8 \quad (7.1)$$

MLR-Gleichung für stehende Fahrgäste

Für stehende Fahrgäste ist Gl. (7.2) anzuwenden:

$$D = 0,8 \cdot RMS_{x,raw} + 0,5 \cdot RMS_{y,raw} + 0,2 \cdot RMS_{z,raw} + 0,6 \cdot a_x^{p2p} + 0,8 \cdot a_y^{p2p} + 1,2 \quad (7.2)$$

Die Ergebnisse der Schwingkomfortvorhersagen müssen wie bei jeder modellbasierten Vorhersage auf Plausibilität geprüft und anhand der in dieser Arbeit verwendeten und auch sonst weit verbreiteten Bewertungsskala eingeordnet werden, siehe Tab. 7.1.

Tab. 7.1: *Schwingkomfortbewertungsskala*

D	Schwingkomfort
$D < 2$	Sehr gut
$2 \leq D < 3$	Gut
$3 \leq D < 4$	Mittel
$4 \leq D < 5$	Schlecht
$D \geq 5$	Sehr schlecht

XGBoost

XGBoost kann jedoch aufgrund seiner Komplexität und des Umfangs der Baumstruktur nicht in einer Form beschrieben werden, die beherrschbar und verständlich an Dritte weitergegeben werden kann. Dies ist vergleichbar mit Mehrkörpermodellen von Fahrzeugen, die zunächst in einer geeigneten Simulationssoftware modelliert und parametriert werden. Anschließend können die Modelle im Format spezieller Datenstrukturen bereitgestellt werden. Genausogut können auch komplexe Machine-Learning-Modelle weitergegeben werden. Da im Ingenieurwesen noch kein etabliertes Vorgehen existiert, besteht der Bedarf, geeignete Prozesse zur standardisierten Weitergabe von ML-Modellen und deren Betrieb, z. B. als Webservice, zu definieren. Der aktuelle Stand der Technik in diesem Bereich sowie entsprechende Ideen zur Umsetzung in Bezug zur vorliegenden Arbeit werden in Kap. 7.1.3 näher erläutert.

7.1.3 Weitergabe und Betrieb komplexer Machine-Learning-Modelle

Aufgrund der hohen Komplexität und parametrischen Tiefe von Machine-Learning-Modellen, wie XGBoost ist eine kompakte, übersichtliche Beschreibung und somit auch die Standardisierung in Schriftform ausgeschlossen. Seit einigen Jahren beschäftigen sich zahlreiche Arbeiten mit neuen Ansätzen, um Modelle austauschbar zu machen. Es existieren bereits erste Patente zur Standardisierung von Modellen zur Vorhersage von Zeitreihen, bspw. CROWE und LEONARD [Cro06]. Dort wird eine Definition der Modellarchitektur basierend auf dem XML-Standard vorgeschlagen. Die reine Definition einer Modellarchitektur ist jedoch nicht ausreichend, um einen reibungslosen Betrieb eines ML-Modells unter Berücksichtigung der Anforderungen aller Beteiligten sicherstellen zu können.

Aktuell befassen sich zahlreiche Forschende mit Vertraulichem Maschinellem Lernen (Confidential Machine Learning), z. B. GRAEPEL et al. [Gra13], SHARMA und CHEN [Sha20], GU et al. [Gu18] und CHOQUETTE-CHOO et al. [CC21]. Im Speziellen wird daran gearbeitet, Techniken zu entwickeln, um kollaboratives Machine Learning zu ermöglichen. Dabei wird besonders an Verschlüsselungstechnologien und besonderen Architekturen gearbeitet, um die benötigten Daten und auch die Intelligenz der Algorithmen geheim halten zu können. Auch in der Schienenfahrzeugindustrie muss der Betrieb von Machine-Learning-Modellen in einer geordneten Weise verankert werden. Grundsätzlich sind zwei unterschiedliche Ansätze denkbar:

- ML-Modelle als monolitische Expertensysteme
- Cloud-basierte Machine-Learning-Web-Services

Eine Weitergabe bestehender Machine-Learning-Modelle als abgeschlossene Einheit wird im Folgenden als Expertensystem bezeichnet. Nachdem ein Algorithmus von einer Instanz trainiert wurde, die das Know-how sowie die erforderliche Datenbasis besitzt, kann es an die Anwender verteilt werden. Entweder in einem proprietären Format oder einem speziell entwickelten Austauschformat, bspw. dem ONNX Format [ONN]. Die Anwender müssen jedoch spezielle Kenntnisse aus dem Fachgebiet Data Science und Künstliche Intelligenz mitbringen, um das Modell verwenden zu können. Vorteil dieses Ansatzes ist, dass die Datenhoheit innerhalb eines Unternehmens bleibt, allerdings sind zur Zeit nur wenige Experten dieser Disziplin in Unternehmen zu finden.

Aus diesem Grund ist eine Cloud-basierte Lösung effizienter umzusetzen und praktikabeler. Ein entsprechendes Betriebeskonzept ist erforderlich, um die Machine-Learning-Modelle über einen Web-Service zur Verfügung zu stellen, siehe Abb. 7.2. Heute werden meist REST-Services implementiert, die es ermöglichen, zahlreiche Anfragen über vordefinierte Schnittstellen zu bearbeiten. Diese enthalten die entsprechend vorbereiteten Merkmale, üblicherweise im JSON-Format. Eine Verschlüsselung jeder Anfrage sollte zukünftig mittels des Transport Layer Security (TLS) Standards oder des Vorgängers Secure Sockets Layer (SSL) erfolgen, da z. B. Beschleunigungsmessdaten, die im Rahmen von Messfahrten erhoben werden, gern vertraulich behandelt werden. Der Web-Service enkodiert jede Anfrage, führt die Vorhersage der Zielgröße durch und kodiert die Ergebnisse erneut mittels eines der soeben genannten Protokolle.

Abschließend erhalten die Clients die entsprechenden Ergebnisse ihrer Anfrage. Vorteil ist, dass es nur einen Modellverantwortlichen geben muss, bspw. einen Mitarbeiter bzw. eine Abteilung einer unabhängigen Organisation, die auch den Web-Service betreibt. Liegen neue Trainingsdaten vor, so können die ML-Modelle nachtrainiert werden. Außerdem sollten die Anfragen und Vorhersagen nicht dauerhaft und wenn nur verschlüsselt gespeichert werden, sondern vielmehr im Hauptspeicher des Web-Servers behandelt werden. Der Hauptnachteil dieses Ansatzes liegt in einer fehlenden Erfahrung hinsichtlich der Digitalisierung in Deutschland und der Bedenken bzgl. des Transfers sensibler Daten begründet. Die anfänglichen Bedenken müssen in erster Linie ausgeräumt und schrittweise ein Vertrauen in diese der Industrie noch weitestgehend unbekannten und neuartigen Technologien aufgebaut werden.

Am vielversprechendsten ist sicherlich eine interdisziplinäre Besetzung, sodass der dominierende Themenbereich der Informationstechnologie und des Machine Learnings ausreichend anhand des aktuellen Wissensstandes vertreten werden kann. Dies würde es der Industrie in einigen Jahren ermöglichen, immer mächtigere Werkzeuge zur Lösung von Problemstellungen des Ingenieurwesens standardisiert und sicher in der Breite nutzbar zu machen.

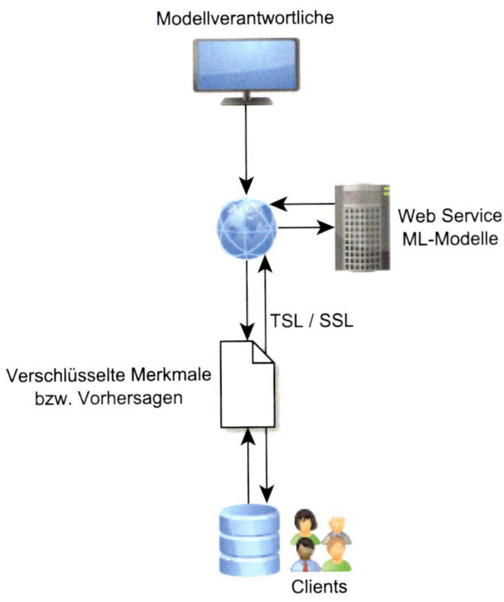

Abb. 7.2: *Möglicher Cloud-basierter Machine-Learning-Ansatz*

7.2 Exemplarische Anwendung

Zur Verdeutlichung der Leistungsfähigkeit der entwickelten Algorithmen, wird der performanteste der beiden Algorithmen XGBoost exemplarisch auf zwei Validierungsstrecken angewandt. Die beiden Strecken wurden in Kap. 6 nicht zum Training der Algorithmen verwendet, um die Genauigkeit von XGBoost erneut validieren zu können. Die Schwingkomfortvorhersagen für stehende und sitzende Haltung wurden jeweils als Zeitreihe für eine Teilstrecke bestimmt, siehe Abb. 7.4 und 7.6. Zur Einordnung der Vorhersagegüte des Modells wurden außerdem die Messdaten der mittleren Schwingkomforturteile als Punkte eingezeichnet. Die Größe der Punkte ist proportional zur Standardabweichung der zur Mittelwertbildung herangezogenen Subjektivurteile, siehe Kap 5.2.2. Während der gezeigten Teilmessung wurden neben den Schwingkomfortbewertungen der Fahrgäste zusätzlich die Fahrgeschwindigkeit sowie die horizontale Krümmung der Fahrstrecke aufgezeichnet. Somit ist eine auf einem realen Fahrszenario basierende, fahrdynamische Einordnung der Ergebnisse möglich.

7.2.1 Stehende Haltung

Auf Basis der 45 berechneten Merkmale, siehe Abb. 7.3, wird für die erste betrachtete Fahrstrecke, siehe Abb. 7.4, der Schwingkomfort mittels XGBoost bestimmt. Die dargestellten Messpunkte für den mittleren Schwingkomfort der Fahrgäste zeigen neben dem Funktionswert zusätzlich durch die Größe der dargestellten Punkte auf qualitative Art die Standardabweichung der abgegebenen Subjektivurteile an. Der Streckenverlauf beinhaltet teils sehr enge Bogenradien. Auf den sich zwischen den Bögen befindlichen, hauptsächlich geraden Streckenabschnitten, ist vor allem die Längsdynamik durch Anfahr- und Bremsbeschleunigungen der hauptsächliche Einflussfaktor. Besonders interessante Punkte der grafisch dargestellten Zeitreihe werden im Folgenden gesondert betrachtet:

- Ⓐ Im ersten Bogen ($R = 30\ m$) wurde der Schwingkomfort von den Befragten als unkomfortabel angegeben. Die durch XGBoost vorhergesagten Werte decken sich sehr gut mit ihrer der Messung.

- Ⓑ Ebenfalls unkomfortable Bewertungen, $3 \leq D < 4$, werden im Bereich eines Bogens mit $R = 33\ m$ detektiert. Überlagert wird der Einfluss in Querrichtung zudem von einer steilen Fahrgeschwindigkeitsflanke durch Anfahren. Vorhersage und Messung stimmen auch hier sehr gut miteinander überein. Kurze Zeit später wird auf einem geraden Zwischenstück ein gutes Schwingkomfortniveaus erreicht. Dies ist möglicherweise auf die ausschließlich in diesem Bereich gerade Streckenführung sowie auf die milde Beschleunigungsänderung in Längsrichtung zurückzuführen.

- Ⓒ Fahrdynamisch anspruchsvolle Trassierungselemente wie z. B. S-Bögen resultieren aufgrund der abrupten Änderung der Bewegungsrichtung in einem schlechten Schwingkomfort ($D = 4$), was Messung sowie Prognose gleichermaßen belegen.

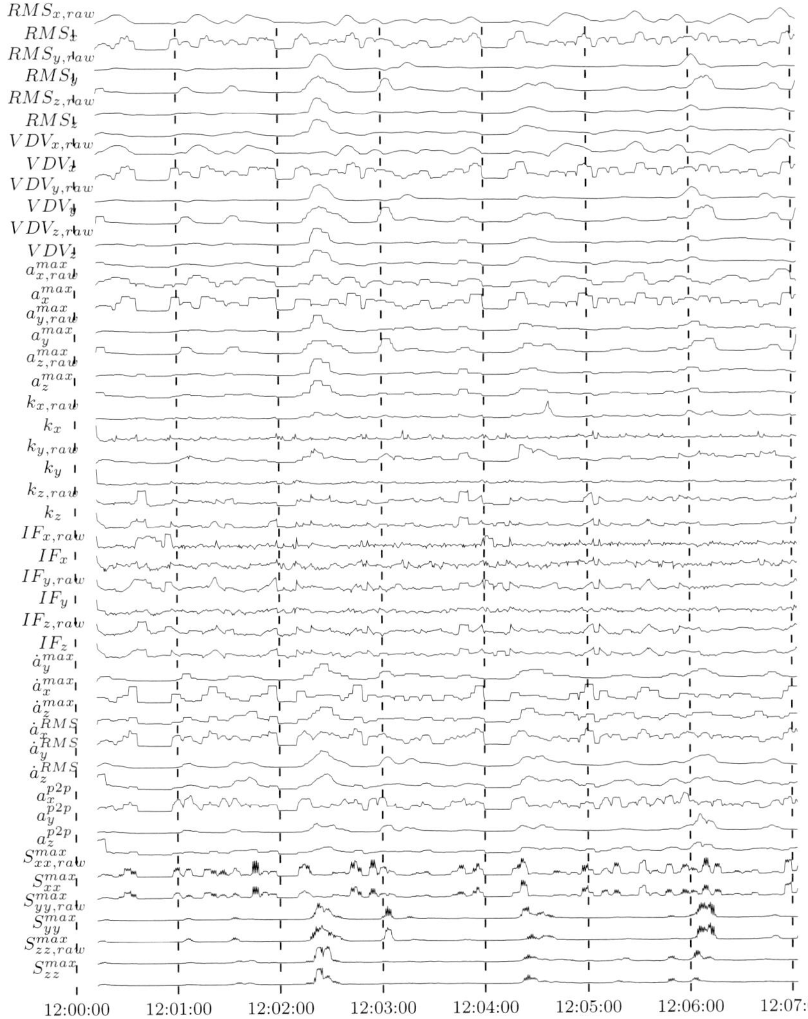

Abb. 7.3: *Qualitativer Zeitschrieb aller Merkmale der Validierungsstrecke für stehende Fahrgäste*

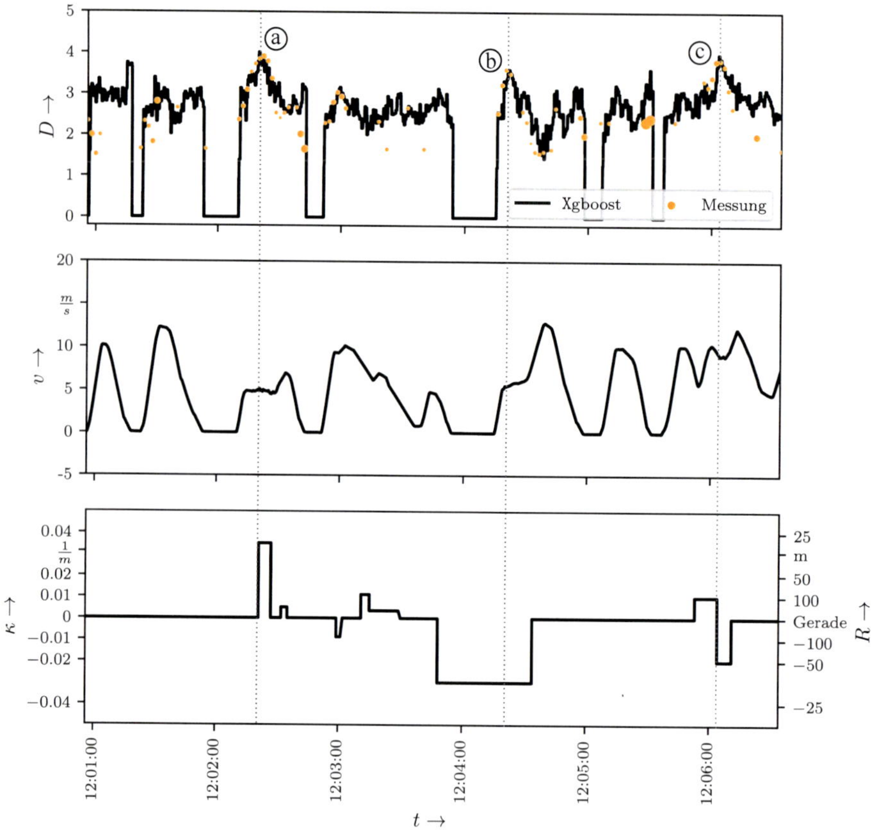

Abb. 7.4: *Vorhersage und Messung sowie Fahrgeschwindigkeit und Krümmung der Validierungsstrecke für stehende Fahrgäste*

7.2.2 Sitzende Haltung

Die Übereinstimmung der auf Basis der 45 Merkmale, siehe Abb. 7.5, durchgeführten Schwingkomfortprognose mittels XGBoost und den gemessenen mittleren Subjektivurteilen ist auch in dem in Abb. 7.6 gezeigten Beispiel sehr gut zu erkennen. Auch in diesem Streckenabschnitt sind zwei Bögen mit sehr kleinen Radien enthalten. Darüber hinaus ist auch die Anzahl an Anfahr- und Bremsvorgängen sehr hoch. Besonders unkomfortable Abschnitte sind folgende:

Ⓓ Der Übergang von einem kleinen, engen Bogenradius ($R = 33\ m$) in ein gerades Teilstück resultiert in unkomfortablen Vorhersagen, die den gemessenen Wertungen sowohl im Trend als auch in ihrem numerischen Wert sehr gut entsprechen.

Ⓔ Ein erprobter Übergang eines Beschleunigungs- in einen Abbremsvorgang im Bereich eines S-Bogens führt ebenfalls zu einer Verschlechterung des wahrgenommenen sowie vorhergesagten Schwingkomforts. In den darauffolgenden Abschnitten liegt der Schwingkomfort im Bereich guter bzw. moderater Werte.

Ⓕ Der erneute Übergang eines Bogens in die Gerade mit einer darauffolgenden Beschleunigung, gut sichtbar durch die kleine Flanke im Geschwindigkeitsprofil, führt zu einer Verschlechterung des Schwingkomforts.

Ⓖ Mit einer leichten Verzögerung in Bezug zum vorausgegangenen Bogen werden komfortable Werte durch die Befragten angegeben. Dies deutet darauf hin, dass hier die Beschleunigungsänderung in Form eines Längsrucks als Folge des Abbremsmanövers nach dem Bogen den übergeordneten Einfluss darstellt. Außerdem ist zu beobachten, dass die vorausgegangene Bogenfahrt in Kombination mit einer abrupten Abbremsung ebenfalls eine Rolle bei der Wertung in Richtung schlechtem Komfort spielt.

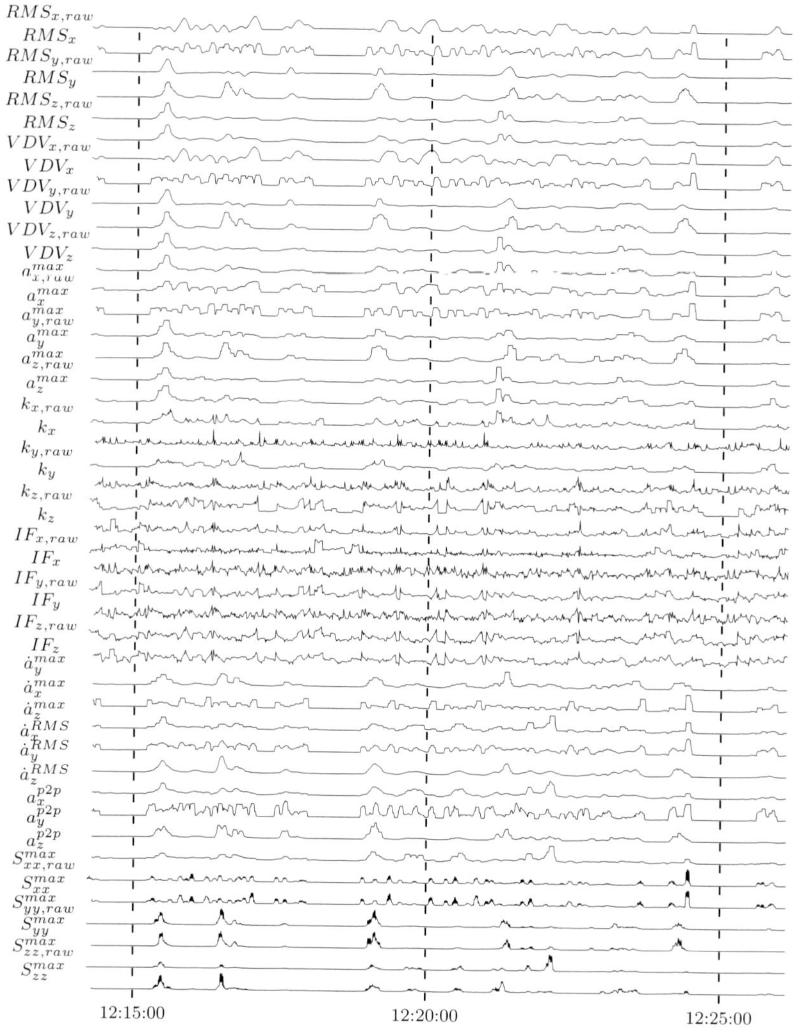

Abb. 7.5: *Qualitativer Zeitschrieb aller Merkmale der Validierungsstrecke für sitzende Fahrgäste*

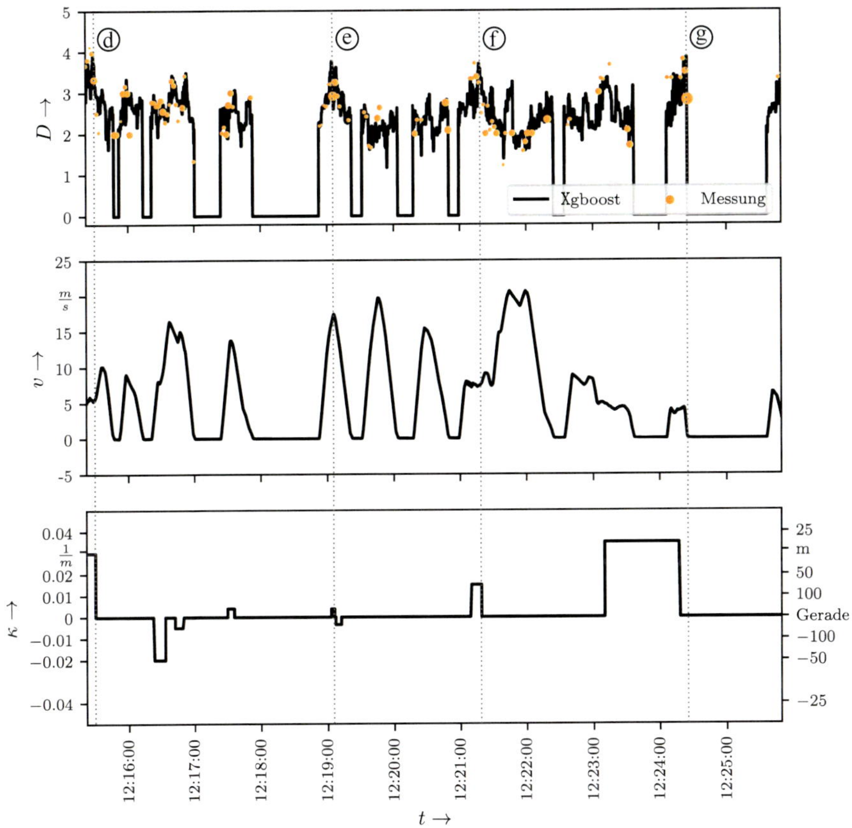

Abb. 7.6: *Vorhersage und Messung sowie Fahrgeschwindigkeit und Krümmung der Validierungsstrecke für sitzende Fahrgäste*

8 Zusammenfassung und Ausblick

Fahrgäste von Straßen- und Stadtbahnen sind aufgrund der fahrdynamischen Wechselwirkung zwischen Fahrzeug und Umwelt teils erheblichen Schwingungen ausgesetzt. Die Passagiere nehmen Schwingungseinwirkungen während ihres Aufenthalts deutlich wahr und bewerten diese bewusst und teils unbewusst hinsichtlich ihrer Annehmlichkeit. Den somit gewonnenen Schwingkomforteindruck nimmt jeder Fahrgast nach seiner Reisetätigkeit mit nach Hause. Somit sind die Betreiber von Straßen- und Stadtbahnen daran interessiert, einen möglichst angenehmen Aufenthalt anbieten zu können. Dementsprechend ist der Schwingkomfort auch ein Auslegungskriterium der Fahrzeughersteller. Die Schwingkomfortbewertung anhand von Beschleunigungssignalen in Schienenfahrzeugen ist schon seit den Forschungsanstrengungen von SPERRLING und HELBERG Anfang des 20. Jahrhunderts Gegenstand aufwändiger Studien, deren Ergebnisse sich mittlerweile in den einschlägigen Normen und Richtlinien auf nationaler wie internationaler Ebene wiederfinden. Die aktuell im deutschsprachigen Raum zur Anwendung gebrachten Verfahren basieren auf Erkenntnissen, die im Vollbahnbereich entwickelt wurden. Die Validität für den BOStrab-Bereich ist bis jetzt noch nicht wissenschaftlich überprüft worden, was die Aussagekraft der Bewertungsmethoden für Straßen- und Stadtbahnen anhand der aktuell etablierten Standards in Frage stellt. Hier setzt die vorliegende Arbeit an und liefert neue Erkenntnisse und Methoden zur Schwingkomfortbewertung in BOStrab-Fahrzeugen.

8.1 Ausgangssituation und Forschungsbedarf

Im Rahmen dieser Forschungsarbeit wurde der Stand der Technik und Forschung im Bereich der Schwingkomfortbewertung sowie der angrenzenden Fachgebiete Schwingungswahrnehmung, Psychophysik, Physiologie und Machine-Learning-basierte Schwingkomfortbewertungsverfahren analysiert und kritisch hinterfragt, siehe Kap. 2.

Daraus wurden in Kap. 3 die im BOStrab-Betrieb identifizierten Inkompatibilitäten und offenen Punkte herausgearbeitet, die sich ergeben, wenn die aktuellen Normen und Richtlinien für die Schwingkomfortbewertung von Straßen-und Stadtbahnen angewendet werden sollen. Bestehende Lücken wurden umrissen und wiesen den Bedarf für die Entwicklung einer Schwingkomfortbewertungsmethode speziell für den BOStrab-Betrieb auf. Schlussfolgernd aus den gewonnenen Erkenntnissen wurde die Zielsetzung der vorliegenden Arbeit definiert:

> *Kernziel dieser Arbeit war es, den Schwingkomfort im BOStrab-Betrieb, basierend auf am Fußboden gemessener tri-achsialer Beschleunigungen, den vom Fahrgast (sitzend und stehend) wahrgenommenen Schwingkomfort, vorhersagen zu können. Dabei sollten für die Schwingkomfortbewertung neuartige Algorithmen des Maschinellen Lernens auf ihre Leistungsfähigkeit und Anwendbarkeit im Vergleich zum aktuellen Stand der Technik geprüft werden. Die hieraus resultierenden mathematischen Verfahren sollten außerdem in eine Gesamtbewertungsmethodik eingebettet werden, die den Gegebenheiten des Straßen- und Stadtbahnbetriebes genügt.*

8.2 Zusammenfassung der Ergebnisse

Durch entsprechende Vorarbeiten wurden die Grundlagen für repräsentative Feldversuche erarbeitet, siehe Kap. 5. Eine immer weiter digitalisierte Welt ermöglicht es, neuartige Ansätze zur Abfrage des von den Fahrgästen empfundenen Schwingkomforts unter Realbedingungen durchzuführen. Der Fakt, dass nahezu jeder erwachsene Mensch ein Smartphone besitzt, führte zu der Entwicklung einer speziell zur Erfassung von Subjektivwertungen implementierten Applikation. Diese ermöglichte die Abfrage von Subjektivurteilen in Echtzeit während mehrerer Versuchsfahrten. Der Zusammenhang von Ursache (gemessene Beschleunigungen) und Wirkung (subjektive Schwingungswahrnehmung) wurde mittels des erarbeiteten Ansatzes der Relevanzfilterung sehr präzise umgesetzt. Dadurch wurde eine aussagekräftige Datenbasis Zeitreihen-basierter Merkmale und mittlerer Subjektivurteile geschaffen, um in den folgenden Schritten zwei unterschiedliche Algorithmen zu trainieren. Diese übersteigt in ihrer Größenordnung die meisten bekannten Feldstudien, z. B. [Hel41, Lau03, Mor08, Gal11] . Das einfache Verfahren mittels MLR lieferte überwiegend zufriedenstellende Ergebnisse mit größerer Streuung, wohingegen der Maschine-Learning-Algorithmus XGBoost in der Lage war, den Schwingkomfort sehr genau vorherzusagen. Anhand repräsentativer Validierungsdaten konnte die Anwendbarkeit erfolgreich überprüft werden. Das als Referenzverfahren untersuchte Wertzifferverfahren weicht teilweise sehr stark von den gesammelten Subjektivurteilen der Befragten ab. Eine umfangreiche Analyse von BOStrab-Trassierungsverläufen im deutschsprachigen Raum ermöglichte die Definition von Referenzfahrstrecken, die zukünftig in der Mehrkörpersimulation als repräsentative Vergleichsstrecken für den Straßen- und Stadtbahnbetrieb herangezogen werden können. Vor allem bei Ausschreibungen zur Beschaffung von Neufahrzeugen kann für die Fahrzeugingenieure zukünftig eine bis dato bestehende Lücke geschlossen werden, falls entsprechende Angaben zur potenziellen Einsatzstrecke nicht vorhanden sind.

Abschließend kann geschlussfolgert werden, dass beide entwickelten Algorithmen in der Lage sind, den Schwingkomfort im BOStrab-Betrieb vorherzusagen, siehe Kap. 6.5, wohingegen die aktuell als Stand der Technik zur Anwendung gebrachten Verfahren den Schwingkomfort der Fahrgäste möglicherweise nur teilweise und in ungenügender Genauigkeit abbilden können. Außerdem ist die in dieser Arbeit durchgeführte Lösungsmethode zur parallelen Beschleunigungs- und Schwinkomfortmessung inklusive der Modellbildung auch auf sonstige Fahrzeugarten übertragbar. Zukünftig werden weitere Problemstellungen des Ingenieurwesens, bzw. der Fahrzeugtechnik, mittels Maschinellen Lernens noch exakter gelöst. Jedoch ist der technologische Transfer komplexer Algorithmen bis jetzt im Schienenfahrzeugbereich wie auch in den meisten Industriebereichen erst in der frühen Phase. Wurden bis heute auf einigen wenigen physikalischen Größen basierte empirische Gleichungen innerhalb von Normen und Richtlinien standardisiert, so ist davon auszugehen, dass in Zukunft auch komplexe Machine-Learning-Modelle zur Verfügung gestellt werden müssen. Entsprechende Konzepte zur Umsetzung werden gerade erforscht, z. B. Graepel et al. [Gra13], Sharma et al. [Sha20] und Gu et al. [Gu18]. Somit stehen neben der Schienenfahrzeugbranche weitere Industriezweige nicht nur vor der technologischen Herausforderung, ihre Prozesse durch Künstliche Intelligenz und ML zu verbessern, sondern auch die organisatorischen und infrastrukturellen Gegebenheiten für deren Anwendung herauszuarbeiten und in einem Transformationsprozess umzusetzen.

8.3 Zukünftiger Forschungsbedarf

In der vorliegenden Arbeit konnte der Erkenntnisstand der Forschung im Bereich der Schwingkomfortanalyse erweitert werden. Dennoch ergeben sich weitere Forschungsfragen, auf die im Rahmen dieser Arbeit nicht eingegangen wurde. In zukünftigen Studien im Bereich des Schwingkomforts von BOStrab-Fahrzeugen kann der Einfluss rotatorischer Bewegungen wie z. B. Wankbewegungen näher untersucht werden. Auch die im Straßen- und Stadtbahnbereich wie auch in anderen Transportsystemen mit hohem Anteil sich zyklisch ändernder Fahrzustände für den Fahrgast häufig unvermittelt auftretenden Rucke sollten gesondert in grundlegenden Forschungsvorhaben isoliert und somit gezielter untersucht werden. Die schwingkomfortrelevante Wahrnehmung des Rucks sowie die praktische Ermittlung geeigneter Ruckwerte auf Basis gemessener Beschleunigungen werfen Fragen hinsichtlich der zu verwendenden Eckfrequenz der Tiefpassfilterung auf, was entsprechende Forschungspotenziale aufzeigt.

Vielversprechend scheint auch der zukünftige Einsatz von Künstlichen Neuronalen Netzen zur Schwingkomfortbewertung zu sein. Beispielsweise sind Faltungs-basierte Netze wie Convolutional Neural Networks (CNN) in der Lage, Personen und Objekte in Bildern exakt zu detektieren und zu klassifizieren, siehe REN et al. [Ren17] und CHEN et al. [Che17]. Beschleunigungssignale können in Form von Spektogrammen unter gleichwertiger Berücksichtigung von Zeit-, Frequenz- und Beschleunigungsinformation mit CNNs als Bildinformation verarbeitet werden. Die charakteristischen Merkmale vermag das Neuronale Netz selbstständig zu identifizieren und zu lernen. Zum Beispiel werden Neuronale Netze bereits zur Klassifikation verschiedener Musik Genres durch Analyse von Spektogrammen erfolgreich eingesetzt, bspw. SUGIANTO und SUYANTO [Sug19] und ZHANG et al. [Zha16]. Eine Adaption im Bereich der Schwingkomfortbewertung sollte in zukünftigen Forschungsvorhaben angestrebt werden. Auch andere Architekturen Neuronaler Netze können vielversprechend im Bereich der Zeitreihenvorhersage angewendet werden. So sind Temporal Convolutional Networks (TCN), siehe LEA et al. [Lea16] und FARHA und GALL [Far19] sowie Long-Short-Term-Memory (LSTM) Netze, bspw. HOCHREITER und SCHMIDHUBER [Hoc97], SAK et al. [Sak14] und SHERSTINSKY [She18], in der Lage, eine Art „Kurzzeitgedächtnis“ zielgerichtet einzusetzen, um auch die Relevanz eines zeitlich zurückliegenden Ereignisses in eine Prognose mit einzubeziehen.

In Zukunft werden immer genauere Vorhersagen in zahlreichen Ingenieursanwendungen möglich sein, spätestens seit der Entwicklung immer leistungsfähigerer Hardware, die für die aufwändigen Optimierungsrechnungen benötigt wird. Dieses Potenzial sollte auch in der Forschungsdisziplin der Schwingkomfortmodellierung genutzt werden. Die in Kap. 7 umrissenen Forschungsaktivitäten im Bereich der Digitalisierung und des Cloud-basierten Betriebes von Machine-Learning-Modellen weisen in eine vielversprechende Richtung. Die Schienenfahrzeugindustrie sollte sich dazu ermutigt fühlen, alle Potenziale bzgl. Künstlicher Intelligenz und ML in naher Zukunft nutzbar zu machen, um auch weiterhin wettbewerbsfähige Fahrzeugkonzepte, durch den Einsatz neuester Technologien, entwickeln zu können.

Literaturverzeichnis

[AST17] ASTM F2291-16: Standard Practice for Design of Amusement Rides and Devices. 2017. URL: http://dx.doi.org/10.1520/F2291-16.

[Abd14] ABDELFATTAH, B.: Entwicklung eines Losradfahrwerkskonzeptes für Schienenfahrzeuge. Dissertation, RWTH Aachen, 2014.

[Ada07] ADAMSKI, D.; JUST, W. und DRAGON, L.: Subjektive Bewertung des Ride Komforts von Digitalen Prototypen mit Hilfe eines Ride Simulators. In: *VDI-Berichte*, Bd. 1990: S. 289–302, 2007.

[Ahl76] AHLBECK, D. und DOYLE, G.: Comparative Analysis of Dynamics of Freight and Passenger Rail Vehicles. In: *FRA Technical Reports*, S. 1–63, 1976.

[Alb05] ALBRECHT, M.: Modellierung der Komfortbeurteilung aus Kundensicht am Beispiel des automatisierten Anfahrens. In: *Forschungsberichte IPEK*, Bd. 18, 2005.

[BNZ10] BERNHARD N. ZILLES, K. T.: *Anatomie*, Bd. 39. Springer, 2010, ISBN: 9783540694816.

[BVA61] BVA Minden: Automatische Auswertemethode zur Bestimmung der Wagenlaufgüte. In: *Glasers Annalen*, Bd. 85: S. 395–397, 1961.

[Bet16] BETTINGER, T. und SCHINDLER, C.: Ride Comfort Evaluation for Tramways including Non-Stationary Operational States. Civil-Comp Press, 2016, URL: http://dx.doi.org/10.4203/ccp.110.311.

[Bit06] BITTER, T.: Objektivierung des dynamischen Sitzkomforts. Dissertation, TU Braunschweig, 2006.

[BoS87] BOStrab: Verordnung über den Bau und Betrieb der Straßenbahnen (Straßenbahn-Bau- und Betriebsordnung - BOStrab). 1987, URL: http://www.gesetze-im-internet.de/bundesrecht/strabbo_1987/gesamt.pdf.

[BoS93] TRStrab: Richtlinien für die Trassierung von Bahnen nach der Verordnung über den Bau und Betrieb der Straßenbahnen (BOStrab) (BOStrab-Trassierungsrichtlinien). 1993.

[BoS96] BOStrab-Lichtraum-Richtlinien: Vorläufige Richtlinien für die Bemessung des lichten Raumes von Bahnen nach der Verordnung über den Bau und Betrieb der Straßenbahnen (BOStrab). 1996.

[Bob82] BOBBERT, G.: Schwingungseinwirkung auf den Menschen, Wahrnehmung, Beanspruchung, Bewertung, Beurteilung. In: *VDI-Berichte*, Bd. 456: S. 1–18, 1982.

[Bor01] BORG, E.: A comparison between two rating scales for perceived exertion. In: *Fechner Day 2001: Proceedings of the Seventeenth Annual Meeting of the International Society of Psychophysics*, S. 298–303, 2001.

[Bre97] BREUER, K.-D.; TALAROWSKI, G. und LENZE, H.: Frankfurter Triebwagen Typ R. In: *Der Nahverkehr*, Bd. 1: S. 35–40, 1997.

[Bri08] BRINDISI, A. und CONCILIO, A.: Passengers' Comfort Modeling Inside Aircraft. In: *Journal of Aircraft*, Bd. 45: S. 2001–2008, 2008, ISSN: 0021-8669, URL: http://dx.doi.org/10.2514/1.36305.

[Bro18] BROMMUNDT, E. und SACHAU, D.: *Schwingungslehre mit Maschinendynamik*. Springer Fachmedien Wiesbaden, 2018, ISBN: 978-3-658-17961-8, URL: http://dx.doi.org/10.1007/978-3-658-17962-5.

[Bub04] BUBB, H.: Komfort und Diskomfort. In: *Ergonomie aktuell, Zeitschrift Lehrstuhl für Ergonomie*, 2004.

[CC21] CHOQUETTE-CHOO, C. A.; DULLERUD, N. *et al.*: CaPC Learning: Confidential and Private Collaborative Learning. In: *ArXiv*, Bd. abs/2102.0, 2021, URL: https://github.com/cleverhans-lab/capc-iclr.http://arxiv.org/abs/2102.05188.

[Che15] CHEN, T. und HE, T.: Higgs Boson Discovery with Boosted Trees. In: *JMLR: Workshop and Conference Proceedings*, Bd. 42: S. 69–80, 2015, URL: https://github.com/TimSalimans/HiggsML.

[Che16] CHEN, T. und GUESTRIN, C.: XGBoost: A scalable tree boosting system. In: *Proceedings of the ACM SIGKDD International Conference on Knowledge Discovery and Data Mining*, Bd. 13-17-Augu: S. 785–794, 2016, URL: http://dx.doi.org/10.1145/2939672.2939785.

[Che17] CHEN, C.; LIU, M. Y. *et al.*: R-CNN for small object detection. In: *Lecture Notes in Computer Science (including subseries Lecture Notes in Artificial Intelligence and Lecture Notes in Bioinformatics)*, Bd. 10115 LNCS: S. 214–230, 2017, ISSN: 16113349, URL: http://dx.doi.org/10.1007/978-3-319-54193-8_14.

[Cie20] CIESLAK, M.; KANARACHOS, S. *et al.*: Accurate ride comfort estimation combining accelerometer measurements, anthropometric data and neural networks. In: *Neural Computing and Applications*, Bd. 32: S. 8747–8762, 2020, ISSN: 14333058, URL: http://dx.doi.org/10.1007/s00521-019-04351-1.

[Cla98] CLAUS, H. und SCHIEHLEN, W.: Modeling and Simulation of Railway Bogie Structural Vibrations. In: *Vehicle System Dynamics*, Bd. 29: S. 538–552, 1998, ISSN: 0042-3114, URL: http://dx.doi.org/10.1080/00423119808969585.

[Cro06] CROWE, K. E. und LEONARD, M. J.: Computer-implemented system and method for storing data analysis models. 2006.

[DH90] DIETER HOLZINGER, R. F.: Entwicklung moderner Hochleistungsweichen zur Wahrnehmung der Zukunftschancen der Bahn. In: *ETR*, Bd. 39: S. 71–78, 1990.

[DIN00] DIN 1311 - 1: Schwingungen und schwingungsfähige Systeme, Teil 1 : Grundbegriffe, Einteilung. 2000.

[DIN25003] DIN 25003: Systematik der Schienenfahrzeuge - Übersicht, Benennung, Definitionen. 2001.

[DIN12] DIN SPEC 45697: Mechanische Schwingungen und Stöße – Verfahren zur Bewertung stoßhaltiger Ganzkörper-Vibrationen. 2012.

[DIN17] DIN EN ISO 8041-1: Schwingungseinwirkung auf den Menschen – Messeinrichtung – Teil 1: Schwingungsmesser für allgemeine Anwendungen. 2017.

[Dan97] DANA, P. H.: Global Positioning System (GPS) Time Dissemination for Real-Time Applications. In: *Real-Time Systems 1997 12:1*, Bd. 12: S. 9–40, 1997, ISSN: 1573-1383, URL: http://dx.doi.org/10.1023/A:1007906014916.

[Del11] DELLMANN, T. und ABDELFATTAH, B.: Multigelenkwagen vs. Einzelgelenkwagen - Straßenbahnkonzepte im Vergleich. In: *ZEV Rail*, Bd. 135: S. 176–189, 2011.

[Del86] DELLMANN, T. und SPECHT, W.: Verfahren zur Schwingbeurteilung - Vergleich am Beispiel eines Reisezugwagens. In: *AET – Archiv für Eisenbahntechnik (Schriftenreihe zur Ergänzung der Zeitschrift ETR)*, Bd. 41: S. 45–53, 1986.

[Des18a] Destatis: Bevölkerungsstand. 2018, URL: https://www.destatis.de/DE/ZahlenFakten/GesellschaftStaat/Bevoelkerung/Bevoelkerungsstand/Tabellen/Durchschnittsalter_Zensus.html.

[Des18b] Destatis: Gesundheitszustand & -relevantes Verhalten. 2018, URL: https://www.destatis.de/DE/ZahlenFakten/GesellschaftStaat/Gesundheit/GesundheitszustandRelevantesVerhalten/GesundheitszustandRelevantesVerhalten.html.

[Dup66] DUPUIS, H. und CHRIST, W.: Über das Schwingverhalten des Magens unter dem Einfluß sinusförmiger und stochastischer Schwingungen. In: *Internationale Zeitschrift für Angewandte Physiologie einschließlich Arbeitsphysiologie*, Bd. 22: S. 149–166, 1966, ISSN: 14396319, URL: http://dx.doi.org/10.1007/BF00698150.

[Dup76] DUPUIS, H.; HARTUNG, E. und HAMMER, W.: Biomechanisches Verhalten, Muskelreaktion und subjektive Wahrnehmung bei Schwingungserregung der oberen Extremitäten zwischen 8 und 80 Hz. In: *International Archives of Occupational and Environmental Health*, Bd. 37: S. 9–34, 1976, ISSN: 03400131, URL: http://dx.doi.org/10.1007/BF00409361.

[Dyl09] DYLLA, S.: Entwicklung einer Methode zur Objektivierung der subjektiv erlebten Schaltbetätigungsqualität von Fahrzeugen mit manuellem Schaltgetriebe. In: *Forschungsberichte IPEK*, Bd. 42, 2009.

[EN09] DIN EN 12299: Bahnanwendungen – Fahrkomfort für Fahrgäste. Beuth Verlag, Berlin, 2009.

[EN15] DIN EN 12663-1: Bahnanwendungen – Festigkeitsanforderungen an Wagenkästen von Schienenfahrzeugen - Teil 1: Lokomotiven und Personenfahrzeuge (und alternatives Verfahren für Güterwagen). Beuth Verlag, Berlin, 2015.

[EN05] DIN EN 14363: Bahnanwendungen – Versuche und Simulationen für die Zulassung der fahrtechnischen Eigenschaften von Eisenbahnfahrzeugen - Fahrverhalten und stationäre Versuche. Beuth Verlag, Berlin, 2019.

[Far19] FARHA, Y. A. und GALL, J.: MS-TCN: Multi-Stage Temporal Convolutional Network for Action Segmentation. In: *2019 IEEE/CVF Conference on Computer Vision and Pattern Recognition (CVPR)*, S. 3570–3579, 2019, URL: http://dx.doi.org/10.1109/CVPR.2019.00369.

[Fis77] FISCHER, V.; UNGETHÜM, M. *et al.*: Die muskuläre Dämpfung niederfrequenter Schwingungen im Tierversuch. In: *Archiv für orthopädische und Unfall-Chirurgie*, Bd. 87: S. 317–323, 1977.

[Fra18] FRANZEN, J., *et. al.*: Entwicklung eines Systems zur Senkung der Lebenszykluskosten durch Einsatz proaktiver Wartungsstrategien. In: *Tagungsband, 16. Internationale Schienenfahrzeugtagung, Dresden*, S. 157–159, 2018.

[Fre77] FREDERICH, F.: Kriterien für Fahrkomfort, Erfahrungen bei Schienenfahrzeugen. In: *VDI-Berichte*, Bd. 284: S. 41–47, 1977.

[Fre84] FREDERICH, F.: Die Gleislage - aus fahrzeugtechnischer Sicht. In: *ZEV Rail Glasers Annalen*, Bd. 108: S. 355–362, 1984.

[Fre86] FREDERICH, F. und HECHT, M.: Erfassung der Gleislage auf ÖPNV-Strecken. In: *VDI Fortschrittsberichte*, Bd. 12: S. 1–99, 1986.

[Fre90] FREDERICH, F.: Aspekte zur Spurführung. In: *ZEV-Glasers Annalen*, Bd. 114: S. 24–29, 1990.

[Fre99] FREDERICH, F.: Komfortverbesserungen an Schienenfahrzeugen für den Personenverkehr. In: *ZEV-Glasers Annalen*, Bd. 123: S. 133–144, 1999, ISSN: 09410589.

[Fri10] FRITZSCHE, F.: Kraft- und haltungsabhängiger Diskomfort unter Bewegung – berechnet mit Hilfe eines digitalen Menschmodells. 2010.

[Gal11] GALLAIS, C.; OHNO, H. und TALOTTE, C.: Frequency Weightings for the Evaluation of Discomfort of Standing Passengers on Trains. In: *9th World Congress on Railway Research*, 2011.

[Gar84] GARG, V. K. und DUKKIPATI, R. V.: *Dynamics of Railway Vehicle Systems*, Bd. 14. Academic Press, 1984, ISBN: 9780122759505, URL: http://dx.doi.org/10.1016/B978-0-12-275950-5.X5001-9.

[Gau87] GAUSS, C. F.: *Abhandlungen zur Methode der kleinsten Quadrate*. 1887, URL: https://ia802607.us.archive.org/25/items/abhandlungenmet00gausrich/abhandlungenmet00gausrich_bw.pdf.

[Gen10] GENUIT, K.: *Sound-Engineering im Automobilbereich: Methoden zur Messung und Auswertung von Geräuschen und Schwingungen*. 2010, ISBN: 3642014143, URL: http://dx.doi.org/10.1007/978-3-642-01415-4.

[Gra13] GRAEPEL, T.; LAUTER, K. und NAEHRIG, M.: ML confidential: Machine learning on encrypted data. Bd. 7839 LNCS, S. 1–21, Springer, Berlin, Heidelberg, 2013, ISBN: 9783642376818, ISSN: 03029743, URL: http://dx.doi.org/10.1007/978-3-642-37682-5_1.

[Gri07] GRIFFIN, M. J.: Discomfort from feeling vehicle vibration. In: *User Modeling and User-Adapted Interaction*, Bd. 45: S. 679–698, 2007, ISSN: 17445159, URL: http://dx.doi.org/10.1080/00423110701422426.

[Gri90] GRIFFIN, M. J.: *Handbook of Human Vibration*. Elsevier, 1990, ISBN: 9780123030405, URL: http://dx.doi.org/10.1016/C2009-0-02730-5.

[Gu18] GU, Z.; HUANG, H. *et al.*: Confidential Inference via Ternary Model Partitioning. In: *arxivX*, 2018, URL: http://arxiv.org/abs/1807.00969.

[Guo05] GUO, Y.: Algorithmen zur On-Board-Diagnose von Fahrwerksschäden an Schienenfahrzeugen. Dissertation, TU Berlin, 2005.

[Gé18] GÉRON, A. und ROTHER, K.: *Praxiseinstieg Machine Learning mit Scikit-Learn und TensorFlow - Konzepte, Tools und Techniken für intelligente Systeme*. 2018, ISBN: 3960090617.

[Hag11] HAGENDORF, H.; KRUMMENACHER, J. *et al.*: *Wahrnehmung und Aufmerksamkeit*. Springer Berlin Heidelberg, 2011, ISBN: 978-3-642-12709-0, URL: http://dx.doi.org/10.1007/978-3-642-12710-6.

[Hai15] HAIGERMOSER, A.; LUBER, B. *et al.*: Road and track irregularities: Measurement, assessment and simulation. In: *Vehicle System Dynamics*, Bd. 53: S. 878–957, 2015, ISSN: 17445159, URL: http://dx.doi.org/10.1080/00423114.2015.1037312.

[Ham83] HAMID, A.; RASMUSSEN, K. *et al.*: Analytical Descriptions of Track Geometry Variations. In: *FRA Technical Report*, S. 1–151, 1983.

[Har86] HARBOROUGH, P. R.: TR DOS 018: Passenger Comfort During High Speed Curving - Summary Report. In: *British Rail Research Technical Report*, S. 1–9, 1986.

[Hec88] HECHT, M.: Gleislageuntersuchung aus fahrzeug- und oberbautechnischer Sicht - Entwicklung eines universellen dynamischen Meßverfahrens. In: *VDI Fortschrittsberichte*, Bd. 12: S. 1–150, 1988.

[Hel10] HELD, U.: Tücken von Korrelationen: die Korrelationskoeffizienten von Pearson und Spearman. In: *Swiss Medical Forum – Schweizerisches Medizin-Forum*, Bd. 10, 2010, ISSN: 1424-3784, URL: http://dx.doi.org/10.4414/smf.2010.07285.

[Hel41] HELBERG, W. und SPERLING, E.: Verfahren zur Beurteilung der Laufeigenschaften von Eisenbahnwagen. In: *Organ für die Fortschritte des Eisenbahnwesens*, S. 177–187, 1941.

[Hen95] HENNECKE, D.: Zur Bewertung des Schwingungskomforts von PKW bei instationärer Anregung. In: *VDI Fortschrittsberichte*, Bd. 12 (237), 1995.

[Hin06] HINTON, G. E.; OSINDERO, S. und TEH, Y.-W.: A Fast Learning Algorithm for Deep Belief Nets. In: *Neural Computation*, Bd. 18: S. 1527–1554, 2006, ISSN: 0899-7667, URL: http://dx.doi.org/10.1162/neco.2006.18.7.1527.

[Hoc97] HOCHREITER, S. und SCHMIDHUBER, J.: Long Short-Term Memory. In: *Neural Computation*, Bd. 9: S. 1735–1780, 1997, ISSN: 08997667, URL: http://dx.doi.org/10.1162/neco.1997.9.8.1735.

[Hon93] HONDIUS, H.: ÖPNV-Niederflur-Fahrzeuge im Kommen. In: *Stadtverkehr Sonderdruck*, Bd. 1: S. 5–13, 1993.

[ISO97] ISO 2631-1:1997: Evaluation of human exposure to whole-body vibration - Part1: General requirements. 1997.

[ISO99] DIN ISO 5348: Mechanische Ankopplung von Beschleunigungsaufnehmern. 1999.

[Ind] INDUCTIVELOAD: CC BY-SA 2.5, https://commons.wikimedia.org/w/index.php?curid=5958172. URL: https://upload.wikimedia.org/wikipedia/commons/3/34/Anatomy_of_Human_Ear_with_Cochlear_Frequency_Mapping.svg.

[Irt96] IRTEL, H.: Methoden der Psychophysik. In: *Handbuch Quantitative Methoden*, Beltz Psychologie-Verl.-Union, S. 479–489, 1996, ISBN: 3-621-27280-1.

[Joc03] JOCH, M.; JUSSEI, D. und MAICZ, D.: Autonome Trassierungserfassung mit Low-Cost- Systemen. In: *ZEV-Glasers Annalen*, Bd. 127: S. 280–285, 2003.

[Jä16] JÄGER, H.; MASTEL, R. und KNAEBEL, M.: *Technische Schwingungslehre*, Bd. 33. Springer Fachmedien Wiesbaden, 2016, ISBN: 978-3-658-13792-2, URL: http://dx.doi.org/10.1007/978-3-658-13793-9.

[Ken02] KENWORTHY, J.; LAUBE, F.: Urban transport patterns in a global sample of cities & their linkages to transport infrastructure, land use, economics & environment. In: *World Transport Policy & Practice*, Bd. 8. ISSN: 1352-7614, 2002.

[Kim03] KIM, Y.-G.; KWON, H.-B. *et al.*: Correlation of ride comfort evaluation methods for railway vehicles. In: *Proceedings of the Institution of Mechanical Engineers, Part F: Journal of Rail and Rapid Transit*, Bd. 217: S. 73–88, 2003, ISSN: 0954-4097, URL: http://dx.doi.org/10.1243/095440903765762823.

[Kip13] KIPPER, R.; GERBER, U. und SCHMEISTER, J.: Bestimmung langweiliger Gleisverformungen und deren Bewertung. In: *Eisenbahningenieur*, S. 11–16, 2013.

[Kna10] KNAUER, P.: Objektivierung des Schwingungskomforts bei instationärer Fahrbahnanregung. Dissertation, TU München, 2010.

[Kor94] KORTÜM, W. und LUGNER, P.: *Systemdynamik und Regelung von Fahrzeugen*. Springer, 1994.

[Kra11] KRAFT, C.: Gezielte Variation und Analyse des Fahrverhaltens von Kraftfahrzeugen Mittels Elektrischer Linearaktuatoren im Fahrwerksbereich. In: *Karlsruher Schriftenreihe Fahrzeugsystemtechnik*, 2011.

[Kre04] KRETTEK, O. und MILUCZKY, A.: Zum Reglement der BOStrab unter dem Aspekt der Niederflurtechnik. In: *Proceedings of the 6th International Conference on Railway Bogies and Running Gears, Budapest*, S. 227–235, 2004.

[Kre10] KRETTEK, O. und MILUCZKY, A.: Was ist mit dem Ruck? In: *Proceedings of the 8th International Conference on Railway Bogies and Running Gears, Budapest*, S. 257–273, 2010.

[Kru83] KRUSE, B.: Die Trassierung von Nahverkehrsbahnen unter Berücksichtigung der Fahrzeugdynamik. In: *ETR*, Bd. 32: S. 487–490, 1983.

[Lau03] LAURIKS, G.; EVANS, J. *et al.*: UIC comfort tests - Investigation of ride comfort and comfort disturbance on transition and circular curves. 2003, URL: http://www.ncbi.nlm.nih.gov/pubmed/15696408.

[Lea16] LEA, C.; VIDAL, R. *et al.*: Temporal convolutional networks: A unified approach to action segmentation. Bd. 9915 LNCS, S. 47–54, Springer Verlag, 2016, ISBN: 9783319494081, ISSN: 16113349, URL: http://dx.doi.org/10.1007/978-3-319-49409-8_7.

[Ler15] LERSPALUNGSANTI, S.; ALBERS, A. *et al.*: Human ride comfort prediction of drive train using modeling method based on artificial neural networks. In: *International Journal of Automotive Technology*, Bd. 16: S. 153–166, 2015, ISSN: 1229-9138, URL: http://dx.doi.org/10.1007/s12239-015-0017-2.

[Li12] LI, C.; YI, J. *et al.*: Prediction of thermal comfort index using type-2 fuzzy neural network. In: *Lecture Notes in Computer Science (including subseries Lecture Notes in Artificial Intelligence and Lecture Notes in Bioinformatics)*, Bd. 7366 LNAI: S. 351–360, 2012, ISSN: 03029743, URL: http://dx.doi.org/10.1007/978-3-642-31561-9_40.

[Lun17] LUNDBERG, S. M. und LEE, S. I.: A unified approach to interpreting model predictions. In: *arXiv*, S. 1–10, 2017, ISSN: 23318422.

[Lun20] LUNDBERG, S. M.; ERION, G. *et al.*: with explainable AI for trees. In: *Nature Machine Intelligence*, Bd. 2: S. 56–67, 2020, ISSN: 2522-5839, URL: http://dx.doi.org/10.1038/s42256-019-0138-9.

[Lé99] LÉGER, J. C.: Menger curvature and rectifiability. In: *Annals of Mathematics*, Bd. 149: S. 831–869, 1999, URL: http://dx.doi.org/10.2307/121074.

[Mac14] MACAS, M.; MORETTI, F. *et al.*: Importance of feature selection for recurrent neural network based forecasting of building thermal comfort. In: *Lecture Notes in Computer Science (including subseries Lecture Notes in Artificial Intelligence and Lecture Notes in Bioinformatics)*, Bd. 8779 LNAI: S. 11–19, 2014, ISSN: 16113349, URL: http://dx.doi.org/10.1007/978-3-319-11298-5_2.

[Mai11] MAIER, P.: Entwicklung einer Methode zur Objektivierung der subjektiven Wahrnehmung von antriebsstrangerregten Fahrzeugschwingungen. In: *Forschungsberichte IPEK*, Bd. 51, 2011.

[Mar08] MARTIN, D. und LITWHILER, D.: An investigation of acceleration and jerk profiles of public transportation vehicles. In: *ASEE Annual Conference and Exposition, Conference Proceedings*, 2008, ISSN: 21535965.

[Mat11] MATSUMOTO, Y.; MAEDA, S. *et al.*: Factors affecting perception thresholds of vertical whole-body vibration in recumbent subjects: Gender and age of subjects, and vibration duration. In: *Journal of Sound and Vibration*, Bd. 330: S. 1810–1828, 2011, ISSN: 0022460X, URL: http://dx.doi.org/10.1016/j.jsv.2010.10.038.

[McN85] MCNAMEE, J. M.: Numerical differentiation of tabulated functions with automatic choice of step-size. In: *International Journal for Numerical Methods in Engineering*, Bd. 21: S. 1171–1185, 1985, ISSN: 10970207, URL: http://dx.doi.org/10.1002/NME.1620210702.

[Mcn02] MCNEFF, J. G.: The Global Positioning System. In: *EEE Transactions on Microwave Theory and Techniques*, Bd. 50 (3), S. 645–652, 2002, URL: http://dx.doi.org/10.1109/22.989949.

[Mey96] MEYER, W. und ORSCHALL, B.: Kölner Niederflur-Stadtbahnwagen der Serie 4000. In: *Der Nahverkehr*, Bd. 9: S. 40–46, 1996.

[Mil08] MILUCZKY, A.: Die Gesetzmäßigkeiten des Fahrwerklaufs erprobter Multigelenk-Niederflurstadtbahnwagen. Dissertation, RWTH Aachen, 2008.

[Mit13] MITRA, A.; SHARMA, A. *et al.*: Thermal Comfort Index Estimation and Parameter Selection Using Fuzzy Convolutional Neural Network. In: *Artificial Neural Networks and Machine Learning – ICANN 2013*, S. 714–724, 2013, ISSN: 13652796, URL: https://doi.org/10.1007/978-3-030-01418-6_70.

[Miw84] MIWA, T.; YONEKAWA, Y. und KANADA, K.: Thresholds of perception of vibration in recumbent men. In: *The Journal of the Acoustical Society of America*, Bd. 75: S. 849–854, 1984, ISSN: 00014966, URL: http://dx.doi.org/10.1121/1.390568.

[Moh04] MOHR, D.: Eine einfache Methode zur Beurteilung stoßhaltiger Ganzkörper-Schwingungen. In: *VDI-Berichte*, Bd. 1821, 2004.

[Mor06] MORIOKA, M. und GRIFFIN, M. J.: Magnitude-dependence of equivalent comfort contours for fore-and-aft, lateral and vertical whole-body vibration. In: *Journal of Sound and Vibration*, Bd. 298: S. 755–772, 2006, ISSN: 0022460X, URL: http://dx.doi.org/10.1016/j.jsv.2006.06.011.

[Mor08] MORIOKA, M. und GRIFFIN, M. J.: Absolute thresholds for the perception of fore-and-aft, lateral, and vertical vibration at the hand, the seat, and the foot. In: *Journal of Sound and Vibration*, Bd. 314: S. 357–370, 2008, ISSN: 0022460X, URL: http://dx.doi.org/10.1016/j.jsv.2007.12.036.

[Myl04] MYLES, A. J.; FEUDALE, R. N. *et al.*: An introduction to decision tree modeling. In: *Journal of Chemometrics*, Bd. 18: S. 275–285, 2004, ISSN: 1099-128X, URL: http://dx.doi.org/10.1002/CEM.873.

[Mü80] MÜLLER, P.; POPP, K. und SCHIEHLEN, W. O.: Berechnungsverfahren für stochastische Fahrzeugschwingungen. In: *Ingenieur-Archiv*, Bd. 49: S. 235–254, 1980.

[Nar08] NARAYANAMOORTHY, R.; KHAN, S. *et al.*: Determination of activity comfort in Swedish passenger trains. In: *Proceedings of 8th World Congress on Railway Research (WCRR 2008) 2008 May 18*, S. 9, 2008, URL: `http://dx.doi.org/10.1039/c2nj40560a`.

[Ng18] NG, A. und SOO, K.: *Data Science – was ist das eigentlich?!* Springer Berlin Heidelberg, 2018, ISBN: 978-3-662-56775-3, URL: `http://dx.doi.org/10.1007/978-3-662-56776-0`.

[Ngu20] NGUYEN, T.; NGUYEN-PHUOC, D. Q. und WONG, Y. D.: Developing artificial neural networks to estimate real-time onboard bus ride comfort. In: *Neural Computing and Applications*, Bd. 33: S. 5287–5299, 2020, ISSN: 14333058, URL: `http://dx.doi.org/10.1007/s00521-020-05318-3`.

[ONN] ONNX: Release v1.9.0, onnx/onnx, GitHub. URL: `https://github.com/onnx/onnx/releases/tag/v1.9.0`.

[ORE77] ORE C116/RP 8/D: Wechselwirkung zwischen Fahrzeug und Gleis - Verfahren zur Beurteilung des Komforts eines Schienenfahrzeuges. 1977.

[OSM18] OpenStreetMap: Planet dump retrieved from https://planet.osm.org. 2018, URL: `https://www.openstreetmap.org`.

[Obo76] OBORNE, D. J.: A critical assessment of studies relating whole-body vibration to passenger comfort. In: *Ergonomics*, Bd. 19: S. 751–774, 1976, ISSN: 13665847, URL: `http://dx.doi.org/10.1080/00140137608931589`.

[Ped11] PEDREGOSA, F.; GRAMFORT, A. *et al.*: Scikit-learn: Machine Learning in Python Gaël Varoquaux. In: *Journal of Machine Learning Research*, Bd. 12: S. 2825–2830, 2011, URL: `http://www.jmlr.org/papers/volume12/pedregosa11a/pedregosa11a.pdf`.

[Pru70] PRUD'HOMME, M. A.: La Voie. In: *Revue Générale des Chemins de Fer*, Bd. 89: S. 56–67, 1970.

[Qiu21] QIU, Y.; ZHOU, J. *et al.*: Performance evaluation of hybrid WOA-XGBoost, GWO-XGBoost and BO-XGBoost models to predict blast-induced ground vibration. In: *Engineering with Computers*, Bd. 1: S. 1–18, 2021, ISSN: 14355663, URL: `http://dx.doi.org/10.1007/S00366-021-01393-9/FIGURES/11`.

[Qua04] QUARZ, V.: Die Generierung von Fahrwegstörungen für vorgegebene Spektraldichten mit Hilfe orthogonaler Funktionen. Dissertation, TU Dresden, 2004.

[Rak10] RAKHEJA, S.; DONG, R. G. *et al.*: Biodynamics of the human body under whole-body vibration: Synthesis of the reported data. In: *International Journal of Industrial Ergonomics*, Bd. 40: S. 710–732, 2010, ISSN: 01698141, URL: `http://dx.doi.org/10.1016/j.ergon.2010.06.005`.

[Ram01] RAMM, A. G. und SMIRNOVA, A. B.: On stable numerical differentiation. In: *MATHEMATICS OF COMPUTATION*, Bd. 70, 2001, URL: https://www.ams.org/journal-terms-of-use.

[Ras17] RASCHKA, S. und LORENZEN, K.: *Machine Learning mit Python das Praxis-Handbuch für Data Science, Predictive Analytics und Deep Learning.* mitp, 2017, ISBN: 3958454224.

[Ren06] RENNER, R.: Der Ruck, das unbekannte Wesen? In: *Der Nahverkehr*, S. 27–29, 2006.

[Ren17] REN, S.; HE, K. *et al.*: Faster R-CNN: Towards Real-Time Object Detection with Region Proposal Networks. In: *IEEE Transactions on Pattern Analysis and Machine Intelligence*, Bd. 39: S. 1137–1149, 2017, ISSN: 01628828, URL: http://dx.doi.org/10.1109/TPAMI.2016.2577031.

[Rö17] RÖSCH, W. und RÖSCH, M.: Instandhaltung 4.0 – Chancen und Risiken der Digitalisierung und des Massendatenmanagements in der Instandhaltung von Schienenfahrzeugen. In: *Tagungsband, 15. Internationale Schienenfahrzeugtagung, Dresden*, S. 146, 2017.

[Sak14] SAK, H.; SENIOR, A. und BEAUFAYS, F.: Long Short-Term Memory Based Recurrent Neural Network Architectures for Large Vocabulary Speech Recognition. In: *arXiv*, 2014, URL: http://arxiv.org/abs/1402.1128.

[Säg17] SÄGER, U.: Drahtlose Zustandsüberwachung in der Bahnindustrie. In: *Tagungsband, 15. Internationale Schienenfahrzeugtagung, Dresden*, S. 146, 2017.

[Sch09] SCHWARZ, H. R. und KÖCKLER, N.: Ausgleichsprobleme, Methode der kleinsten Quadrate. In: *Numerische Mathematik*, S. 274–306, 2009, URL: http://dx.doi.org/10.1007/978-3-8348-9282-9_7.

[Sch71] SCHOENBERGER, M. und HARRIS, S.: Psychophysical Assessment of Whole-Body Vibration. In: , S. 41–50, 1971.

[Sch80] SCHUHR, P.: Moderne Übergangsbogenberechnungen für Eisenbahnen. In: *ETR*, Bd. 29: S. 785–788, 1980.

[Sch97] SCHMIDT, R. und THEWS, G.: *Physiologie des Menschen.* Springer, 27 Aufl., 1997, ISBN: 9783662004869.

[Schi07] SCHINDLER, C.: Grundlagen der Niederflurtechnik. In: *Der Nahverkehr*, Bd. 4: S. 15–20, 2007.

[Schi14] SCHINDLER, C. (Hrsg.); BRANDHORST, M. *et al.*: *Handbuch Schienenfahrzeuge Entwicklung, Produktion, Instandhaltung.* DVV Media Group, Eurailpress, 1. Aufl., 2014, ISBN: 9783777104270.

[Schw15] SCHWICKERT, M.: Entwicklung einer Methode zur effizienten Durchführung von Mehrkörpersimulationen variantenreicher Produkte am Beispiel eines Modellbaukastens für Niederflurstraßenbahnen. Dissertation, TU Kaiserslautern, 2015.

[Sha20] SHARMA, S. und CHEN, K.: Confidential Machine Learning on Untrusted Platforms: A Survey. In: *arXiv*, 2020, ISSN: 23318422, URL: http://arxiv.org/abs/2012.08156.

[Sha48] SHANNON, C. E.: A Mathematical Theory of Communication. In: *The Bell System Technical Journal*, Bd. 27: S. 379–656, 1948.

[Sha49] SHANNON, C.: Communication in the Presence of Noise. In: *Proceedings of the IRE*, Bd. 37: S. 10–21, 1949, ISSN: 0096-8390, URL: http://dx.doi.org/10.1109/JRPROC.1949.232969.

[She18] SHERSTINSKY, A.: Fundamentals of Recurrent Neural Network (RNN) and Long Short-Term Memory (LSTM) Network. In: *Physica D: Nonlinear Phenomena*, Bd. 404, 2018, URL: http://dx.doi.org/10.1016/j.physd.2019.132306.

[Sil16] SILVER, D.; HUANG, A. *et al.*: Mastering the game of Go with deep neural networks and tree search. In: *Nature*, Bd. 529: S. 484–489, 2016, ISSN: 14764687, URL: http://dx.doi.org/10.1038/nature16961.

[Sil17] SILVER, D.; SCHRITTWIESER, J. *et al.*: Mastering the game of Go without human knowledge. In: *Nature 2017 550:7676*, Bd. 550: S. 354–359, 2017, ISSN: 1476-4687, URL: http://dx.doi.org/10.1038/nature24270.

[Spe56] SPERLING, E. und BETZHOLD, C.: Beitrag zur Beurteilung des Fahrkomforts in Schienenfahrzeugen. In: *Glasers Annalen*, Bd. 80: S. 314–317, 1956.

[Sta07] STAMMEN, K. und MEYWERK, M.: Anwendbarkeit künstlicher neuronaler Netze auf die Bewertung des Schwingungskomforts im Kraftfahrzeug - Eine Untersuchung im Rahmen der virtuellen Fahrzeugentwicklung. In: *VDI-Berichte*, Bd. 2002: S. 197–214, 2007.

[Ste57] STEVENS, S. S.: On the psychophysical law. In: *Psychological Review*, Bd. 64: S. 153–181, 1957, ISSN: 1939-1471, URL: http://dx.doi.org/10.1037/h0046162.

[Str80] STROTHMANN, W.: Horizontale Störfunktionen eines Gleises - Messung und Anwendung. In: *Archiv für Eisenbahntechnik*, Bd. 35: S. 7–18, 1980.

[Sug19] SUGIANTO, S. und SUYANTO, S.: Voting-Based Music Genre Classification Using Melspectogram and Convolutional Neural Network. S. 330–333, Institute of Electrical and Electronics Engineers Inc., 2019, ISBN: 9781728145204, URL: http://dx.doi.org/10.1109/ISRITI48646.2019.9034644.

[Suz98] SUZUKI, H.: Research trends on riding comfort evaluation in Japan. In: *Proceedings of the Institution of Mechanical Engineers, Part F: Journal of Rail and Rapid Transit*, Bd. 212: S. 61–72, 1998, ISSN: 09544097, URL: http://dx.doi.org/10.1243/0954409981530689.

[TRS15] TRStrab Trassierung: Technische Regeln für Straßenbahnen - Trassierung von Bahnen. 2015.

[Tho11] THOMAS.HASLWANTER: CC BY-SA 3.0 Skin proprioception.svg. 2011, URL: https://commons.wikimedia.org/wiki/File:Skin_proprioception.svg.

[Thu11] THUONG, O. und GRIFFIN, M. J.: The vibration discomfort of standing persons: 0.5–16-Hz fore-and-aft, lateral, and vertical vibration. In: *Journal of Sound and Vibration*, Bd. 330: S. 816–826, 2011, ISSN: 18729126, URL: http://dx.doi.org/10.1016/j.apergo.2011.12.011.

[Tin] Tinkerforge Website. URL: https://www.tinkerforge.com/de/.

[Ting11] TING, W. und SHIQIANG, Z.: Study on Linear Correlation Coefficient and Nonlinear Correlation Coefficient in Mathematical Statistics. In: *Studies in Mathematical Sciences*, Bd. 3: S. 58–63, 2011, ISSN: 1923-8452, URL: http://dx.doi.org/10.3968/j.sms.1923845220110301.4Z483.

[Tou09] TOUTENBURG, H.; SCHOMAKER, M. *et al.*: *Arbeitsbuch zur deskriptiven und induktiven Statistik*. Springer Berlin Heidelberg, 2009, ISBN: 978-3-540-89035-5, URL: http://dx.doi.org/10.1007/978-3-540-89036-2.

[Ueb15] UEBEL, L.: Condition Based Maintenance bei DB Schenker Rail. In: *Tagungsband, 14. Internationale Schienenfahrzeugtagung, Dresden*, S. 146, 2015.

[Uns00] UNSER, M.: Sampling-50 Years After Shannon. In: *Proceedings of the IEEE*, Bd. 88: S. 569–587, 2000.

[Uya13] UYANIK, G. K. und GÜLER, N.: A Study on Multiple Linear Regression Analysis. In: *Procedia - Social and Behavioral Sciences*, Bd. 106: S. 234–240, 2013, ISSN: 1877-0428, URL: http://dx.doi.org/10.1016/J.SBSPRO.2013.12.027.

[VDI02] VDI 2057 Blatt 1: Einwirkung mechanischer Schwingungen auf den Menschen – Ganzkörper-Schwingungen. 2002.

[VDV152] VDV-Schrift 152: Empfehlung für die Festigkeitsauslegung von Personenfahrzeugen nach BOStrab. 2016.

[VDI17] VDI 2057, Blatt 1: Einwirkung mechanischer Schwingungen auf den Menschen - Ganzkörper-Schwingungen. 2017.

[VDV16] Verein Deutscher Verkehrsunternehmen: 2016 Statistik. 2016, URL: https://www.vdv.de/vdv-statistik-2016.pdfx.

[Wil05] WILTSCHKO, T. und MÖHLENBRINK, W.: Bordautonome Ortung von Schienenfahrzeugen mit Map-Matching-Technologie. In: *ZEV-Glasers Annalen*, Bd. 129: S. 268–275, 2005.

[Win15] WINNER, H.; HAKULI, S. *et al.*: *Handbuch Fahrerassistenzsysteme*. Springer Vieweg, 2015, ISBN: 9783658057336, URL: http://dx.doi.org/10.1007/978-3-658-05734-3.

[Wub22] N.N.: *Die inofizielle Website der Würzburger Straßenbahn*. URL: https://www.wuerzburger-strassenbahn.info/gtn.php. 2022.

[Xgb21] XGBoost | Kaggle. 2021, URL: https://www.kaggle.com/dansbecker/xgboost.

[Zha16] ZHANG, W.; LEI, W. *et al.*: Improved Music Genre Classification with Convolutional Neural Networks. 2016, URL: http://dx.doi.org/10.21437/Interspeech.2016-1236.

[Zha96] ZHANG, L.; HELANDER, M. G. und DRURY, C. G.: Identifying Factors of Comfort and Discomfort in Sitting. In: *Human Factors: The Journal of the Human Factors and Ergonomics Society*, Bd. 38: S. 377–389, 1996, ISSN: 0018-7208, URL: http://dx.doi.org/10.1518/001872096778701962.

Anhang

A.1 Koeffizienten verschiedener Gleislagespektren

A.1.1 Frederich

Tab. A1.1: *Koeffizienten der Gleislagebeschreibung nach Frederich [Fre84, S. 360]*

Gleislagefehler	Gleiszustand	Unebenheit a $\frac{mm^2}{m^2}$	Welligkeit b $\frac{1}{m}$
	Schlecht	$9,39 \cdot 10^{-1}$	$6,89 \cdot 10^{-2}$
Längshöhenlagefehler Δh	Mittel	$1,31 \cdot 10^{-2}$	$2,94 \cdot 10^{-2}$
	Gut	$1,90 \cdot 10^{-4}$	$9,71 \cdot 10^{-3}$
	Schlecht	$2,74 \cdot 10^{-1}$	$3,13 \cdot 10^{-2}$
Richtungslagefehler Δu	Mittel	$1,33 \cdot 10^{-2}$	$2,33 \cdot 10^{-2}$
	Gut	$6,33 \cdot 10^{-4}$	$1,30 \cdot 10^{-2}$
	Schlecht	$2,16 \cdot 10^{-9}$	$1,19 \cdot 10^{-3}$
Querhöhenlagefehler $\Delta \phi$	Mittel	$2,87 \cdot 10^{-10}$	$3,17 \cdot 10^{-3}$
	Gut	$4,07 \cdot 10^{-11}$	$5,57 \cdot 10^{-3}$
	Schlecht	$1,64 \cdot 10^{-1}$	$5,35 \cdot 10^{-2}$
Spurweitenfehler Δs	Mittel	$4,68 \cdot 10^{-2}$	$7,96 \cdot 10^{-2}$
	Gut	$1,23 \cdot 10^{-2}$	$1,12 \cdot 10^{-1}$

A.1.2 ERRI

Tab. A1.2: *Parameter der Gleislagebeschreibung nach ERRI [Qua04, S. 189]*

Gleislagefehler	Gleiszustand	A_v in $\frac{mm^2 \cdot rad}{m}$	A_a in $\frac{mm^2 \cdot rad}{m}$
Δh, Δu, $\Delta \psi$, Δs	Schlecht	1,0800	0,6125
	Gut	0,4032	0,2119
$\Omega_s = 0,4380 \frac{rad}{m}$	$\Omega_c = 0,8246 \frac{rad}{m}$	$\Omega_r = 0,0206 \frac{rad}{m}$	$b_0 = 0,75$

A.1.3 FRA

Tab. A1.3: *Umgerechnete Parameter der Gleislagebeschreibung nach FRA [Ham83]*

Gleislage-fehler	Gleiszustand	A_v in $\frac{mm^2 \cdot rad}{m}$	Ω_s in $\frac{rad}{m}$	Ω_c in $\frac{rad}{m}$	Ω_r in $\frac{rad}{m}$	b_0 in $\frac{rad}{m}$
	1 (Schlecht)	$1,67 \cdot 10^{0}$	$7,87 \cdot 10^{-1}$			
	2	$9,53 \cdot 10^{-1}$	$6,89 \cdot 10^{-1}$			
Δh	3	$5,29 \cdot 10^{-1}$	$5,91 \cdot 10^{-1}$	$1,31 \cdot 10^{-1}$	$2,33 \cdot 10^{-2}$	$2,06 \cdot 10^{1}$
	4	$2,96 \cdot 10^{-1}$	$5,25 \cdot 10^{-1}$			
	5	$1,67 \cdot 10^{-1}$	$4,59 \cdot 10^{-1}$			
	6 (Gut)	$9,53 \cdot 10^{-2}$	$3,94 \cdot 10^{-1}$			
	1 (Schlecht)	$1,06 \cdot 10^{0}$	$6,56 \cdot 10^{-1}$			
	2	$5,93 \cdot 10^{-1}$	$5,58 \cdot 10^{-1}$			
Δu	3	$3,39 \cdot 10^{-1}$	$4,92 \cdot 10^{-1}$	$1,84 \cdot 10^{-1}$	$3,28 \cdot 10^{-2}$	0
	4	$1,88 \cdot 10^{-1}$	$4,27 \cdot 10^{-1}$			
	5	$1,06 \cdot 10^{-1}$	$3,61 \cdot 10^{-1}$			
	6 (Gut)	$5,93 \cdot 10^{-2}$	$3,18 \cdot 10^{-1}$			
	1 (Schlecht)	$4,87 \cdot 10^{-1}$	$4,27 \cdot 10^{-1}$			
	2	$3,39 \cdot 10^{-1}$	$3,94 \cdot 10^{-1}$			
$\Delta \psi$	3	$2,33 \cdot 10^{-1}$	$3,94 \cdot 10^{-1}$	$1,31 \cdot 10^{-1}$	$2.33 \cdot 10^{-2}$	$2,06 \cdot 10^{1}$
	4	$1,57 \cdot 10^{-1}$	$3,61 \cdot 10^{-1}$			
	5	$1,06 \cdot 10^{-1}$	$3,61 \cdot 10^{-1}$			
	6 (Gut)	$7,20 \cdot 10^{-2}$	$3,28 \cdot 10^{-1}$			
	1 (Schlecht)	$1,06 \cdot 10^{0}$	$5,91 \cdot 10^{-1}$			
	2	$5,93 \cdot 10^{-1}$	$4,92 \cdot 10^{-1}$			
Δs	3	$3,39 \cdot 10^{-1}$	$4,27 \cdot 10^{-1}$	$2,33 \cdot 10^{-1}$	$2,92 \cdot 10^{-2}$	0
	4	$1,88 \cdot 10^{-1}$	$3,77 \cdot 10^{-1}$			
	5	$1,06 \cdot 10^{-1}$	$3,28 \cdot 10^{-1}$			
	6 (Gut)	$5,93 \cdot 10^{-2}$	$2,85 \cdot 10^{-1}$			

A.1.4 Umrechnung Querhöhenlagefehler

Das Leistungsdichtespektrum des Querhöhenlagefehlers $\Phi_\phi(\Omega)$ ist durch ERRI und FRA in der Einheit $\frac{mm^2}{1/m}$ angegeben, sodass der Querhöhenlagefehler $\Delta\phi(s)$ anhand folgender Gleichung synthetisiert werden muss:

$$\Delta\phi(s) = \sum_{i=1}^{k} \arcsin\left(\frac{\sqrt{2 \cdot \Phi_\phi(\Omega_i) \cdot \Delta\Omega}}{S} \cdot \cos(\Omega_i \cdot s + \epsilon_i)\right) \qquad (.1)$$

Eigene Veröffentlichungen

[1] Bettinger, T.; Leibner, P.; Schindler, C. (2022): Horizontal Curvature Estimation of Tram Tracks using Open Street Map. In: Proceedings of the Institution of Mechanical Engineers, Part F: Journal of Rail and Rapid Transit. https://doi.org/10.1177/09544097221106851.

[2] Faltings, U.; Bettinger, T.; Barth, S.; Schäfer, M. (2022). Impact on Inference Model Performance for ML Tasks using Real-Life Training Data and Synthetic Training Data from GANs. In: Information 2022, 13, 9. https://doi.org/10.3390/info13010009.

[3] Bettinger, T.; Schönhuber, P.; Schindler, C. (2020). On the Influence of Track Excitations, Horizontal Curvature and Longitudinal Velocity on the Ride Comfort of Trams. In: Klomps (Hrsg.) [et. al.]: Advances in Dynamics of Vehicles on Roads and Tracks. IAVSD 2019. Lecture Notes in Mechanical Engineering. Springer, Cham. https://doi.org/10.1007/978-3-030-38077-9_111.

[4] Bettinger, T.; Leibner, P.; Schwickert, M.; Schindler, C. (2018). Schwingkomfortbewertungsverfahren - Historie und aktuell laufende Entwicklung methodischer Ansätze. In: 16. Internationale Schienenfahrzeugtagung Rad Schiene - Tagungsband 2018. DVV Media Verlag. S. 116–118.

[5] Dörner, F.; Bettinger, T.; Schindler, C. (2017). Sensitivity analysis of the wheel–rail normal contact on the basis of continuous factors. In: Proceedings of the Institution of Mechanical Engineers, Part F: Journal of Rail and Rapid Transit. https://doi.org/10.1177/0954409716642487.

[6] Langenbahn, S.; Müther, S.; Schindler, C.; Bettinger, T.; Dörner, F. (2017). Die Rollierschwingung: Simulationsmöglichkeiten und Relevanz für die dieselhydraulische Lokomotive. In: 15. Internationale Schienenfahrzeugtagung Rad Schiene – Tagungsband 2017. DVV Media Verlag. S. 52-54.

[7] Bettinger, T.; Schindler, C. (2016). Ride Comfort Evaluation for Tramways including Non-Stationary Operational States. In: J. Pombo (Hrsg.), Proceedings of the Third International Conference on Railway Technology: Research, Development and Maintenance: Cagliari, Sardinien, Italien, 5.-8. April. Civil-Comp Press. https://doi.org/10.4203/ccp.110.311.

[8] Dörner, F.; Bettinger, T.; Lekue, J.; Schindler, C. (2016). Validation of Finite Element Simulations for Wheel-Rail Normal Contact. In: J. Pombo (Hrsg.), Proceedings of the Third International Conference on Railway Technology: Research, Development and Maintenance: Cagliari, Sardinien, Italien, 5.-8. April. Civil-Comp Press. https://doi.org/10.4203/ccp.110.156.

[9] Dörner, F.; Bettinger, T.; Schindler, C. (2015). Sensivitätsuntersuchung des Rad-Schiene-Normalkontakts. In: 14. Internationale Schienenfahrzeugtagung Dresden.

[10] Bettinger, T.;Schindler, C. (2015). Bewertung des Schwingkomforts von Straßenbahnen. In: Ingenieursspiegel, 2, S. 20–22.

Betreute studentische Arbeiten

[1] Schneider, P. (2018). Radprofilverschleiß und Einfluss auf Schwingkomfort und Vibrationen. Masterarbeit, Institut für Schienenfahrzeuge und Transportsysteme, RWTH Aachen.

[2] Vonderbank, T. (2018). Entwicklung einer Methode zur Ermittlung von Lastannahmen für Fahrwerkskomponenten mittels Simulation auf Basis gemessener Daten. Masterarbeit, Institut für Schienenfahrzeuge und Transportsysteme, RWTH Aachen.

[3] Leibner, P.; Heinzel, C. (2018). Untersuchung, Implementierung und Vergleich zweier Ansätze zur Bestimmung der Krümmung eines Fahrweges am Beispiel von Straßenbahnnetzen. Projektarbeit, Institut für Schienenfahrzeuge und Transportsysteme, RWTH Aachen.

[4] Manzour, M. (2018). Application and Evaluation of different Machine Learning Algorithms for the Ride Comfort Prediction in Trams. Bachelorarbeit, Institut für Schienenfahrzeuge und Transportsysteme, RWTH Aachen.

[5] Höfig, C. (2017). Berechnung der Krümmung des Fahrweges von Schienenfahrzeugen, anhand messtechnisch ermittelter, fahrdynamischer Daten. Bachelorarbeit, Institut für Schienenfahrzeuge und Transportsysteme, RWTH Aachen.

[6] Fernandez Ancosta, P. (2016). Riding comfort assessment of a tram vehicle during discrete events and transition curves according to EN 12299:2009. Bachelorarbeit, TU Kaiserslautern.

[7] Langenbahn, S. (2016). Mehrkörpersimulation zur Vorhersage von Rollierschwingungen der Radsätze dieselhydraulischer Lokomotiven. Diplomarbeit, Lehrstuhl für Konstruktion im Maschinen- und Apparatebau, TU Kaiserslautern.

[8] Theobald, M. (2016). Konzeption und Implementierung einer Android Applikation zur dynamischen Erfassung des subjektiven Schwingkomfortempfindens. Bachelorarbeit, Lehrstuhl für Konstruktion im Maschinen- und Apparatebau, TU Kaiserslautern.

[9] Müller, D. (2016). Konzeption und Implementierung einer Android Applikation zur dynamischen Erfassung des subjektiven Schwingkomfortempfindens unter kognitiver Belastung. Bachelorarbeit, Lehrstuhl für Konstruktion im Maschinen- und Apparatebau, TU Kaiserslautern.

[10] Saglam, F. (2016). Messung / Erfassung der subjektiven Wahrnehmung des Menschen hinsichtlich Schwingungen. Projektarbeit, Lehrstuhl für Konstruktion im Maschinen- und Apparatebau, TU Kaiserslautern. Wu, J. (2016). Entwicklung eines Sensorfusionsalgorithmus zur genauen Erfassung von Streckenverläufen am Beispiel von Straßenbahnen. Projektarbeit, Lehrstuhl für Konstruktion im Maschinen- und Apparatebau, TU Kaiserslautern.

[11] Narendrakumar, M. (2015). Stationary ride comfort evaluation of a Multi-Articulated Tram according to EN 12299. Lehrstuhl für Konstruktion im Maschinen- und Apparatebau, TU Kaiserslautern. Werner, M. (2016). Schwingkomfortsimulation von Straßenbahnen unter Verwendung eines einfachen Sitzmodells. Studienarbeit, Lehrstuhl für Konstruktion im Maschinen- und Apparatebau, TU Kaiserslautern.

[12] Rupp, T. (2015). Entwicklung einer Methode zum Transfer von Simulationsparametern zwischen Mehrkörpermodellen mit unterschiedlicher Modelltopologie bei kinematisch gleichen Randbedingungen. Bachelorarbeit Lehrstuhl für Konstruktion im Maschinen- und Apparatebau, TU Kaiserslautern.

[13] Stolz, S. (2015). Messtechnische Umsetzung verschiedener kontinuierlicher Schwingkomfortbewertungsmethoden in NI LabView. Masterarbeit, Lehrstuhl für Konstruktion im Maschinen- und Apparatebau, TU Kaiserslautern.

[14] Frink, L. (2015). Untersuchung des Schwingungsverhaltens von Antriebsstrang und Radsatz eines Schienenfahrzeugs mittels MKS. Diplomarbeit, Lehrstuhl für Konstruktion im Maschinen- und Apparatebau, TU Kaiserslautern.

[15] Zhou, S. (2015). Recherche zur Schwingungseinwirkung auf den Menschen und Vergleich zweier Schwingkomfortbewertungsmethoden. Bachelorarbeit, Lehrstuhl für Konstruktion im Maschinen- und Apparatebau, TU Kaiserslautern.

[16] Betz, I. (2015). Design of a bio-inspired flapping wing mechanism with three-active degree-of-freedom (DoF). Studienarbeit, Lehrstuhl für Konstruktion im Maschinen- und Apparatebau, TU Kaiserslautern.

[17] Marmol Fernandez, M. (2014). Multi-Body modelling of a Multi-Articulation-Tramway in SIMPACK v9 and Research into the Influence of Rail-Excitations on Forces acting in the Yaw Dampers. Masterarbeit, Lehrstuhl für Konstruktion im Maschinen- und Apparatebau, TU Kaiserslautern.

[18] Gass, D. (2014). Modellierung synthetischer Gleislagesignale in MATLAB als Störgrößen zur fahrdynamischen Analyse von Straßenbahnen in SIMPACK v9. Studienarbeit, TU Kaiserslautern.

[19] Konrad, C. (2014). Substrukturbasierter, modularer Aufbau eines Straßenbahn-Mehrkörpermodells und Analyse des Einflusses verschiedener Syntheseparameter von Gleislagesignalen auf den Schwingkomfort. Diplomarbeit, Lehrstuhl für Konstruktion im Maschinen- und Apparatebau, TU Kaiserslautern.

[20] Frink, L. (2014). Modellierung von Antriebsmodulen und deren Regelung zur dynamischen Mehrkörpersimulation von Straßenbahnen. Studienarbeit, Lehrstuhl für Konstruktion im Maschinen- und Apparatebau, TU Kaiserslautern.

[21] Mahesh, A. (2014). Analysis of an Algorithm for the Generation of Speed Profile along a given Route. Projektarbeit, Lehrstuhl für Konstruktion im Maschinen- und Apparatebau, TU Kaiserslautern.

[22] Felechosa, B. (2014). Integration of Modal-Reduced Wheelsets as Flexible-Bodies into SIMPACK v9 and Research into Driving Dynamics using Flexible Structures. Masterarbeit, Lehrstuhl für Konstruktion im Maschinen- und Apparatebau, TU Kaiserslautern.

Lebenslauf

Vorname:	Tobias
Name:	Bettinger
Geburtstag:	26. März 1988 in Ruthweiler
Nationalität:	Deutsch

Ausbildung

2013	Diplom Maschinenbau und Verfahrenstechnik; Vertiefung: Konstruktion, Fahrzeugtechnik
2007 – 2013	Studium Maschinenbau und Verfahrenstechnik, TU Kaiserslautern
2007	Abitur am Technischen Gymnasium, BBSI, Kaiserslautern

Beruflicher Werdegang

seit 2021	AI Engineer bei der SHS - Stahl-Holding-Saar GmbH & Co. KGaA , Völklingen
2019 – 2020	Data Scientist bei der Saarstahl AG, Völklingen
2016 – 2018	Wissenschaftlicher Mitarbeiter am Institut für Schienenfahrzeuge und Transportsysteme (IFS), RWTH Aachen, University
2013 – 2016	Wissenschaftlicher Mitarbeiter am Lehrstuhl für Konstruktion im Maschinen- und Apparatebau (heute iMAD), TU Kaiserslautern

In der Reihe **Schriftenreihe Schienenfahrzeuge und Transportsysteme** zuletzt erschienen:

Bettinger, Tobias:
Schwingkomfortbewertung in Straßenbahnen mittels Maschinellen Lernens
ISBN: 978-3-98555-149-1
Erscheinungsdatum: 27.03.2023

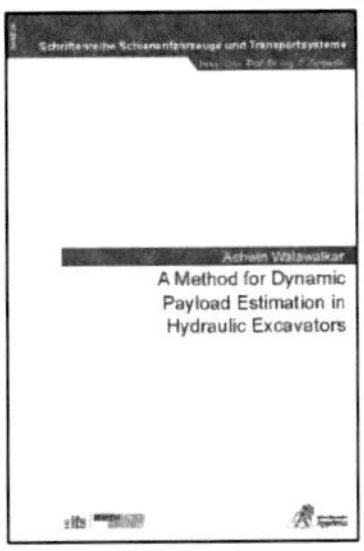

Walawalkar, Ashwin:
A Method for Dynamic Payload Estimation in Hydraulic Excavators
ISBN: 978-3-98555-129-3
Erscheinungsdatum: 05.01.2023

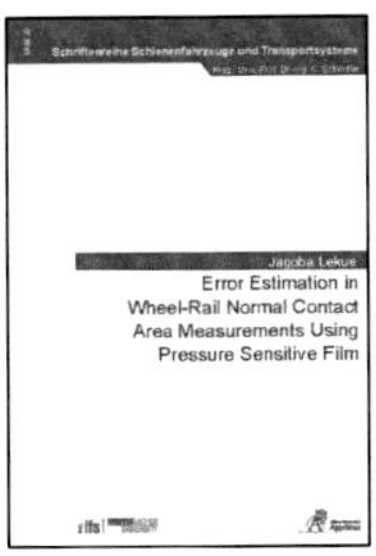

Lekue, Jagoba:
Error Estimation in Wheel-Rail Normal Contact Area Measurements Using Pressure Sensitive Film
ISBN: 978-3-98555-086-9
Erscheinungsdatum: 23.06.2022

Bennett, Mehmet Nureddin:

Active Tip-Over Prevention for Mobile Excavators

ISBN: 978-3-86359-805-1
Erscheinungsdatum: 14.01.2020

Simonis, Andreas:

Lastermittlung bei Achterbahnfahrzeugen

ISBN: 978-3-86359-761-0
Erscheinungsdatum: 20.09.2019

FSC
www.fsc.org
MIX
Papier | Fördert gute Waldnutzung
FSC® C083411

Zeitfracht Medien GmbH
Ferdinand-Jühlke-Straße 7
99095 Erfurt, Deutschland
produktsicherheit@kolibri360.de